台科大圖書
since 1997

專題實作
書面報告呈現技巧

Project Study：Written Report

Office 2016：文書、統計、簡報

呂聰賢 編著

版權聲明

- Microsoft® Office 是 Microsoft® 公司的註冊商標。
- 本書所引述的圖片及網頁內容,純屬教學及介紹之用,著作權屬於法定原著作權享有人所有,絕無侵權之意,在此特別聲明,並表達深深的感謝。

序言

　　數位時代資訊技能是每個人的基本素養，Word 的文書處理人人都會，但是專題報告、論文的排版功能，例如：文章目錄、圖形目錄、表格目錄、參考書目、頁碼等自動化排版，就比較陌生了，10 秒鐘就能自動建立目錄，若有修改時，還能立即更新，這是多麼棒的事！

　　專題報告完成後，就進入簡報製作，如何快速有效率的做出專業簡報，掌握母片運用技巧，並了解簡報製作要點，讓你在製作簡報時更得心應手！

　　學習 Google 線上問卷設計，再運用 Excel 試算表進行結果分析統計，讓你的專題報告呈現更深入的項度統計結果，這些技能讓人們的生活、工作更加精彩，大家一起來學習吧！

【教學特色】

　　本書以主題式教學為主，每章都有實作的主題，教學範例配合學生活動和生活經驗，透過具體的主題式範例，了解設計簡報的原理、方法、技巧，掌握設計簡報的要領，達到教學與生活的目的。

1. 提供影音教學檔，每個範例皆可清楚的呈現完整作法。
2. 所有課程範例皆有提供素材檔、範例檔、成品檔可供參考。
3. 操作步驟詳細，井然有序，讀者易學易用。
4. 教學範例以實務經驗為導向，讓讀者掌握製作動畫的要領。

【使用說明】

　　本書所有教學實例操作步驟，皆已製作成影音教學，提供學習者使用，建議先觀看影音教學，了解整個操作流程後，再依書本步驟進行練習。

　　為方便讀者學習，本書的相關資源請至 MOSME 行動學習一點通（http://www.momse.net）的圖書專區，於首頁的關鍵字欄輸入本書相關字（例：書號、書名、作者）進行書籍搜尋，尋得該書後即可觀看影音教學和下載範例檔案內容。

目錄

Chapter 1 專題報告製作

1-1	認識專題學習	2
1-2	專題製作執行流程圖	3
1-3	專題製作報告項目	4
1-4	專題報告架構圖	5
1-5	好用軟體和網站	6
課後習題		12

Chapter 2 蝴蝶專題報告

2-1	封面設計	14
2-2	樣式表	24
2-3	定義章節編號	30
2-4	快速建立目錄	36
課後習題		42

Chapter 3 樣式表進階設定

3-1	樣式進階技巧	44
3-2	多層次清單進階設定	54
3-3	研究架構圖	61
課後習題		68

Chapter 4 論文寫作設計

4-1	參考文獻製作	70
4-2	圖目錄製作	75
4-3	表格目錄製作	81
4-4	自訂標題樣式	85
4-5	文件不同頁碼設定	91
課後習題		97

Chapter 5 論文時程圖與問卷

5-1	時程圖製作	100
5-2	問卷製作	109
課後習題		120

Chapter 6 設計線上表單問卷

6-1	線上問卷設計	122
6-2	傳送問卷	129
6-3	問卷回覆結果	134
6-4	Google 表單測驗卷製作	139
6-5	表單問卷統計剪取	143
課後習題		146

Chapter 7 問卷資料統計分析

7-1	問卷資料統計分析	148
7-2	運用函數統計資料	153
7-3	統計圖表製作	157
7-4	樞紐分析表	163
課後習題		167

Chapter 8 專題報告簡報製作

8-1	操作介面	170
8-2	首頁簡報編輯	173
8-3	投影片轉場效果	181
8-4	儲存檔案	186
8-5	播放投影片	190
課後習題		193

Chapter 9 簡報重要設計技巧

9-1	專題簡報製作	196
9-2	超好用的母片	197
9-3	圖表動畫設定	205
9-4	頁首及頁尾	208
9-5	簡報使用技巧	211
課後習題		214

附錄

課後習題解答	216

Chapter 1 專題報告製作

學習重點

- 認識專題製作概念
- 了解專題製作流程
- 學習專題製作項目
- 專題製作架構分析圖
- 專題製作相關軟體介紹

專題報告架構圖

篇前部分
- 封面
- 摘要
- 誌謝
- 目錄
- 表目錄
- 圖目錄

本文部分
- 一 緒論
- 二 理論探討
- 三 專題設計
- 四 專題成果
- 五 結論與建議

篇後部分
- 參考文獻
- 附錄
- 成員介紹

專題實作 書面報告呈現技巧

1-1 認識專題學習

　　PBL（Project-based Learning）專題學習由學生組成小組，針對一個研究主題，經過老師的導引，共同討論出研究的計畫，並根據研究計畫在一定的時間經由合作學習方式，利用資訊科技設計、調查完成研究報告（黃明信，2000 年）。

　　「專題製作」強調理論與實務的結合，重視團隊合作，更需要老師與學生的密切教學互動，是整合各項訓練唯一的一門課，藉由專題製作的訓練，學生可以養成以下能力：

 ❶ 擬定與執行計劃的能力

 ❷ 收集資料的能力

❸ 理論與實務結合的能力

 ❹ 溝通協調的能力

❺ 表達能力

> 教育家杜威：「教育即生活」，知識不可能直接吸收，應該從做中學、經驗中獲得。

1-2 專題製作執行流程圖

　　學生在專題製作學習活動中，善用資訊科技及多媒體之設備，策劃、執行、檢討與發表自己的學習活動，在學習歷程藉由活動建構知識與能力，而專題製執行流程圖如下：

- 一　確定專案題目
- 二　思考專案目標
- 三　決定主要論點
- 四　搜集相關書籍
- 五　依書目收集資料
- 六　閱讀資料撰寫心得
- 七　擬定專案大綱
- 八　依專案大綱，整理資料
- 九　確立結構撰寫專案報告
- 十　撰寫專案報告

1-3 專題製作報告項目

專題製作報告書之全文格式，大部分學校所要求的報告書格式基本上大致相同，了解報告書格式對於日後撰寫專題報告、論文等，都會有很大的助益。

高手筆記

關於專題報告內容格式，包括：版面配置、文章編排、標題樣式、字型、字體大小、行距、圖表、方程式等，各校都有相關規定，請依學校所提供的準則，進行調整。

1-4 專題報告架構圖

正式的專題製作報告可分為**篇前部分**、**本文部分**、**篇後部分**三個部分，一般撰寫專題報告時，都以學術性的寫作格式撰寫研究，在國內撰寫文章時，大部分是以 APA 格式為遵循原則，APA 格式是指美國心理協會（American Psychological Association）所出版的，詳細規定文稿的架構、文字、圖表、數字、符號等格式，通稱為 APA 格式。專題製作文章的結構包括封面、簽名頁、授權書、摘要、誌謝、目次、圖目錄、表目錄、本文（章、節、註腳）、參考文獻、附錄等，而專題報告製作的項目架構大多是相同的。

專題報告架構圖

篇前部分
- 封面
- 摘要
- 誌謝
- 目錄
- 表目錄
- 圖目錄

本文部分
- 一　緒論
- 二　理論探討
- 三　專題設計
- 四　專題成果
- 五　結論與建議

篇後部分
- 參考文獻
- 附錄
- 成員介紹

1-5 好用軟體和網站

專題報告製作，常用的工具軟體有：Word 文書處理、網路瀏覽器、Acrobat Reader、PowerPoint 簡報製作、Excel 資料分析、Google 表單製作問卷等，完成專題報告。

1-5-1 Word 文書處理

「文書處理」整個專題報告寫作是以 Word 文書處理為主，在電腦應用軟體中，文書處理軟體可能是最頻繁使用的一種應用軟體，它不僅可以製作表單、通知單、邀請函等，Word 具有排版功能，也有許多自動化的設定，例如：統一的標題格式、相同的段落設定，以及自動建立目錄、圖目錄、表目錄等，都是寫作時非常重要的技巧。

▲ Word 自動建立目錄

1-5-2 博碩士論文網站

國立中央圖書館的全國博碩士論文網站,提供電子論文的檔案。

❶ 國家圖書館全球資訊網
【ndltd.ncl.edu.tw】

高手筆記

下載電子論文檔,必須先申請帳號,才能進行下載 PDF 的論文檔案。

1-5-3 Acrobat Reader

PDF 檔案格式有跨平台的優點,電腦安裝 Acrobat Reader 即可順利開啟。

❶ 啟動瀏覽器並連結到【https://www.adobe.com/tw/】

❷ 點選【取得 Adobe Acrobat Reader DC】閱讀工具

1-5-4 PowerPoint 簡報設計

PowerPoint 是進行會議、產業會談和商務提案的簡報軟體。

1-5-5 Excel 試算表

試算表功能包括資料的編輯、運算處理（如公式、函數之運算），以及問卷的分析統計。

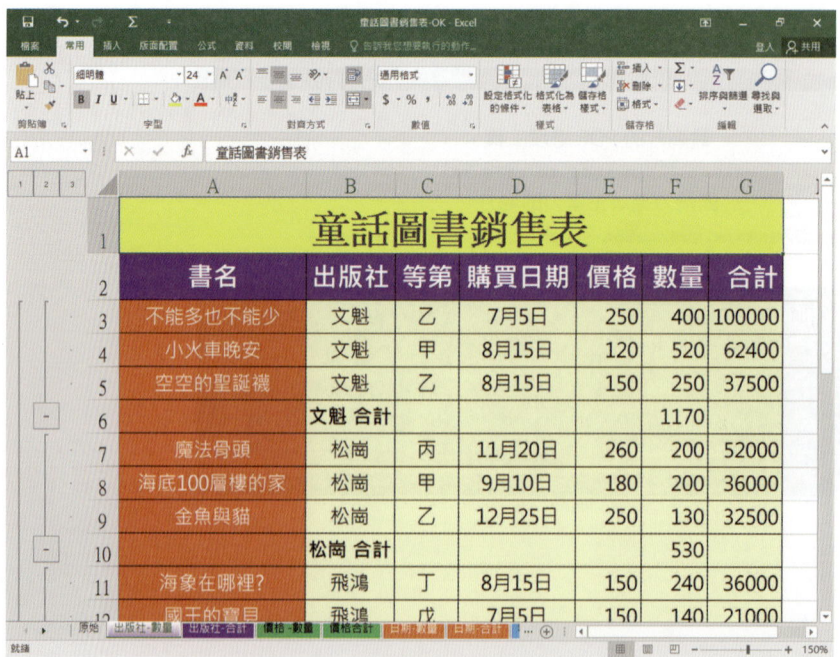

1-5-6 Google 表單

　　Google 表單可以進行資料的收集與整理，無論資料多寡都能輕鬆搞定，是建立問卷的好幫手。

1-5-7 維基百科

　　維基百科是全球網路上最大且最受大眾歡迎的參考工具書，特點是自由內容、自由編輯、自由著作權，在撰寫專題報告時，可以引用維基百科的資料。

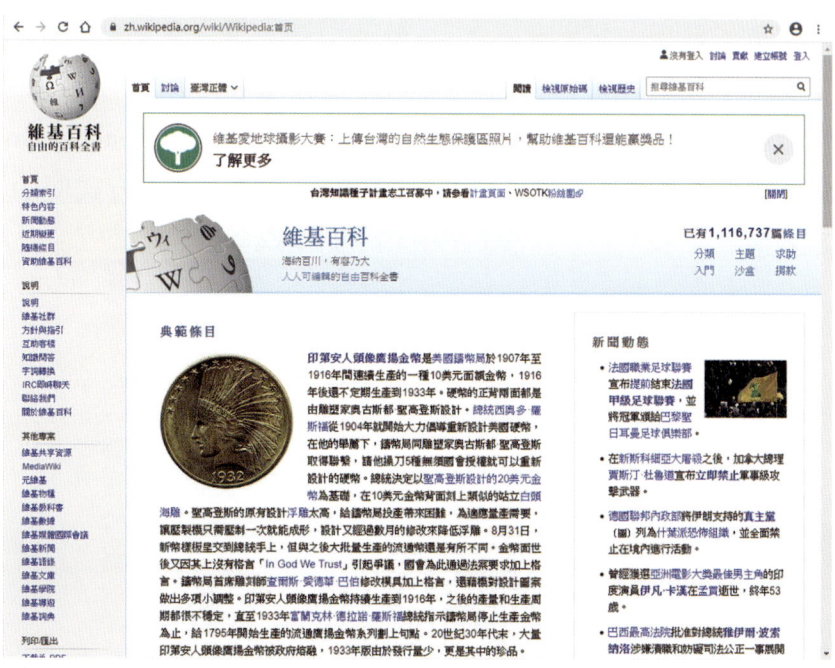

1-5-8 Pixabay 圖庫網站

製作專題報告時，若需要圖片素材，Pixabay 圖庫網站有超過一千七百萬張圖片，可提供免費下載使用。

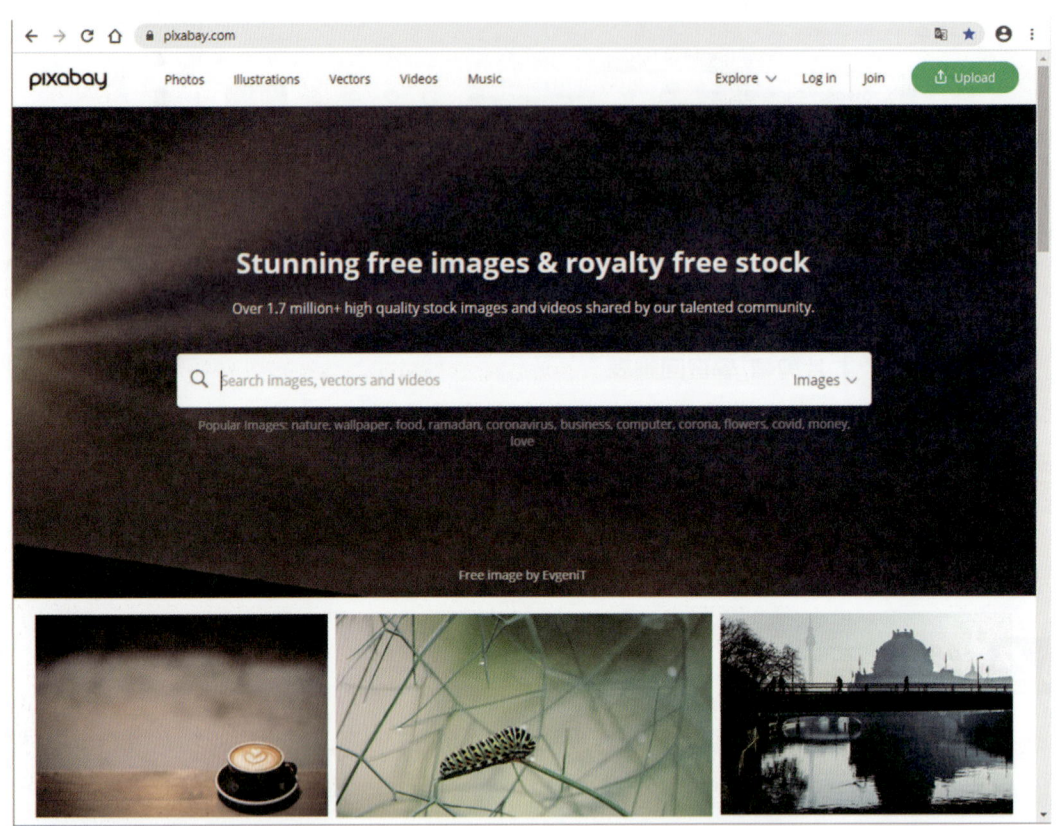

1-5-9 創用 CC

任何素材只要符合創用 CC 授權皆能免費使用，即為 Creative Commons 所提供的公眾授權條款，臺灣稱為「創用CC授權條款」，取其授權方式便於著作的「創」作與使「用」之意。

創用 CC 授權條款包括「姓名標示」、「非商業性」、「禁止改作」與「相同方式分享」,說明如下:

創用 CC 四個授權要素

姓名標示表示:
您必須按照著作人或授權人所指定的方式,表彰其姓名。

非商業性表示:
您不得因獲取商業利益或私人金錢報酬為主要目的來利用作品。

禁止改作表示:
您僅可重製作品,不得變更、變形或修改。

相同方式分享表示:
若您變更、變形或修改本著作,則僅能依同樣的授權條款來散布該衍生作品。

創用 CC 六種授權條款

姓名標示

姓名標示—非商業性—相同方式分享

姓名標示—非商業性—禁止改作

姓名標示—非商業性

姓名標示—禁止改作

姓名標示—相同方式分享

Chapter 1 課後習題

_____ 1. 電腦要啟動 PDF 論文電子全文檔案，應安裝下列哪個軟體？
   (A) Excel   (B) Acrobat Reader   (C) PhotoCap   (D) 記事本。

_____ 2. 若下載的博碩士論文是 zip 壓縮檔，應使用下列哪個軟體解開？
   (A) Word   (B) PowerPoint   (C) WinZip   (D) Excel。

_____ 3. Word 上方的「常用、插入、版面配置」等，稱為
   (A) 群組功能   (B) 索引標籤   (C) 指令   (D) 下拉式功能表。

_____ 4. Google 製作線上問卷的應用程式為何？
   (A) 文件   (B) 表單   (C) 簡報   (D) 相片。

_____ 5. 下列何者為網路上免費的百科全書網站？
   (A) 中國百科   (B) 牛頓百科   (C) 大英百科   (D) 維基百科。

_____ 6. 若要進行專題報告問卷的分析統計，則下列何者為最佳工具？
   (A) Word   (B) PowerPoint   (C) Visio   (D) Excel。

_____ 7. 下列何者有提供超過 1,600,000 張免費授權圖庫網站？
   (A) Pixabay   (B) Yahoo   (C) Google   (D) Microsoft。

_____ 8. 網站上看到下列何者即表示素材可以分享使用？
   (A) Share   (B) Copyright   (C) 創用 CC   (D) 版權所有。

_____ 9. 創用 CC 的四種符號中，哪個是禁止改作？
   (A) 👤   (B) 🚫$ (C) =   (D) ↻。

_____ 10. 專題導向式學習的縮寫為何？
   (A) PBC   (B) PCL   (C) PDL   (D) PBL。

Chapter 2 蝴蝶專題報告

學習重點

- 學習封面頁的建立
- 學習頁碼的設定及樣式修改
- 學習套用樣式表
- 學習多層次清單及插入目錄

2-1 封面設計

2-1-1 Word 操作介面說明

Word 的操作介面是以索引標籤、功能群組、指令為分類，使用者容易上手。

【快速存取工具列】	常用功能按鈕,預設包括【儲存檔案、復原樣式、重複鍵入】三個,也可將常用指令功能加入快速存取工具列中。
【索引標籤】	索引標籤有【常用、插入、版面配置、參考資料、郵件、校閱、檢視、設計、版面配置】。
【群組】子類別	常用索引標籤中,又有【剪貼簿、字型、段落、樣式】等功能群組,中間以直立分隔線做為區隔。
【指令】按鈕	指令就是要執行的命令,例如:字型顏色、尺寸、字體等。
【檔案】	最左側【檔案】稱為 backstage,包括新增檔案、開啟舊檔、列印檔案、說明、選項設定等。
【狀態列】	顯示目前的頁數、字數、輸入法、插入或取代狀態。
【顯示模式】	顯示模式【閱讀模式、整頁模式、web 版面配置】等。
【顯示比例】	文件編輯區的顯示比例調整,例如:放大及縮小顯示。
【文件邊界】	文件在製作時,預設會留二邊的空白邊界。

2-1-2 專題封面元素

書籍封面是根據圖書的內容和主題來設計,不同類型的專題有不同意義的封面,封面設計的意義主要是以專題內容為主。此小節以設計封面為主,其一個版面需有主題、背景、裝飾、學校名稱、作者、指導老師、製作日期等基本元素。

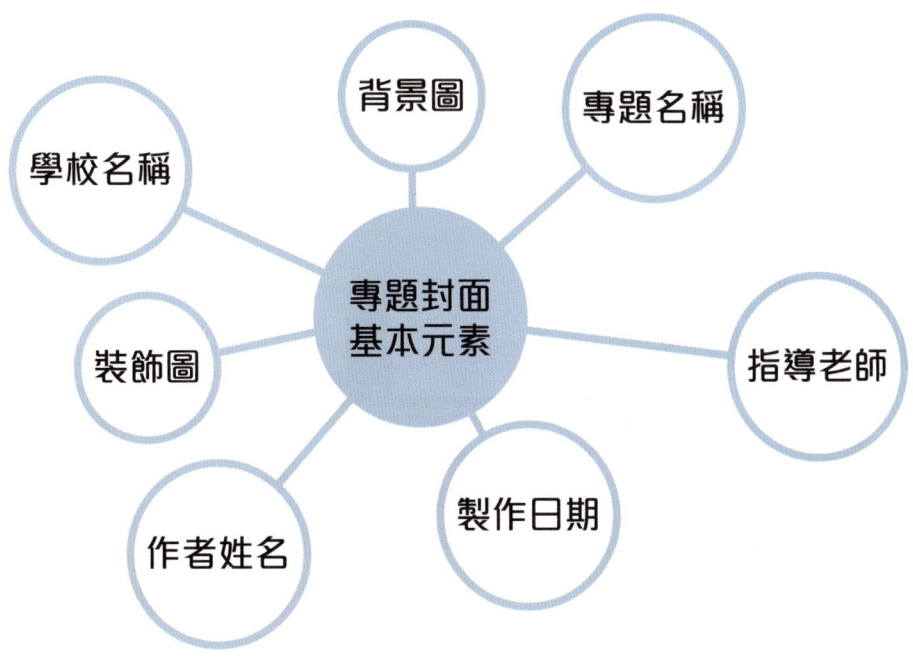

2-1-3 插入封面頁

Word 提供現成的封面頁，方便套用，運用封面頁時，其頁碼功能也會自動調整，封面頁則會略過，第二頁的文字頁碼會由 1 開始起算，因此，節省自行設定的時間，也減少使用者的困擾。

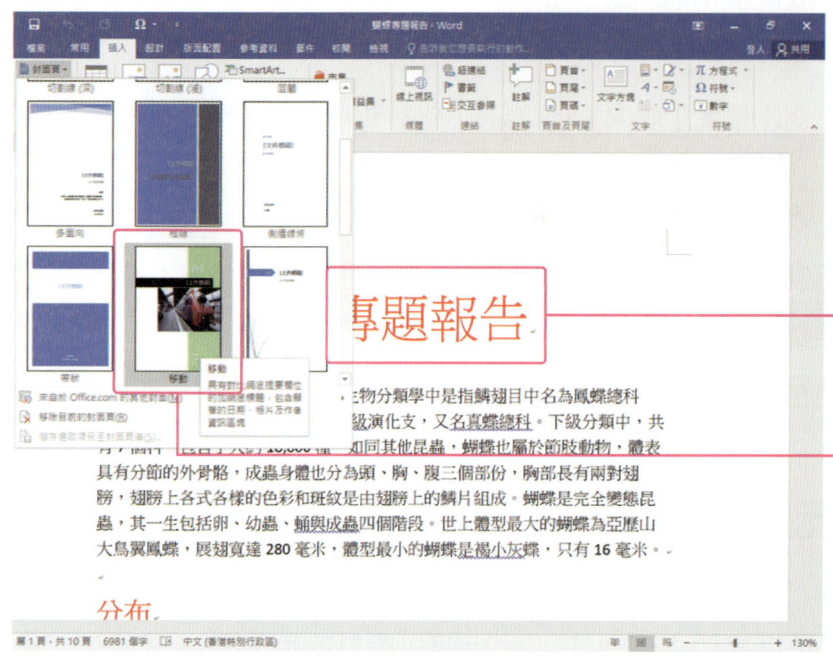

❶ 開啟範例檔 02 資料夾中的【蝴蝶專題報告】

❷ 點選【插入】標籤的【封面頁】，點選【移動】封面樣式

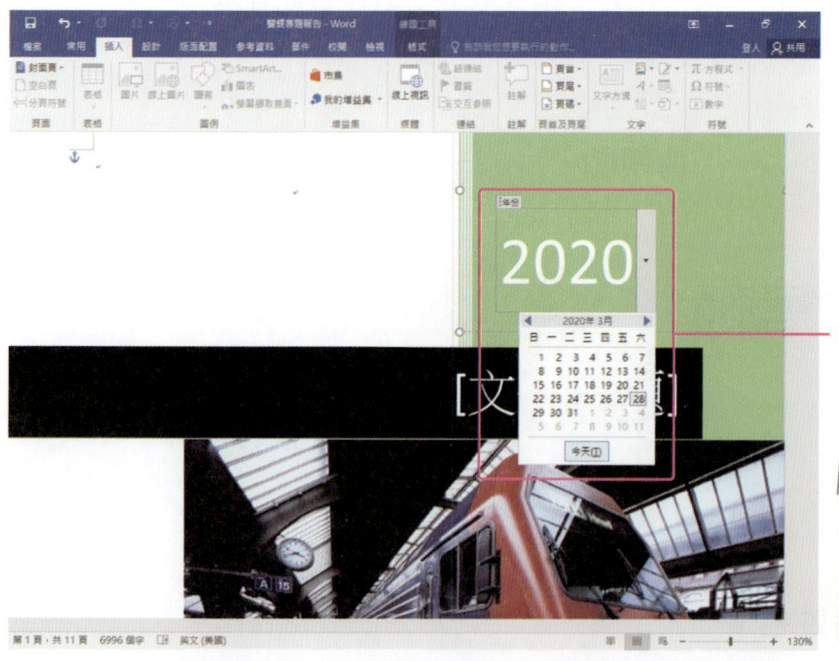

❸ 點選【年】右側黑色箭頭，並點選【今天】

高手筆記

點選【今天】會偵測電腦系統的年度日期，日期會隨著時間而自動修正。

Chapter 2　蝴蝶專題報告

❹ 點選在圖片上，按右鍵【變更圖片】

❺ 點選【從檔案】的【瀏覽】

高手筆記

微軟的封面頁，修改圖片、標題文字、日期等即可以完成封面設計。

❻ 選取範例檔 02 資料夾中的【butterfly_00】圖片

❼ 再點選【插入】

17

專題實作 書面報告呈現技巧

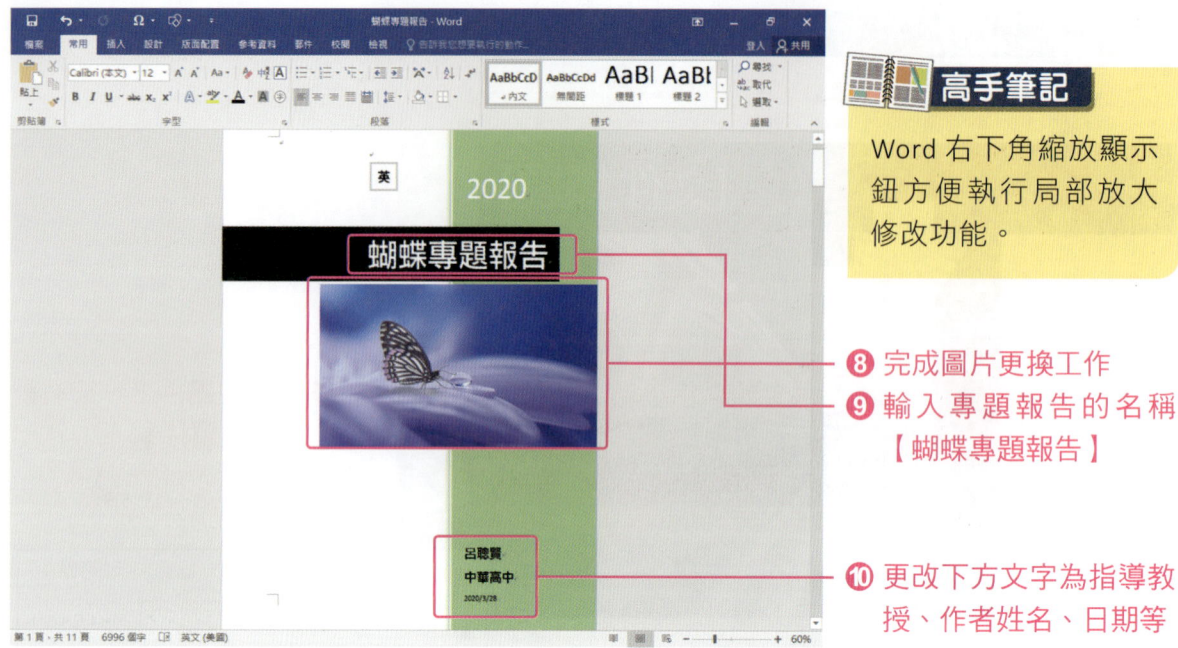

高手筆記

Word 右下角縮放顯示鈕方便執行局部放大修改功能。

❽ 完成圖片更換工作
❾ 輸入專題報告的名稱【蝴蝶專題報告】
❿ 更改下方文字為指導教授、作者姓名、日期等

2-1-4 圖片樣式

Word 提供 28 種圖片樣式，可以套用效果。

❶ 點選在封面頁的圖片上
❷ 點選套用【格式\圖片樣式】

Chapter 2　蝴蝶專題報告

❸ 完成圖片倒影效果設定

高手筆記

請試試 Word 內建的 28 種圖片樣式效果。

2-1-5　標題文字方塊

封面頁可以再加上標題文字，必須使用文字方塊功能。

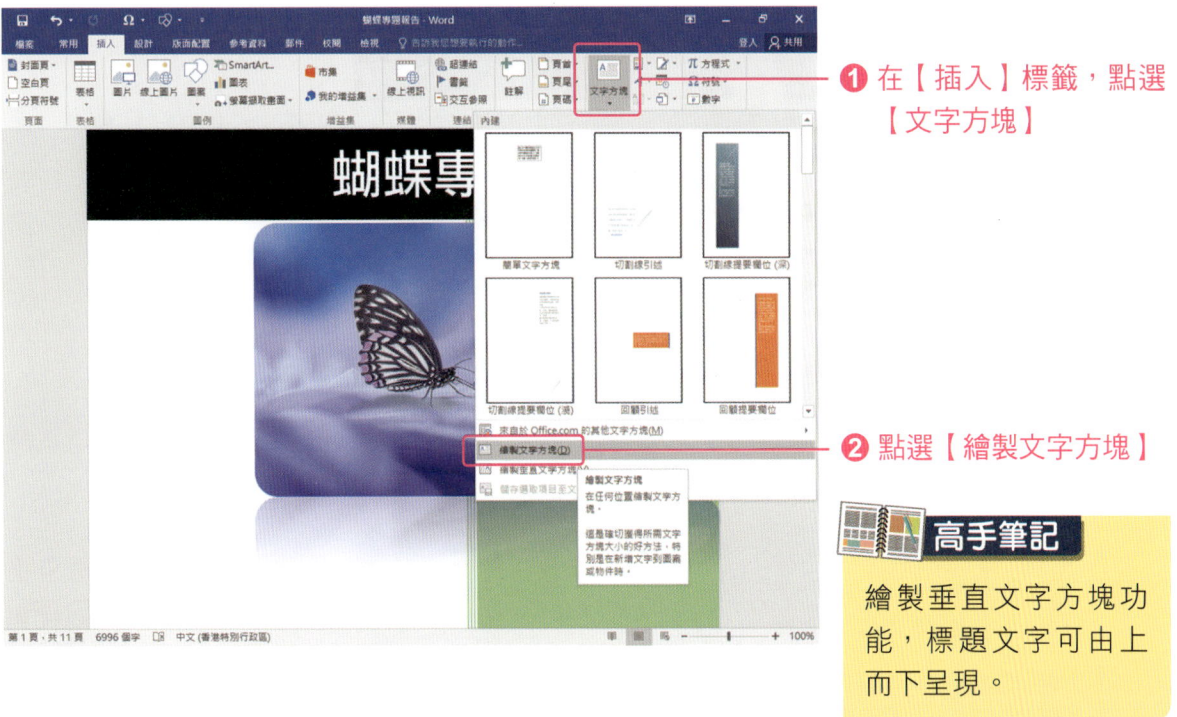

❶ 在【插入】標籤，點選【文字方塊】

❷ 點選【繪製文字方塊】

高手筆記

繪製垂直文字方塊功能，標題文字可由上而下呈現。

19

專題實作 書面報告呈現技巧

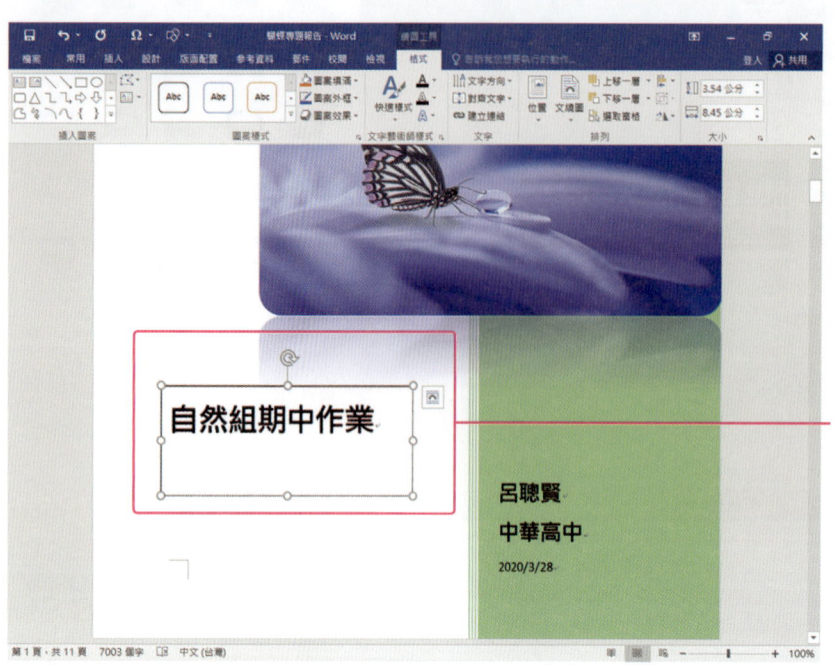

❸ 拖曳繪製文字方塊，並輸入學校名稱「自然組期中作業」

❹ 拖曳選取學校名稱後往上，就會顯示文字修改快顯示功能表，修改字型、尺寸等常用功能

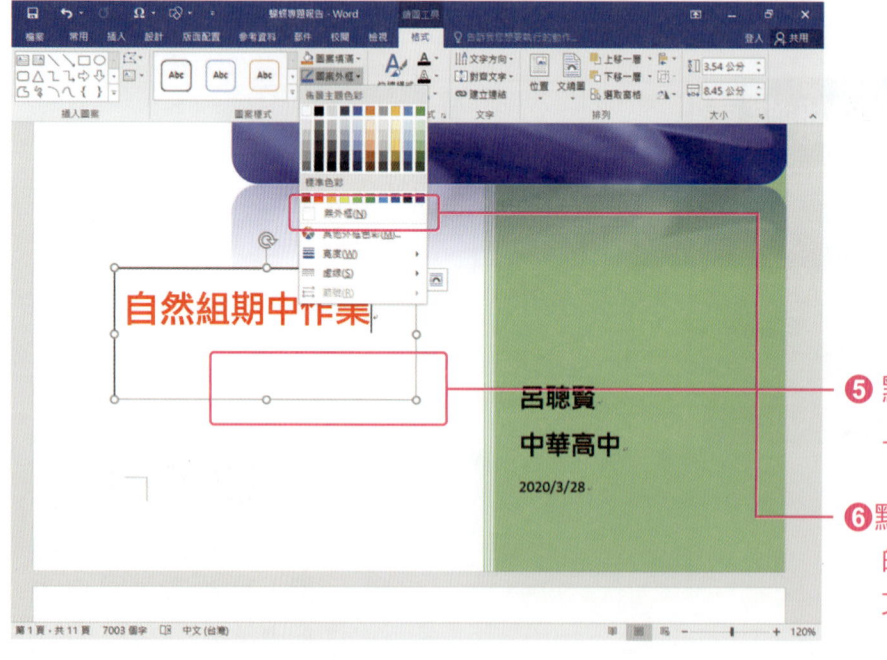

❺ 點選文字方塊的邊框線上

❻ 點選【格式】圖案外框的【無外框】，只保留文字標題

20

Chapter 2　蝴蝶專題報告

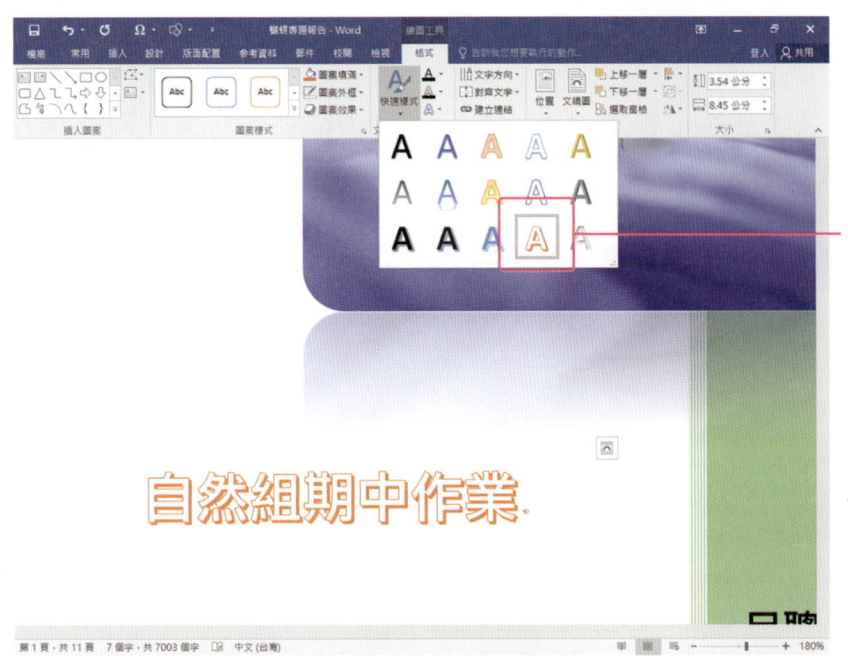

❼ 再點選【格式】的【快速樣式】，選取【白色 - 輔色1】效果

❽ 完成封面頁製作

21

2-1-6 插入頁碼

無論是專題報告或論文，基本上都是有數十頁的文件，故需要用頁碼編號以方便閱讀及尋找資料，在 Word 中有現成的頁碼功能，方便設定文件頁碼。

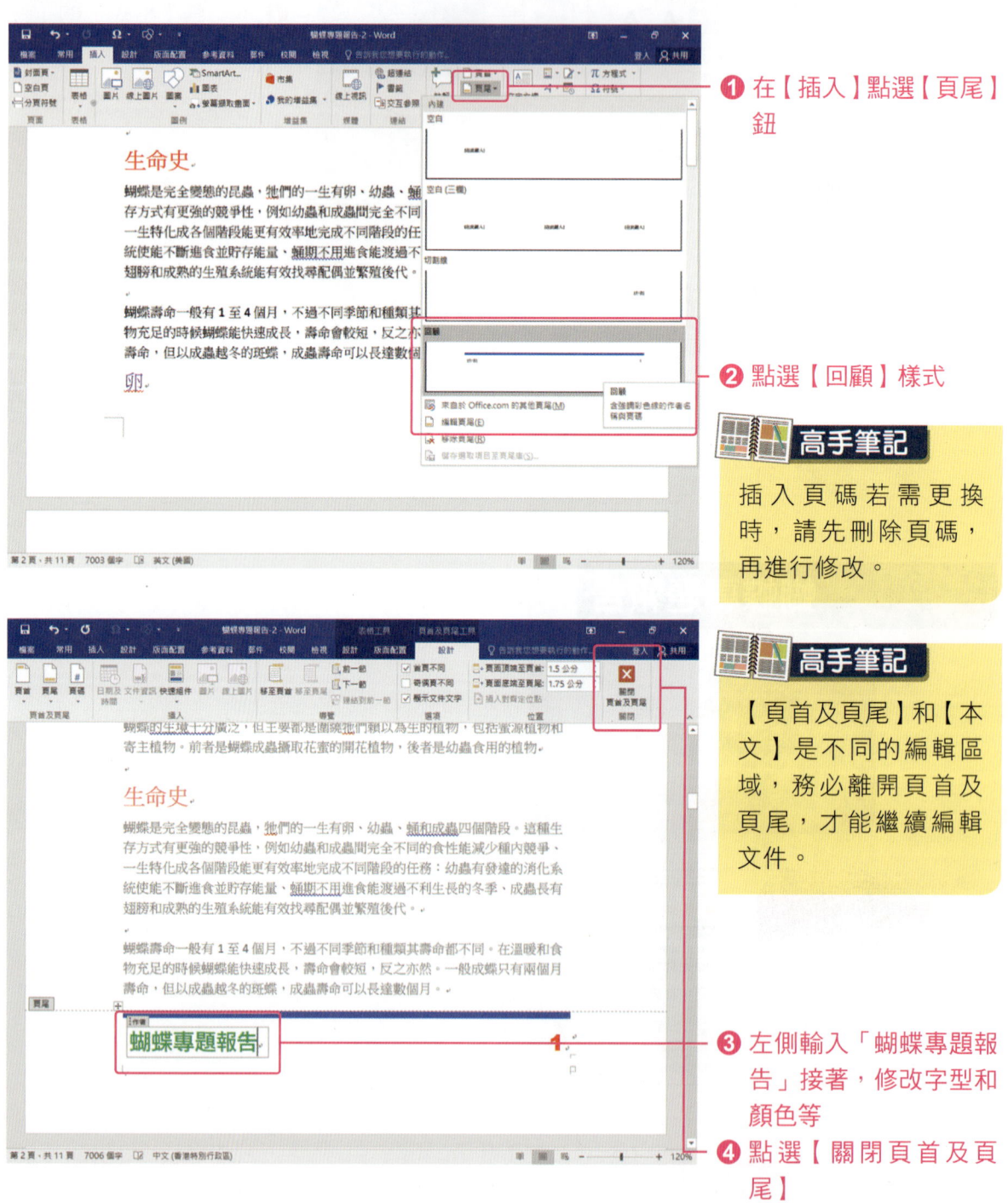

❶ 在【插入】點選【頁尾】鈕

❷ 點選【回顧】樣式

高手筆記
插入頁碼若需更換時，請先刪除頁碼，再進行修改。

高手筆記
【頁首及頁尾】和【本文】是不同的編輯區域，務必離開頁首及頁尾，才能繼續編輯文件。

❸ 左側輸入「蝴蝶專題報告」接著，修改字型和顏色等

❹ 點選【關閉頁首及頁尾】

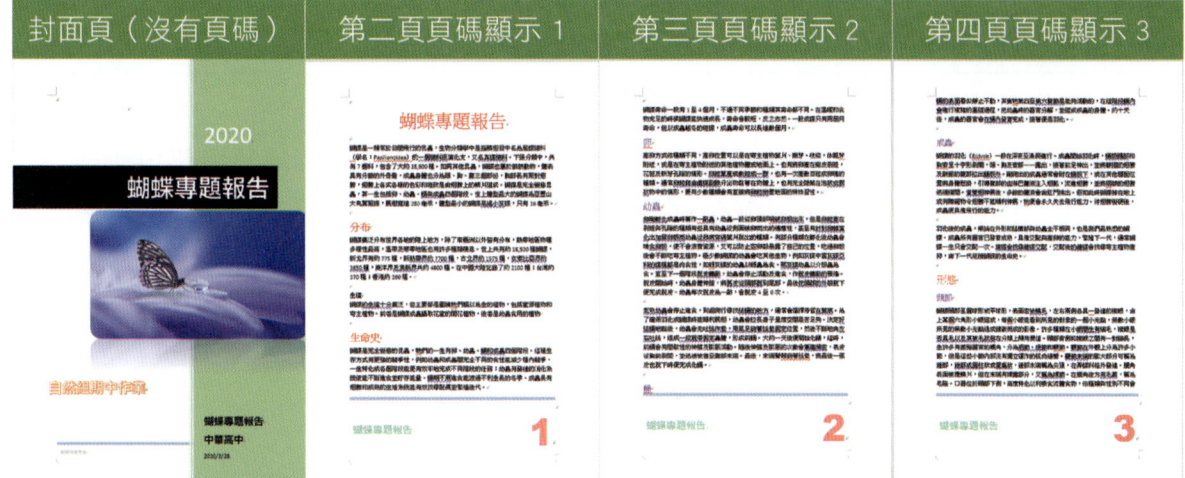

頁碼格式 1

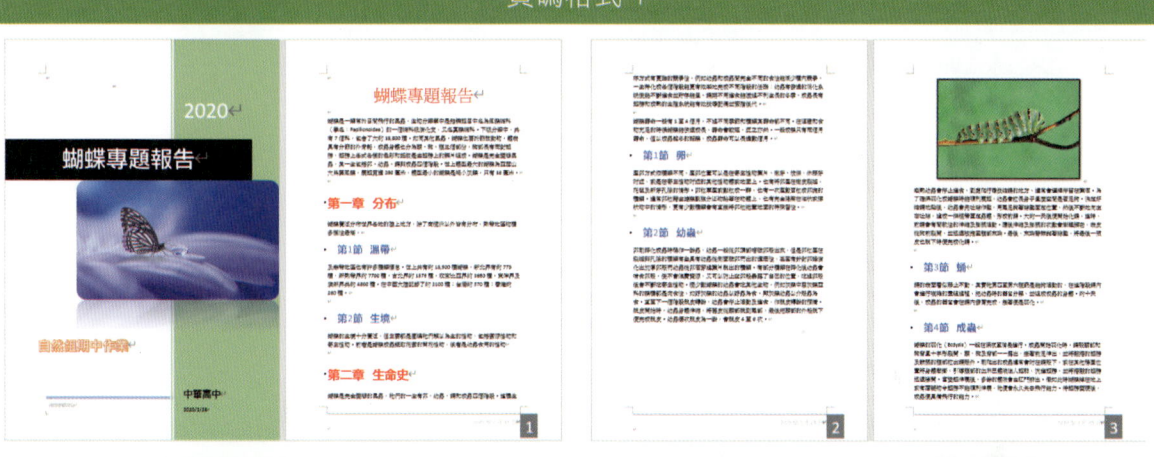

頁碼格式 2

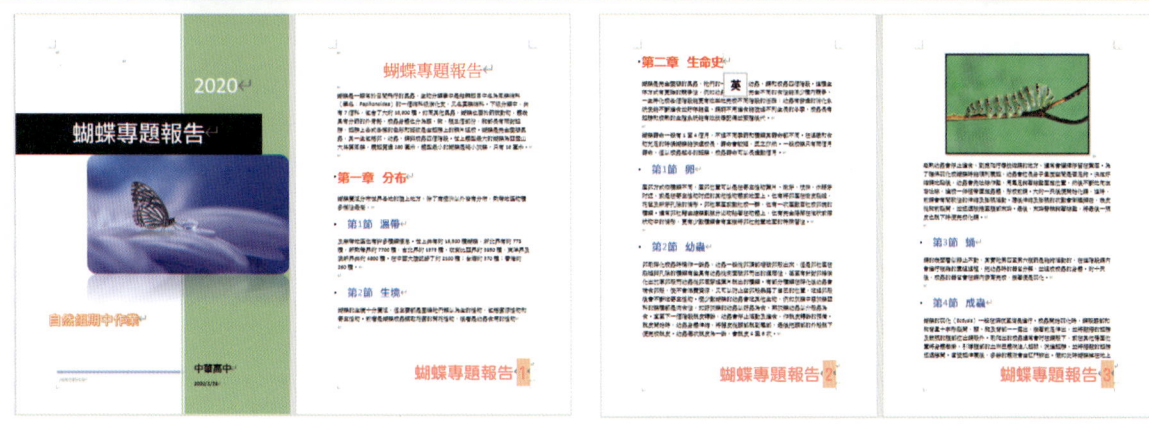

2-2 樣式表

　　樣式表是 Word 中非常重要的功能，標題文字有相同格式，以及目錄自動建立，都必須透過樣式表才能達成，所謂樣式即是定義好的文字格式，包括字型、顏色、尺寸等所有設定，Word 預設新文件就有樣式表，多頁文件在製作時，有了樣式表的協助會輕鬆許多。

2-2-1 套用標題 1

蝴蝶專題報告的紅色標題是各章的標題文字，請試著套用標題 1 樣式。

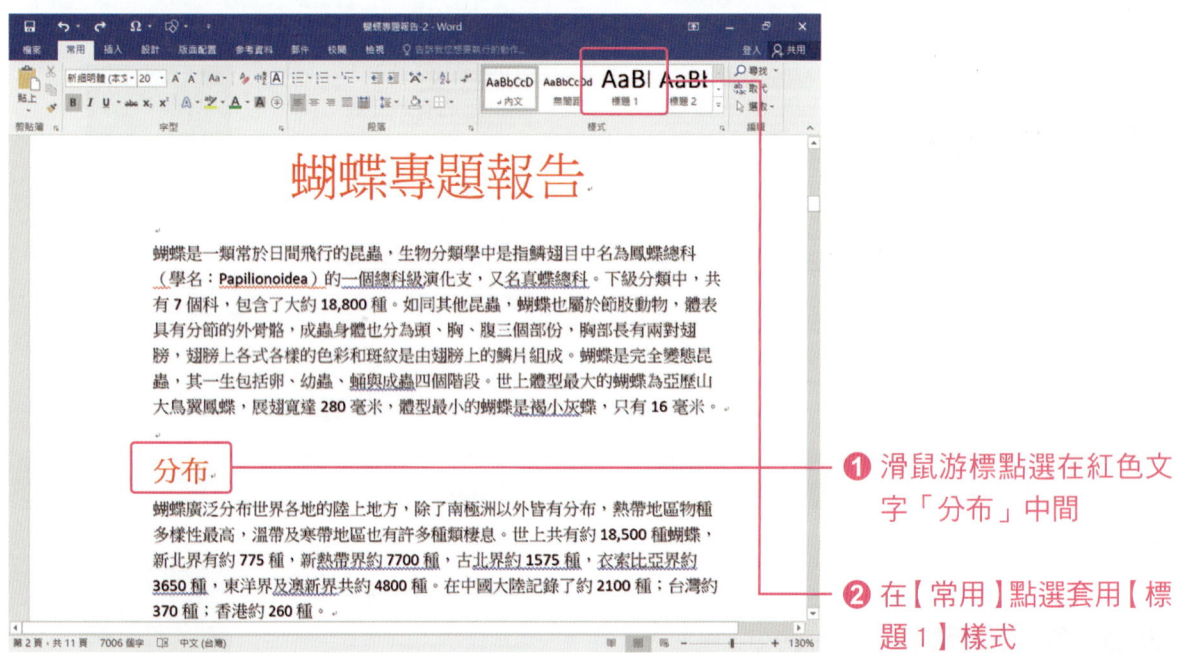

❶ 滑鼠游標點選在紅色文字「分布」中間

❷ 在【常用】點選套用【標題 1】樣式

Chapter 2　蝴蝶專題報告

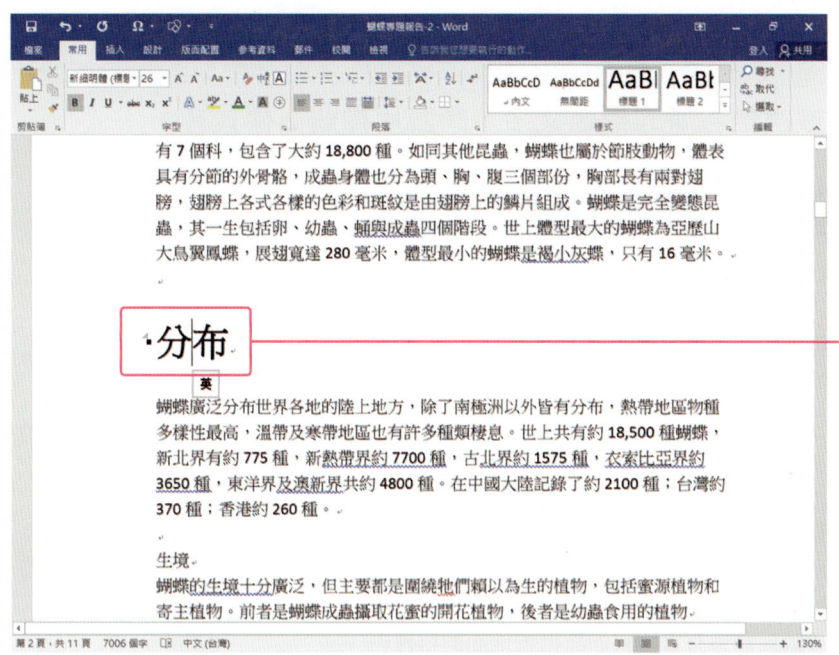

❸「分布」標題文字就會變成【新細明、26、粗體】樣式

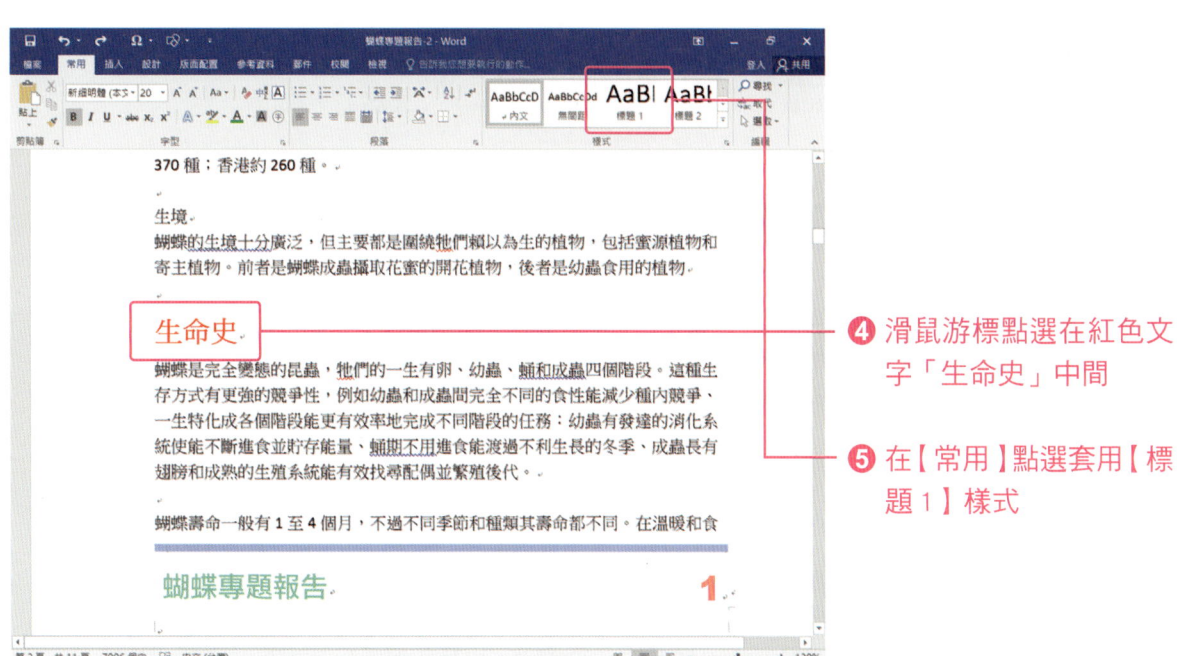

❹ 滑鼠游標點選在紅色文字「生命史」中間

❺ 在【常用】點選套用【標題 1】樣式

25

2-2-2 套用標題 2

蝴蝶專題報告的紫色標題是各節的標題文字,請套用標題 2 樣式。

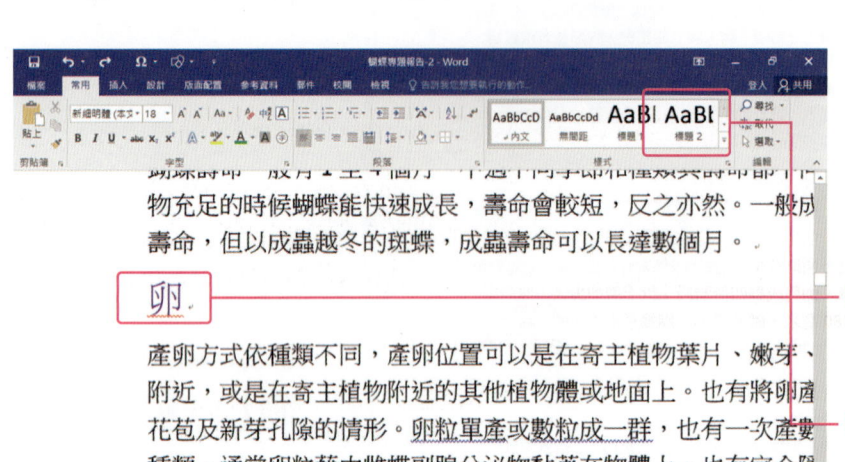

❶ 滑鼠游標點選在紫色文字「卵」中間

❷ 在【常用】點選套用【標題 2】樣式

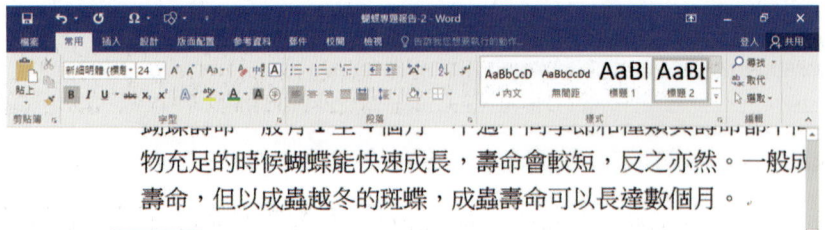

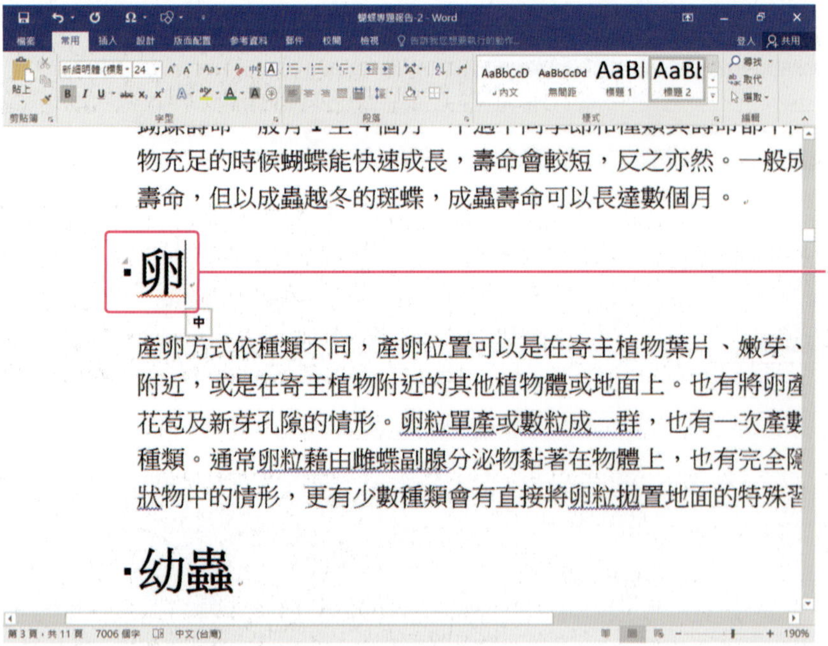

❸ 「卵、幼蟲」標題文字就會變成【新細明、24、粗體】樣式

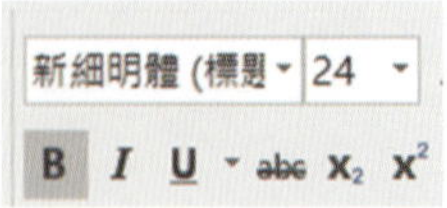

2-2-3 修改標題 1 樣式

標題 1 和標題 2 樣式看起來幾乎相同，修改不同顏色及字型尺寸，更方便辨識章節層次。

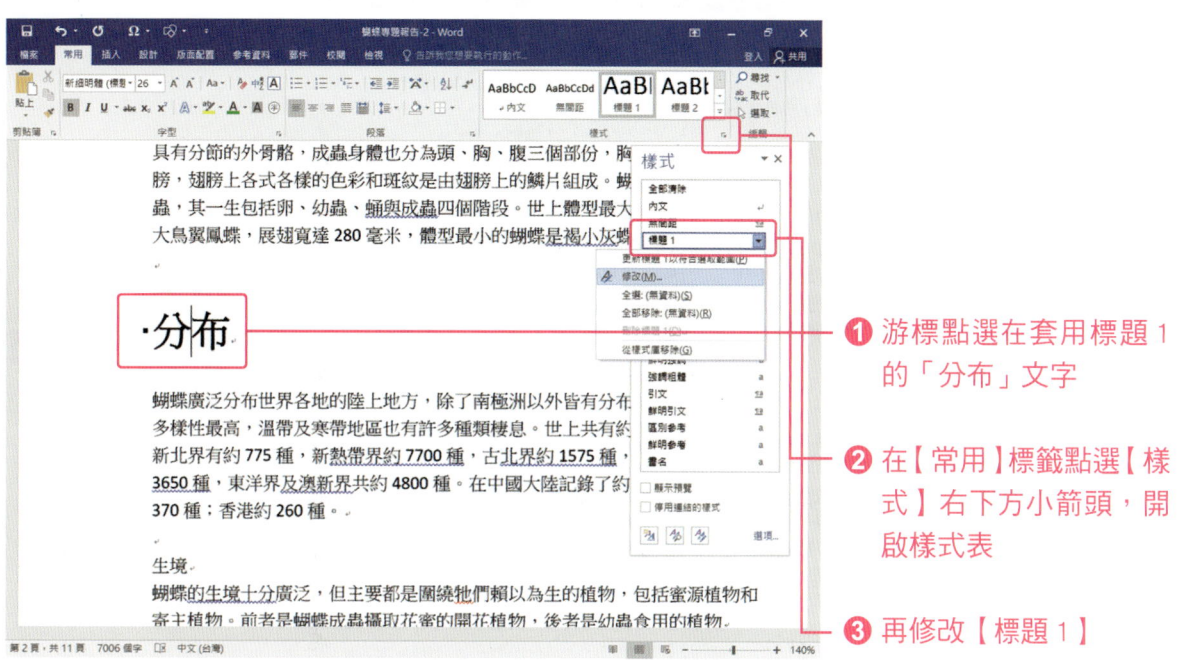

❶ 游標點選在套用標題 1 的「分布」文字

❷ 在【常用】標籤點選【樣式】右下方小箭頭，開啟樣式表

❸ 再修改【標題 1】

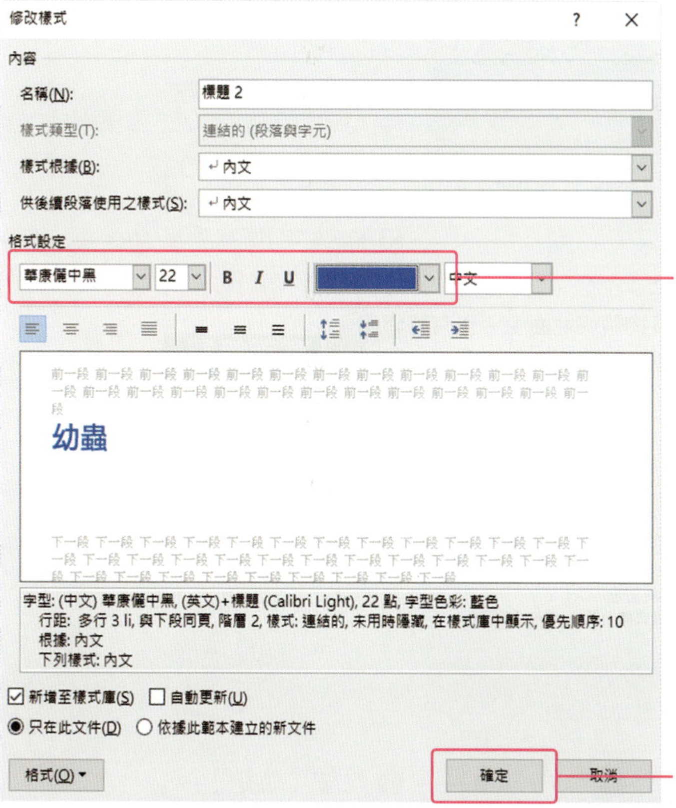

❹ 修改字型為【紅色、華康儷中黑、26】

高手筆記

網路可以下載王漢宗的免費字型，將字型複製到 C:\windows\fonts 資料夾即可使用。

❺ 點按【確定】

專題實作 書面報告呈現技巧

2-2-4 修改標題 2 樣式

標題 2 樣式修改為藍色，運用顏色區隔最清楚。

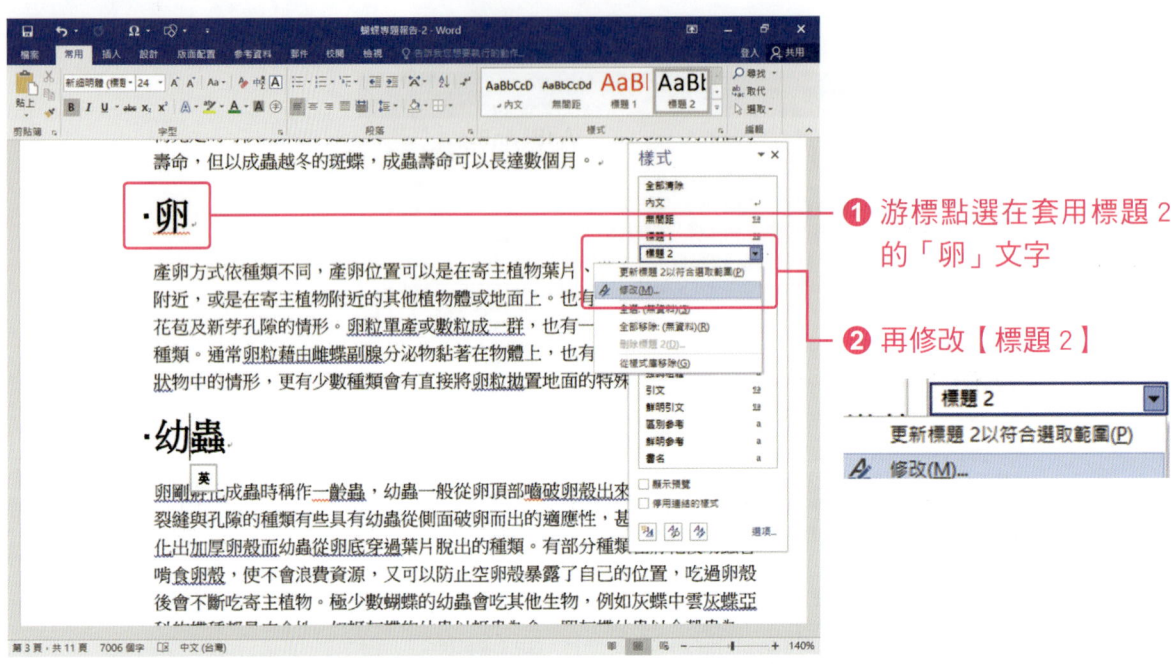

❶ 游標點選在套用標題 2 的「卵」文字

❷ 再修改【標題 2】

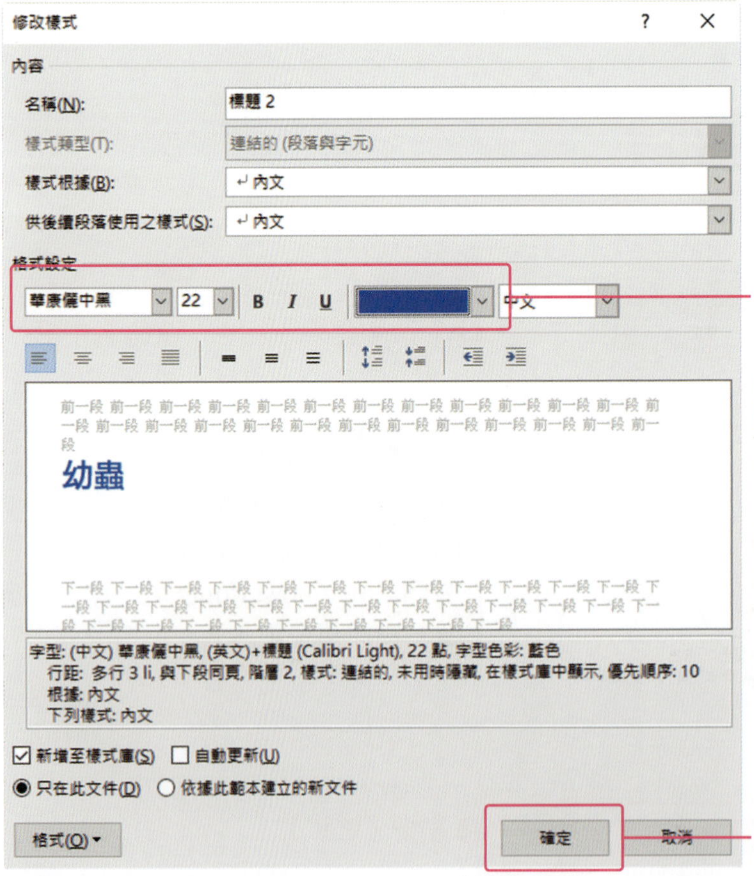

❸ 修改字型為【藍色、華康儷中黑、22】

高手筆記

修改樣式表的標題 1 和標題 2 後，就會全部變更所有套用的文字效果。

❹ 點按【確定】

28

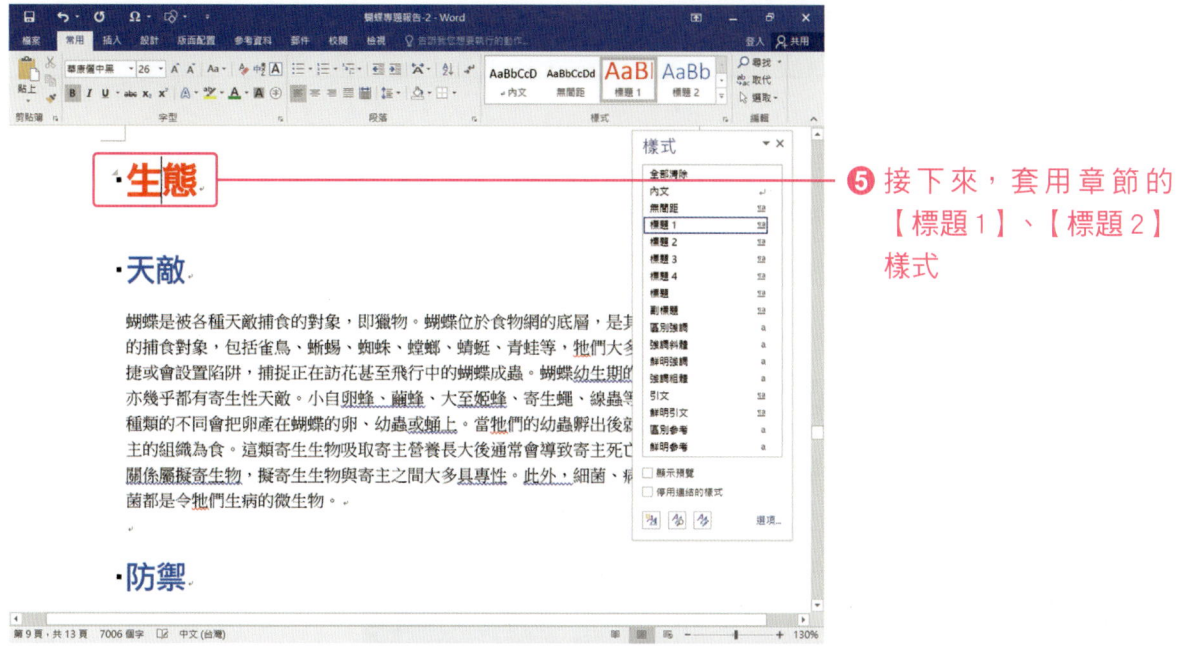

❺ 接下來，套用章節的【標題1】、【標題2】樣式

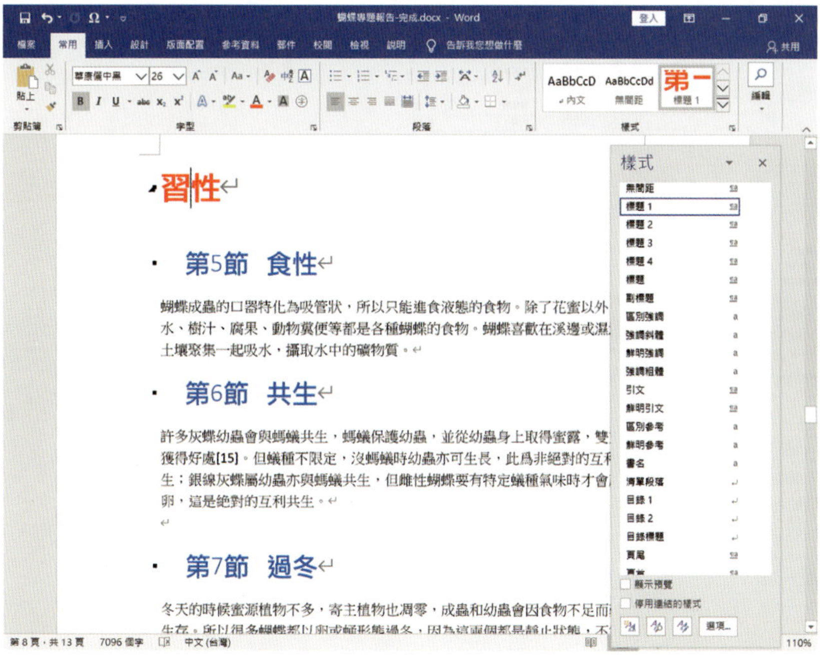

Chapter 2　蝴蝶專題報告

29

專題實作 書面報告呈現技巧

2-3 定義章節編號

Word 能自動產建立目錄,當文件各章節套用樣式表【標題 1、標題 2】後,就能產生目錄,而章節編號格式,必須由多層次清單進行設定,就會自動編號,當文件新增或刪除小節時,其編號會自動調整,達到自動化的目的。

2-3-1 多層次清單

章節的樣式表套用完畢後,接下來就是套用多層次清單,讓章節加上編號。

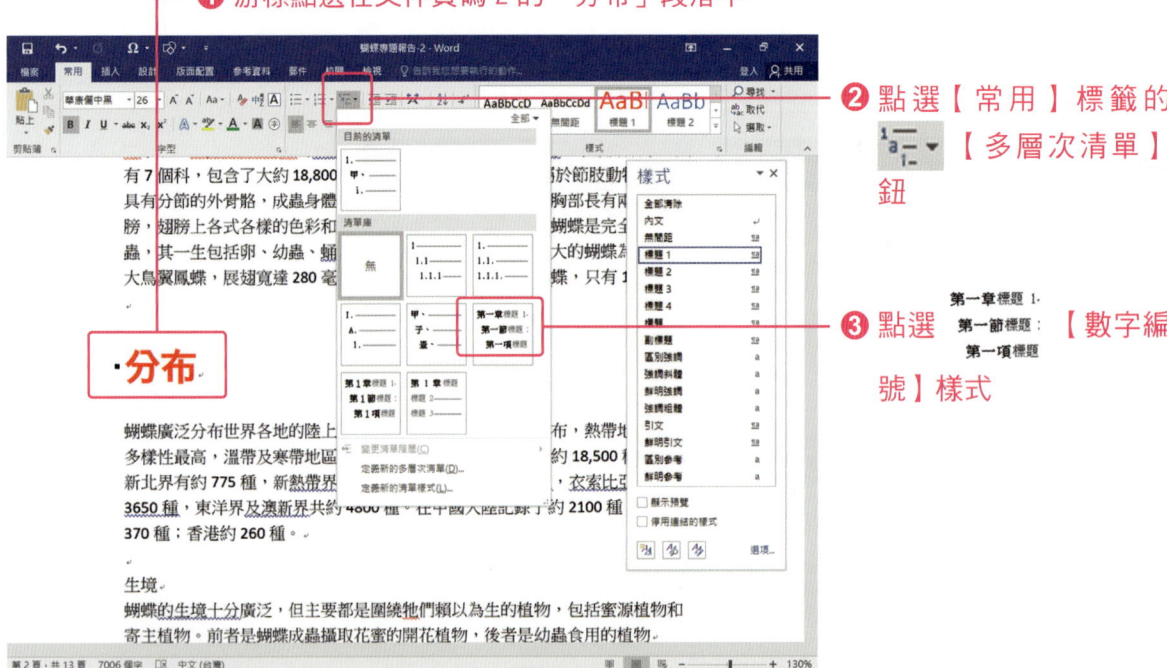

❶ 游標點選在文件頁碼 2 的「分布」段落中

❷ 點選【常用】標籤的【多層次清單】鈕

❸ 點選【數字編號】樣式

> **高手筆記**
> 設定多層次清單前,必須將【分布】先套用【標題 1】樣式。

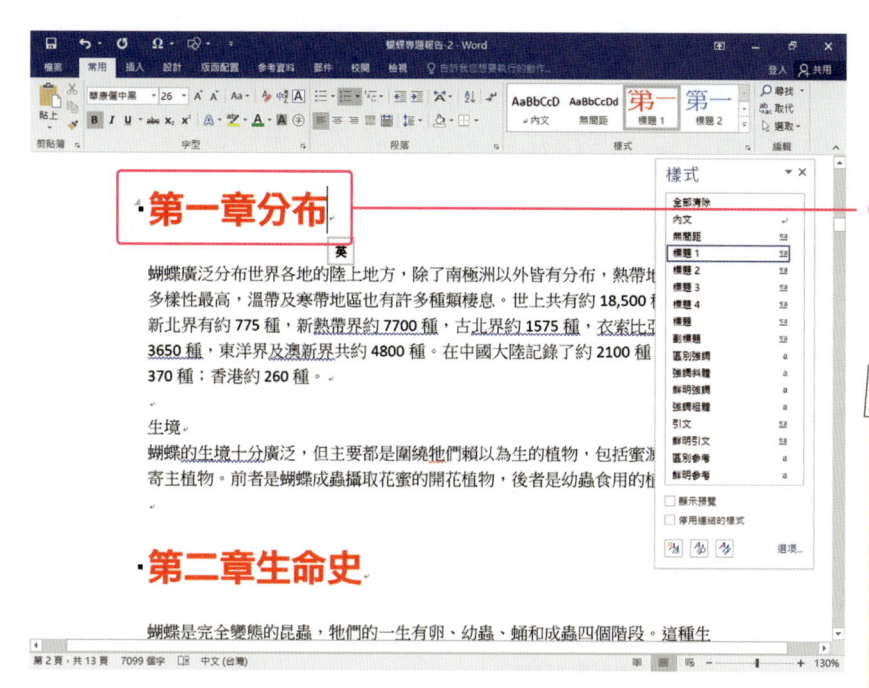

❹ 完成多層次清單的編號設定工作

> **高手筆記**
>
> 多層次清單會以文件中套用【標題 1、標題 2】樣式來做為編號階層依據。
>
> | 標題 1 | 第一章 |
> |---|---|
> | 標題 2 | 第一節 |

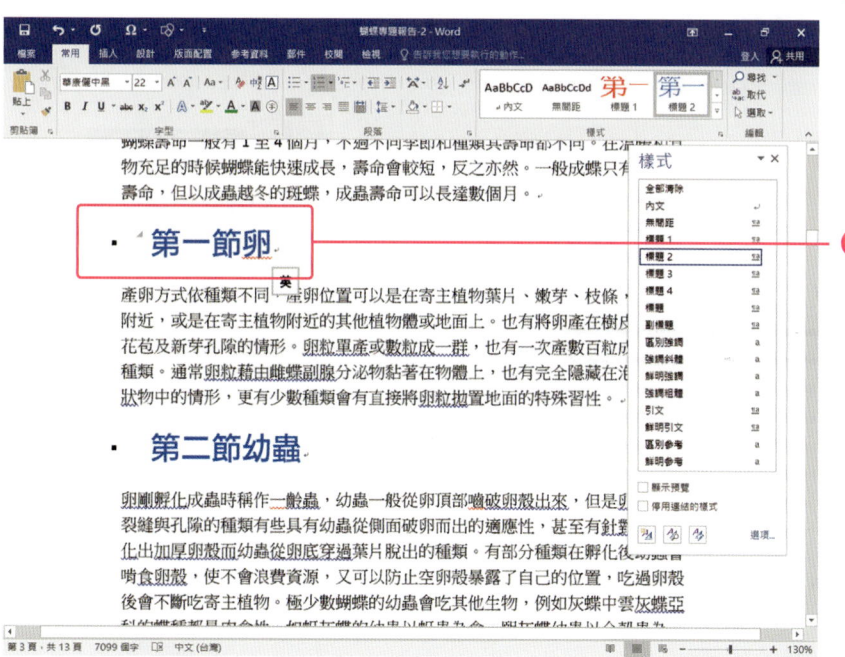

❺ 套用【標題 2】的文字是【第一節、第二節】顯示

專題實作 書面報告呈現技巧

2-3-2 修改章節間距

章節和標題名稱預設是連接在一起，使用定義新的多層次清單修改。

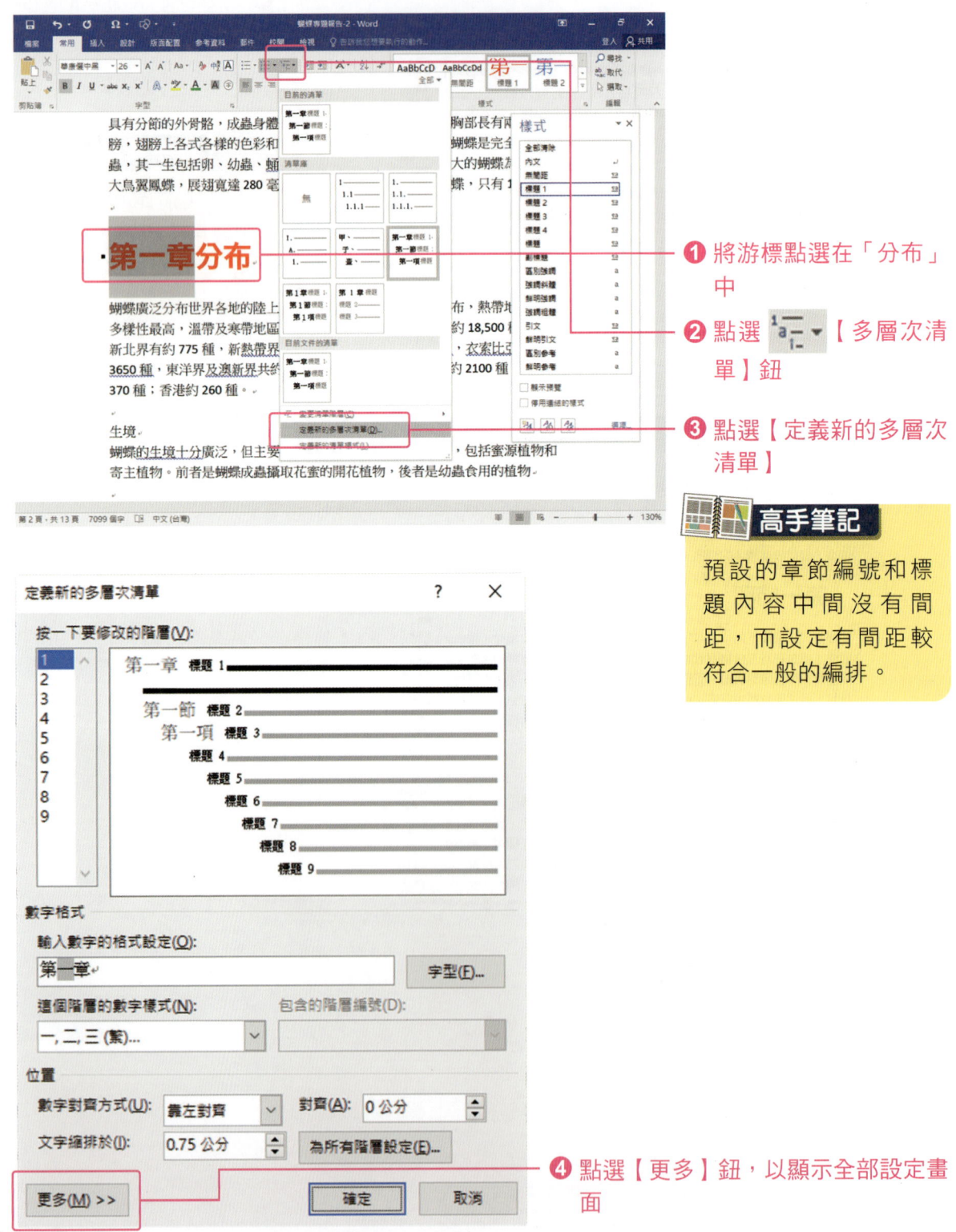

❶ 將游標點選在「分布」中

❷ 點選 【多層次清單】鈕

❸ 點選【定義新的多層次清單】

高手筆記

預設的章節編號和標題內容中間沒有間距，而設定有間距較符合一般的編排。

❹ 點選【更多】鈕，以顯示全部設定畫面

32

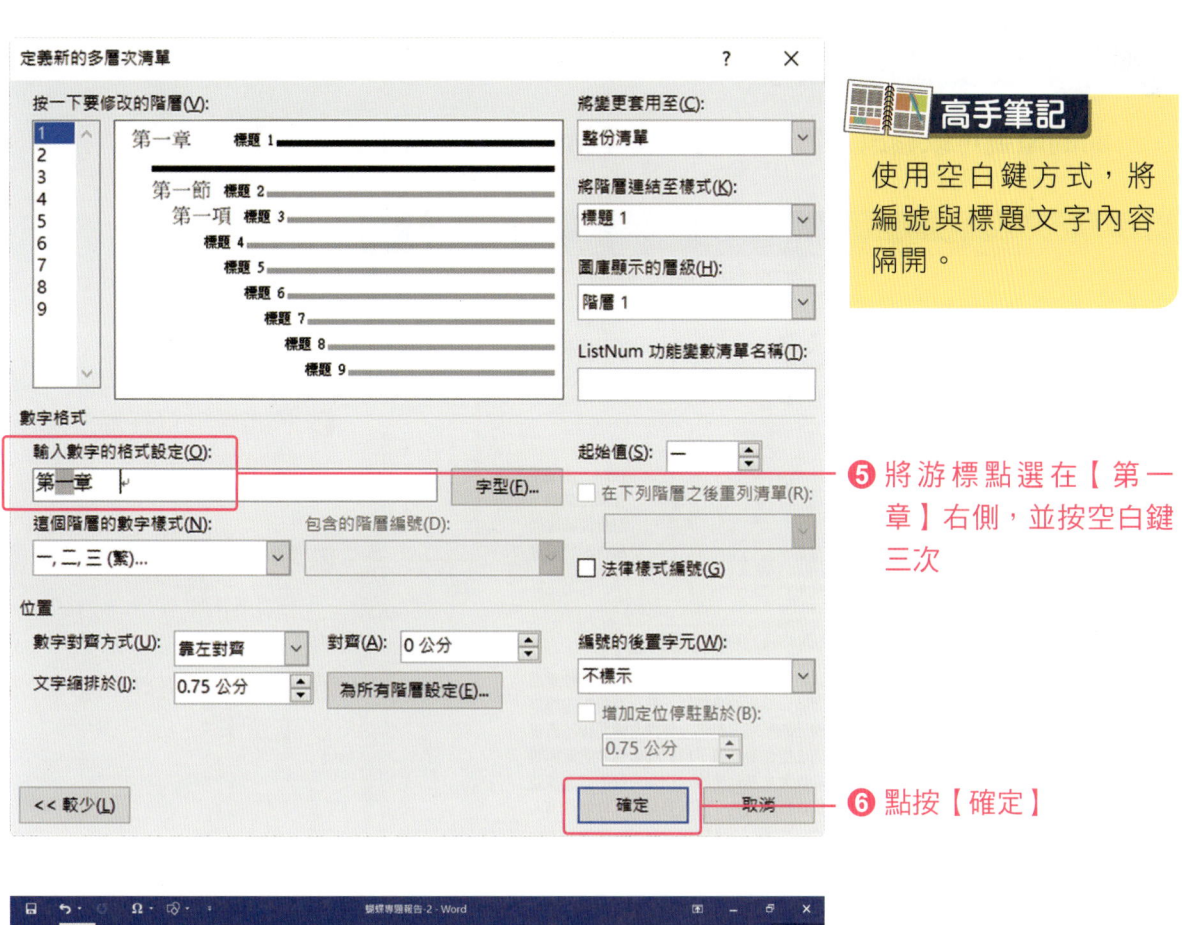

Chapter 2 蝴蝶專題報告

高手筆記

使用空白鍵方式，將編號與標題文字內容隔開。

❺ 將游標點選在【第一章】右側，並按空白鍵三次

❻ 點按【確定】

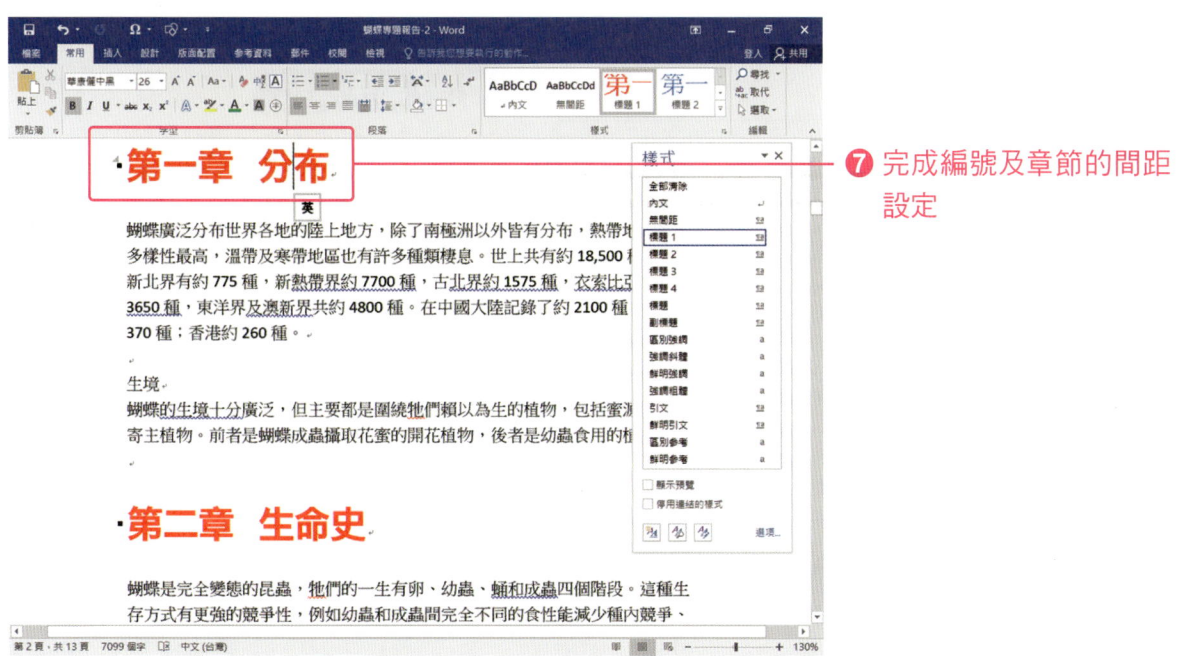

❼ 完成編號及章節的間距設定

專題實作 書面報告呈現技巧

2-3-3 變更編號數字

節的編號可以修改為數字編號，將【第二節】改為【第 2 節】。

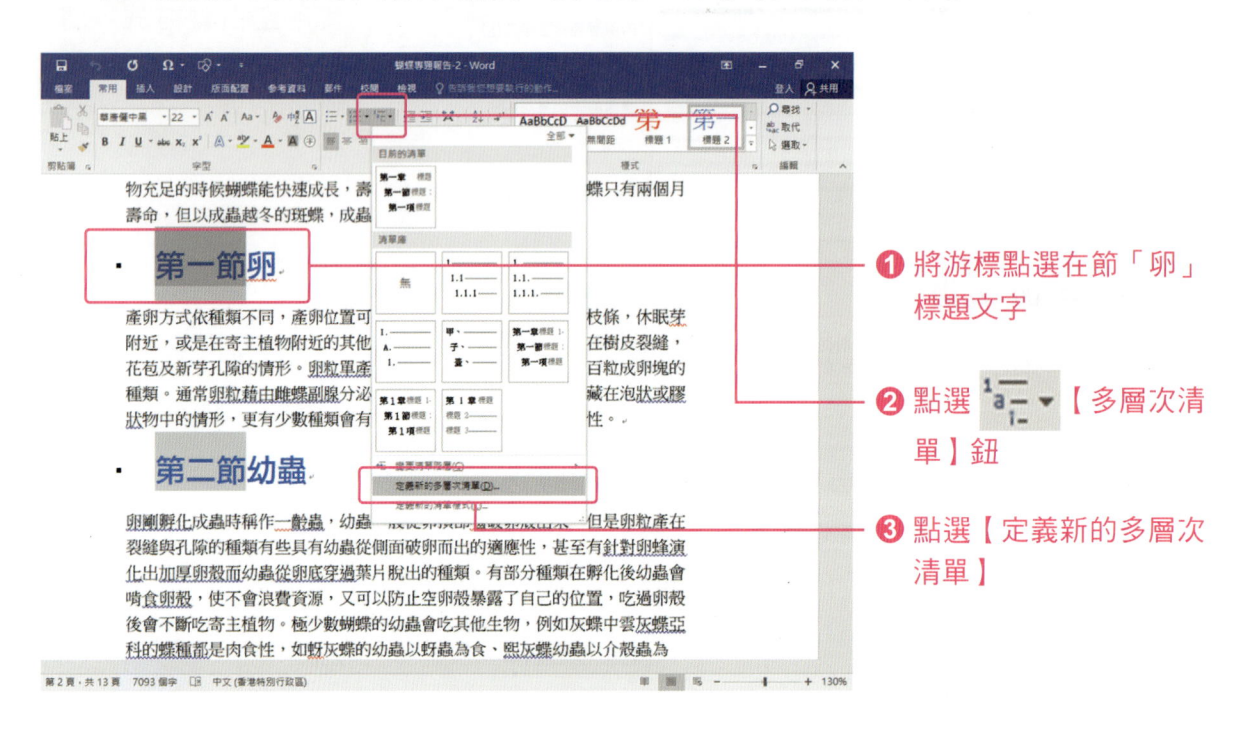

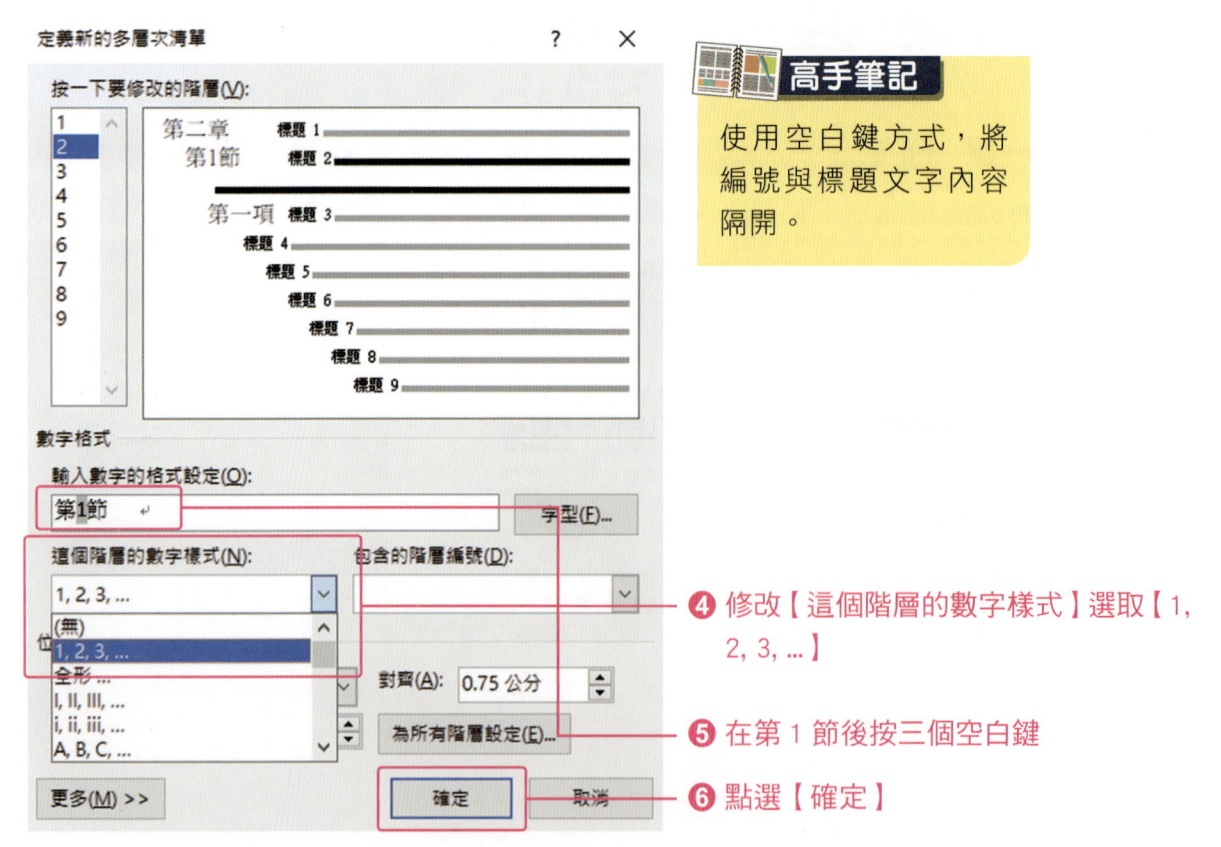

❶ 將游標點選在節「卵」標題文字

❷ 點選 【多層次清單】鈕

❸ 點選【定義新的多層次清單】

高手筆記
使用空白鍵方式，將編號與標題文字內容隔開。

❹ 修改【這個階層的數字樣式】選取【1, 2, 3, ...】

❺ 在第 1 節後按三個空白鍵

❻ 點選【確定】

Chapter 2　蝴蝶專題報告

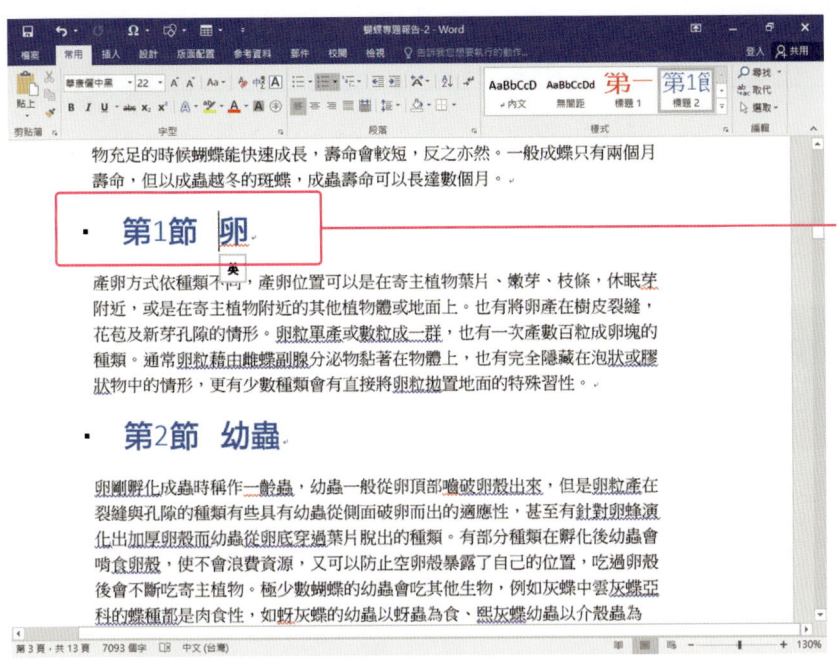

❼ 完成節的編號變成阿拉伯數字編號

【多層次清單】章節編號設定樣式

第一章　分布

蝴蝶廣泛分布世界各地的陸上地方多樣性最高，

第1節　溫帶

及寒帶地區也有許多種類棲息。世種，新熱帶界約 7700 種，古北界澳新界共約 4800 種。在中國大陸260 種。

第2節　生境

第壹章　分布

蝴蝶廣泛分布世界各地的陸上地方多樣性最高，

第A節　溫帶

及寒帶地區也有許多種類棲息。世種，新熱帶界約 7700 種，古北界澳新界共約 4800 種。在中國大陸260 種。

第B節　生境

第甲章　分布

蝴蝶廣泛分布世界各地的陸上地方多樣性最高，

第一節　溫帶

及寒帶地區也有許多種類棲息。世種，新熱帶界約 7700 種，古北界澳新界共約 4800 種。在中國大陸260 種。

第二節　生境

2-4 快速建立目錄

Word 具有排版功能,在建立目錄之前,必須先套用標題文字【標題1、標題2】等樣式,接著,設定多層次清單,決定文件編號樣式,最後再建立目錄。

套用樣式表 → 修改樣式表 → 設定多層次清單 → 建立目錄

2-4-1 分頁符號

分頁符號會將游標所有位置的資料,分到下一頁中,這是換頁的正式做法。

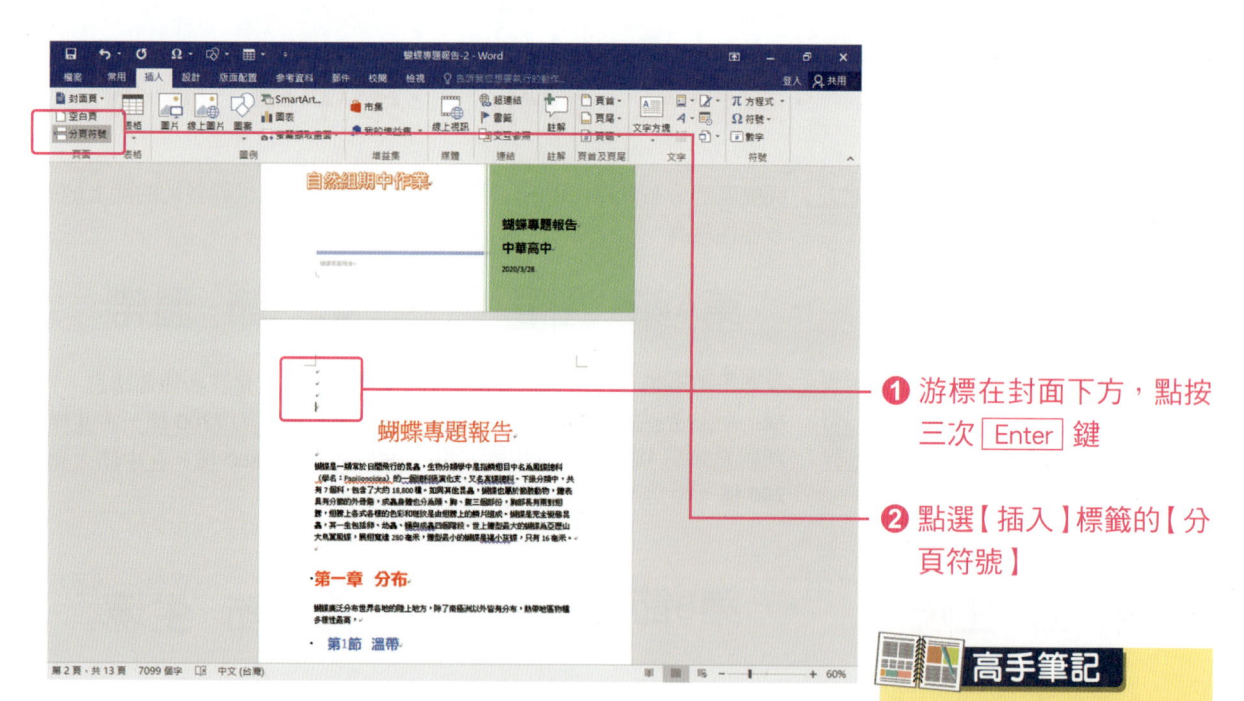

❶ 游標在封面下方,點按三次 [Enter] 鍵

❷ 點選【插入】標籤的【分頁符號】

> **高手筆記**
> 在封面頁後面加上目錄頁。

Chapter 2　蝴蝶專題報告

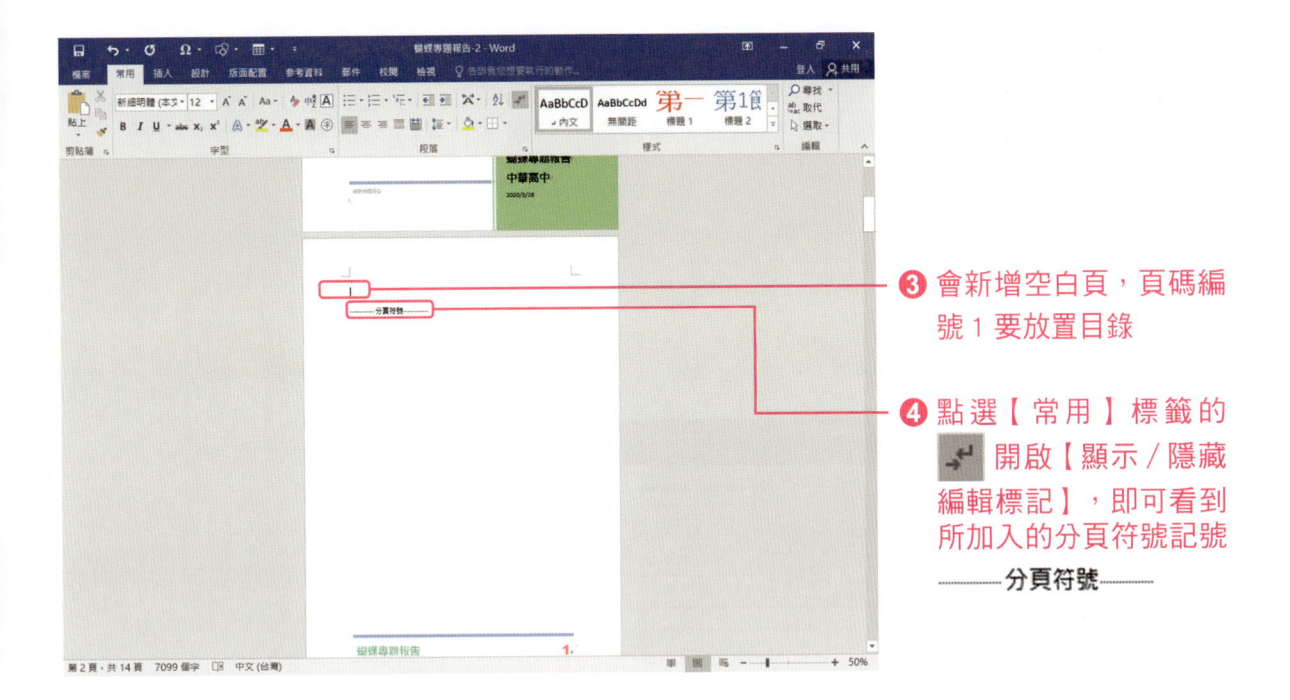

❸ 會新增空白頁，頁碼編號 1 要放置目錄

❹ 點選【常用】標籤的 開啟【顯示/隱藏編輯標記】，即可看到所加入的分頁符號記號

分頁符號

2-4-2 自動目錄

文件章節標題文字套用標題 1、標題 2 之後，即可自動建立目錄。

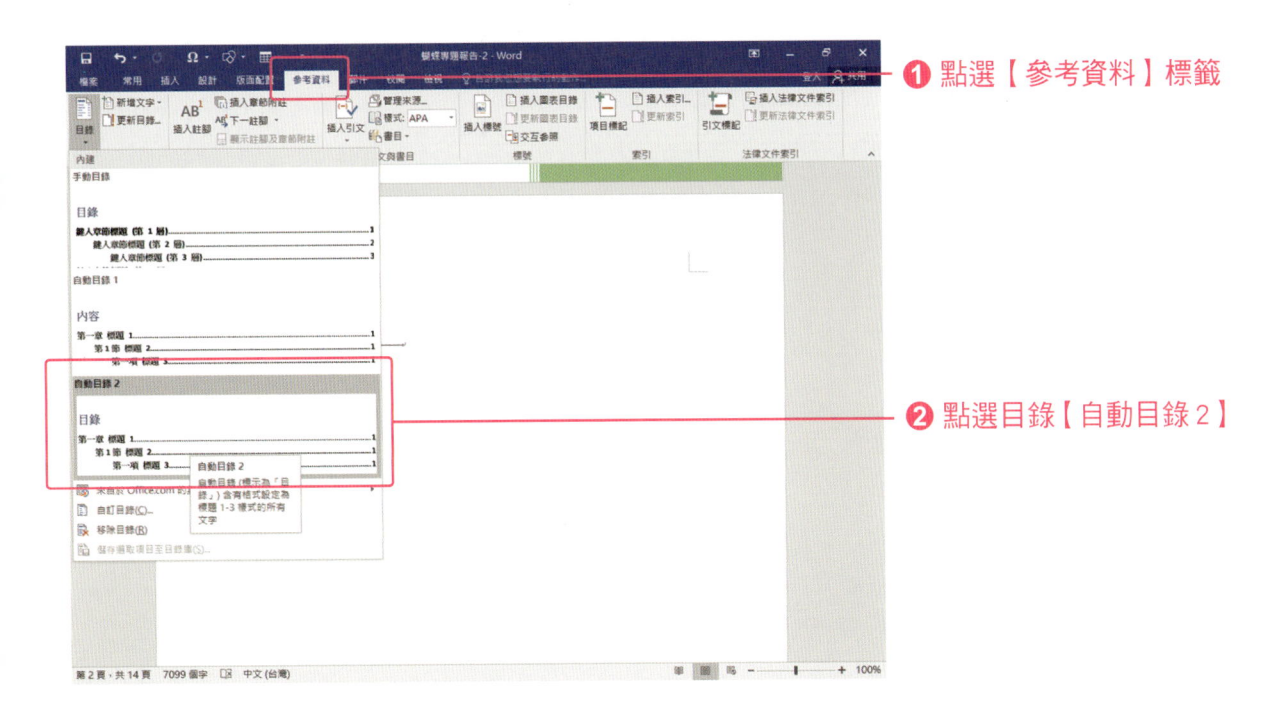

❶ 點選【參考資料】標籤

❷ 點選目錄【自動目錄 2】

37

高手筆記

自動目錄會偵測文件中，套用【標題1、標題2、標題3】等做為章節，並產生目錄。

目錄
第一章 標題 1..................
　　第1節 標題 2............
　　　　第一項 標題 3....

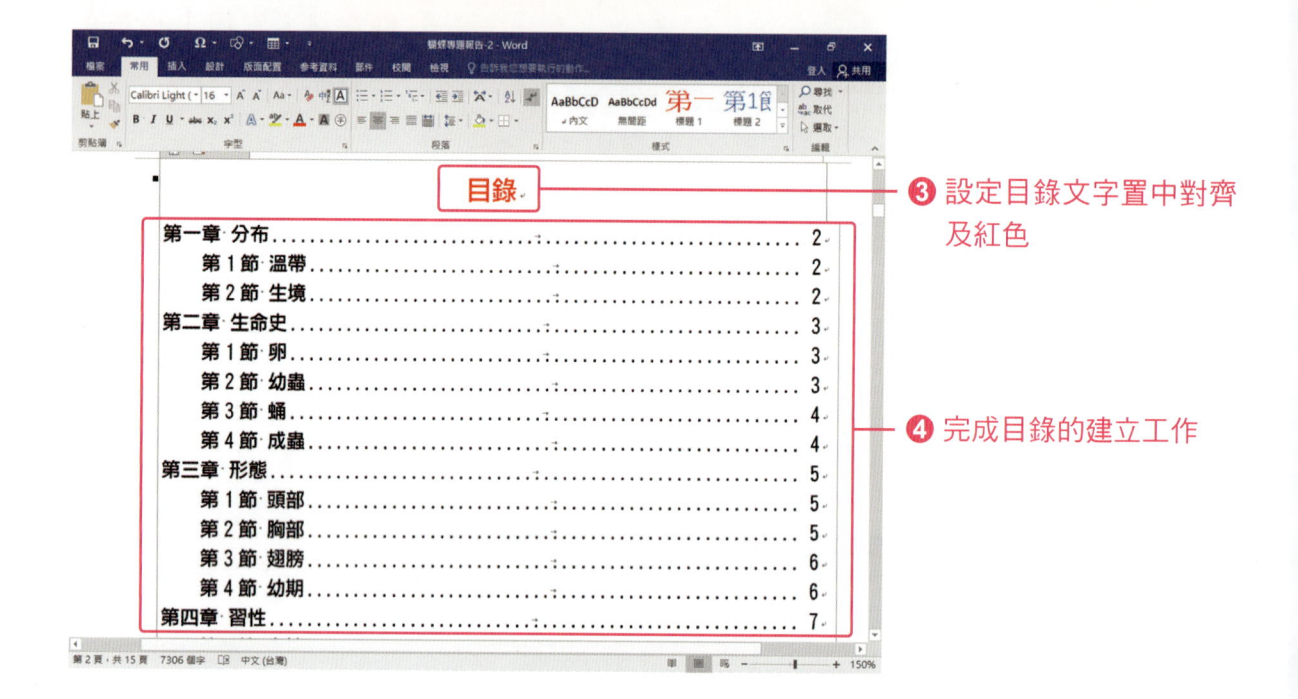

❸ 設定目錄文字置中對齊及紅色

❹ 完成目錄的建立工作

2-4-3 插入圖片

在文章第二章第 2 節加入蝴蝶幼蟲圖片,增加頁面資料時,此時,目錄的編號可能就會出錯。在下個小節中,將介紹快速修正的方法。

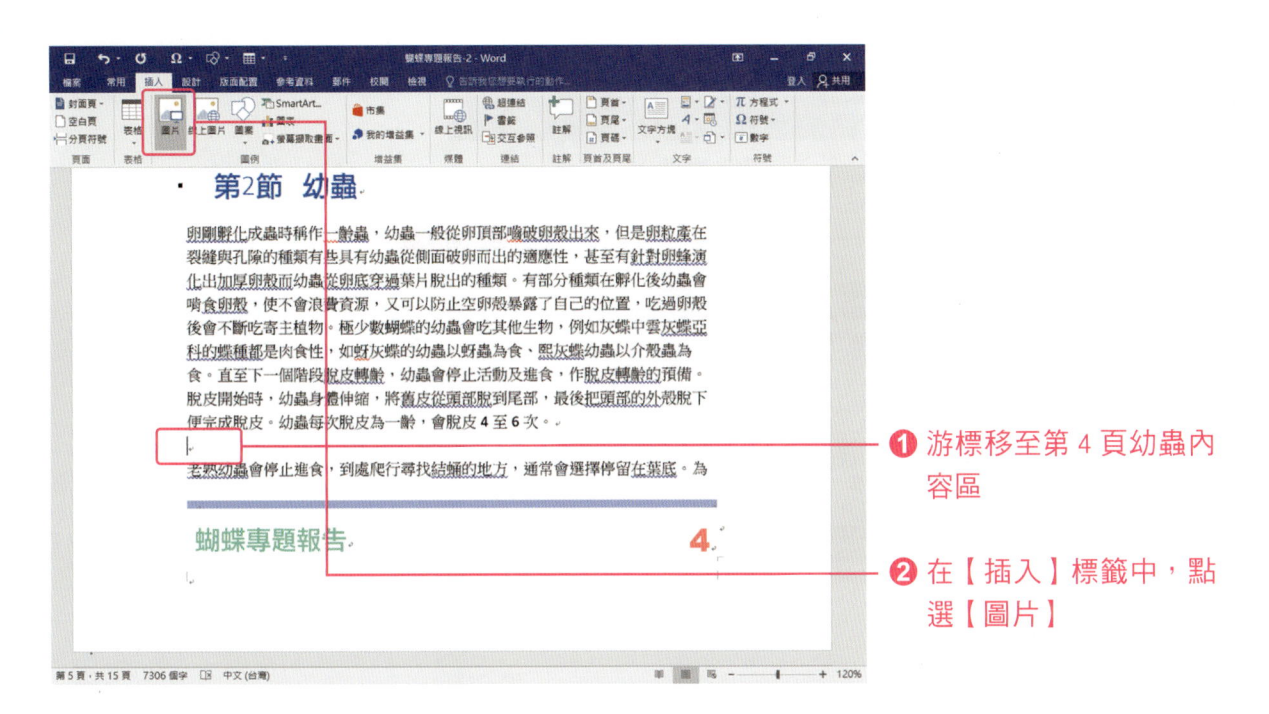

❶ 游標移至第 4 頁幼蟲內容區

❷ 在【插入】標籤中,點選【圖片】

❸ 在【格式】標籤套用【圖片樣式】,加上黑色邊框效果

專題實作 書面報告呈現技巧

2-4-4 更新功能變數

專題報告或是論文也可能達到將近百頁，若插入圖片修改資料，導致目錄頁的號碼錯誤，那麼，如何快速修正呢？其實只要在目錄區中，使用【更新功能變數】即可完成目錄更新的工作。

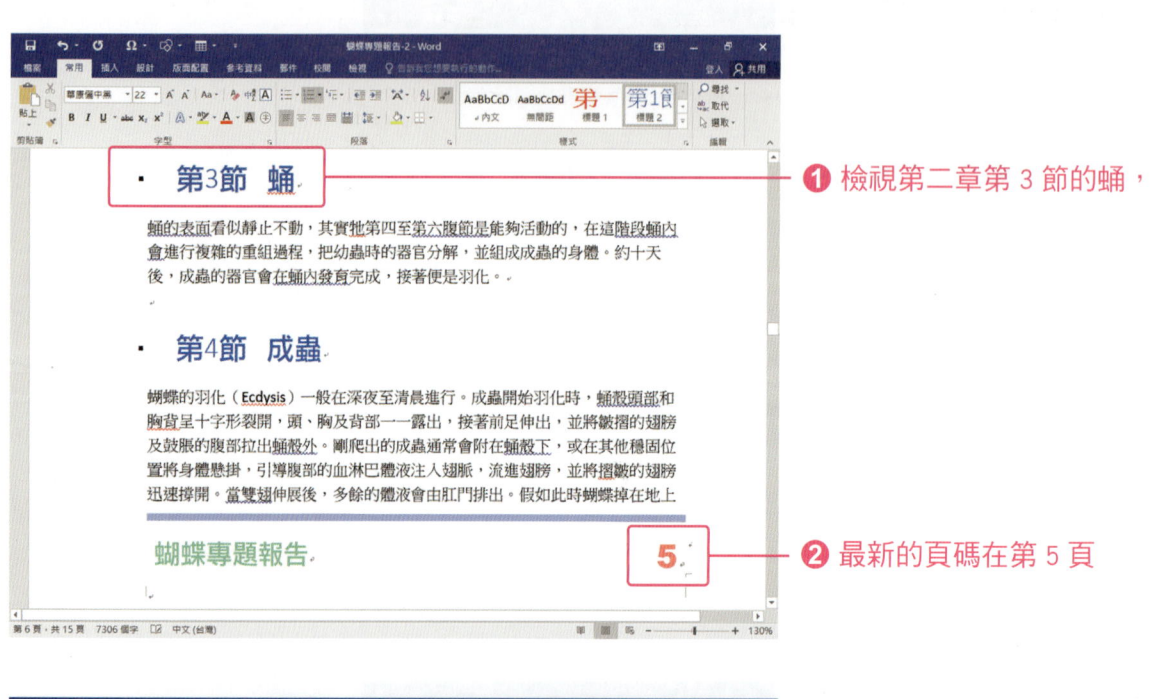

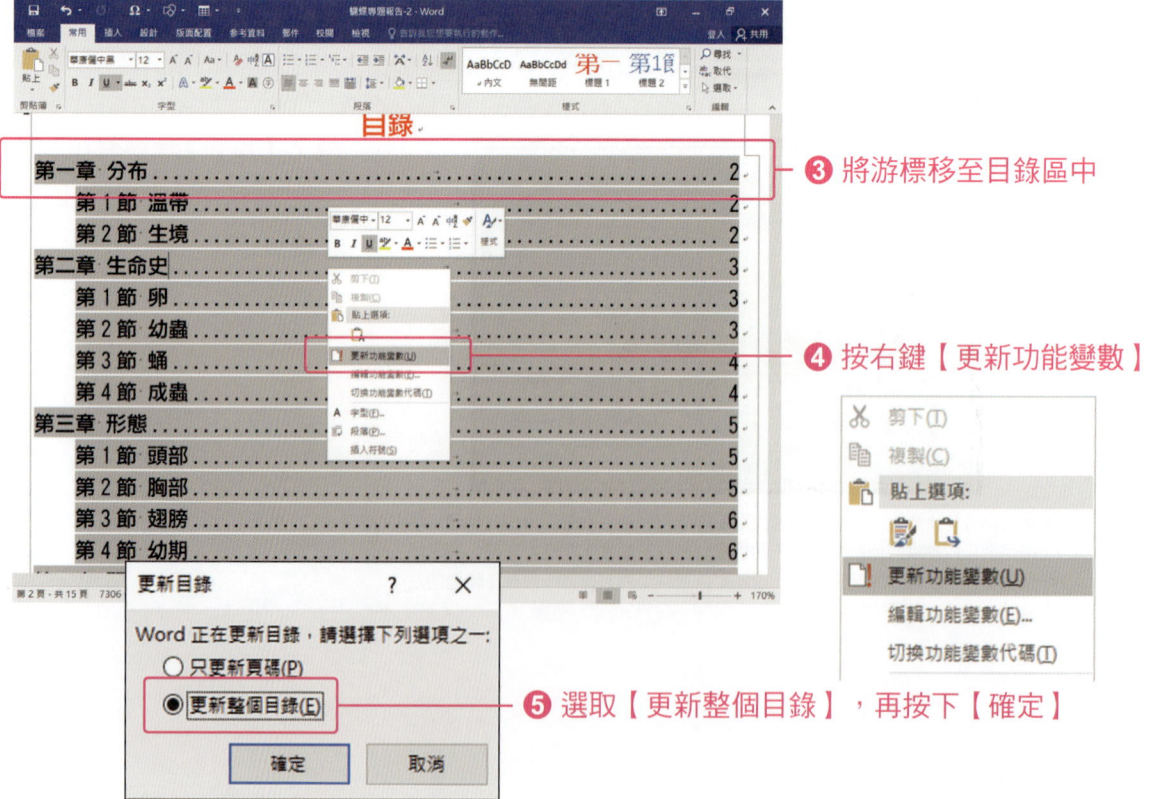

❶ 檢視第二章第 3 節的蛹，

❷ 最新的頁碼在第 5 頁

❸ 將游標移至目錄區中

❹ 按右鍵【更新功能變數】

❺ 選取【更新整個目錄】，再按下【確定】

40

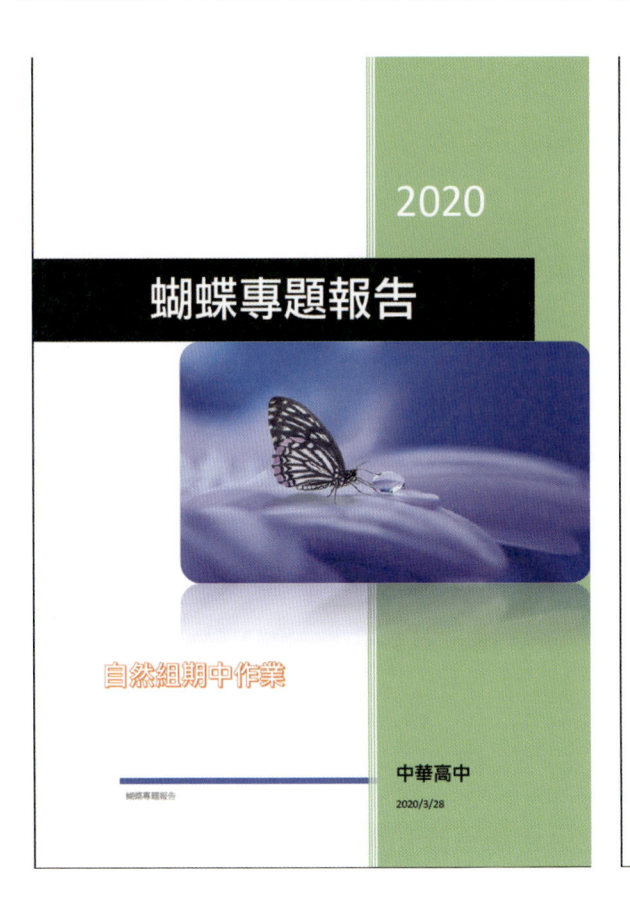

原來目錄頁碼	更新後目錄頁碼
目錄 第一章 分布 .... 3 　第1節 溫帶 .... 3 　第2節 生境 .... 3 第二章 生命史 .... 4 　第1節 卵 .... 4 　第2節 幼蟲 .... 4 　第3節 蛹 .... 4 　第4節 成蟲 4	**目錄** 第一章 分布 .... 3 　第1節 溫帶 .... 3 　第2節 生境 .... 3 第二章 生命史 .... 4 　第1節 卵 .... 4 　第2節 幼蟲 .... 4 　第3節 蛹 .... 5 　第4節 成蟲 5

41

Chapter 2 課後習題

_____ 1. Word 中哪個索引標籤提供封面頁的功能？
 (A) 常用　(B) 插入　(C) 格式　(D) 工具。

_____ 2. 下列哪個索引標籤可用於各章節標題文字套用樣式表？
 (A) 常用　(B) 插入　(C) 格式　(D) 工具。

_____ 3. 設定文件章節的編號樣式，多層次清單是哪個按鈕？
 (A) ▨　(B) ▨　(C) ▨　(D) ▨。

_____ 4. 樣式表的標題 2 必須開啟樣式視窗的選項功能設定，其開啟鈕為
 (A) ▨　(B) ▨　(C) ▨　(D) ▨。

_____ 5. 文件套用樣式表，再設定多層次清單後，是在哪個標籤中加入目錄？
 (A) 常用　(B) 插入　(C) 版面配置　(D) 參考資料。

_____ 6. 插入圖片若要加上外框線效果，是屬於下列哪個功能？
 (A) 圖片樣式　(B) 色彩　(C) 美術效果　(D) 校正。

_____ 7. 封面頁左下方若要加入標題，並能隨意移動位置的功能是
 (A) 字型　(B) 樣式　(C) 文字方塊　(D) 直排。

_____ 8. Word、PowerPoint、Excel 中，使用滑鼠滾輪並配合下列哪一按鍵可縮放顯示？
 (A) Ctrl 鍵　(B) Alt 鍵　(C) Shift 鍵　(D) Tab 鍵。

_____ 9. 專題報告增刪文字內容時，快速變更目錄頁碼功能是
 (A) 更新功能變數　(B) 字型　(C) 段落　(D) 插入符號。

_____ 10. 章節編號和標題文字的間距可使用下列哪一功能鍵修改？
 (A) 文字框線　(B) 多層次清單　(C) 段落　(D) 亞洲字型。

Chapter 3 樣式表進階設定

學習重點

- 學習修改樣式表
- 學習段落前自動分頁
- 學習樣式文字效果及框線修改
- 學習多層次清單的包含章節編號
- 學習流程圖繪製的方法

研究架構圖

確定研究主題 → 研究流程 → 動機與目的 → 文獻探討 → 資料搜集

3-1 樣式進階技巧

樣式表是 Word 標準化、自動化的工作形式，學會樣式表的設定技巧，對於文件的編輯有極大的幫助，且要更深入的學習樣式表的進階使用技巧。

3-1-1 段落前分頁

【段落前分頁】讓每一章的標題文字，都在每頁的最上方。

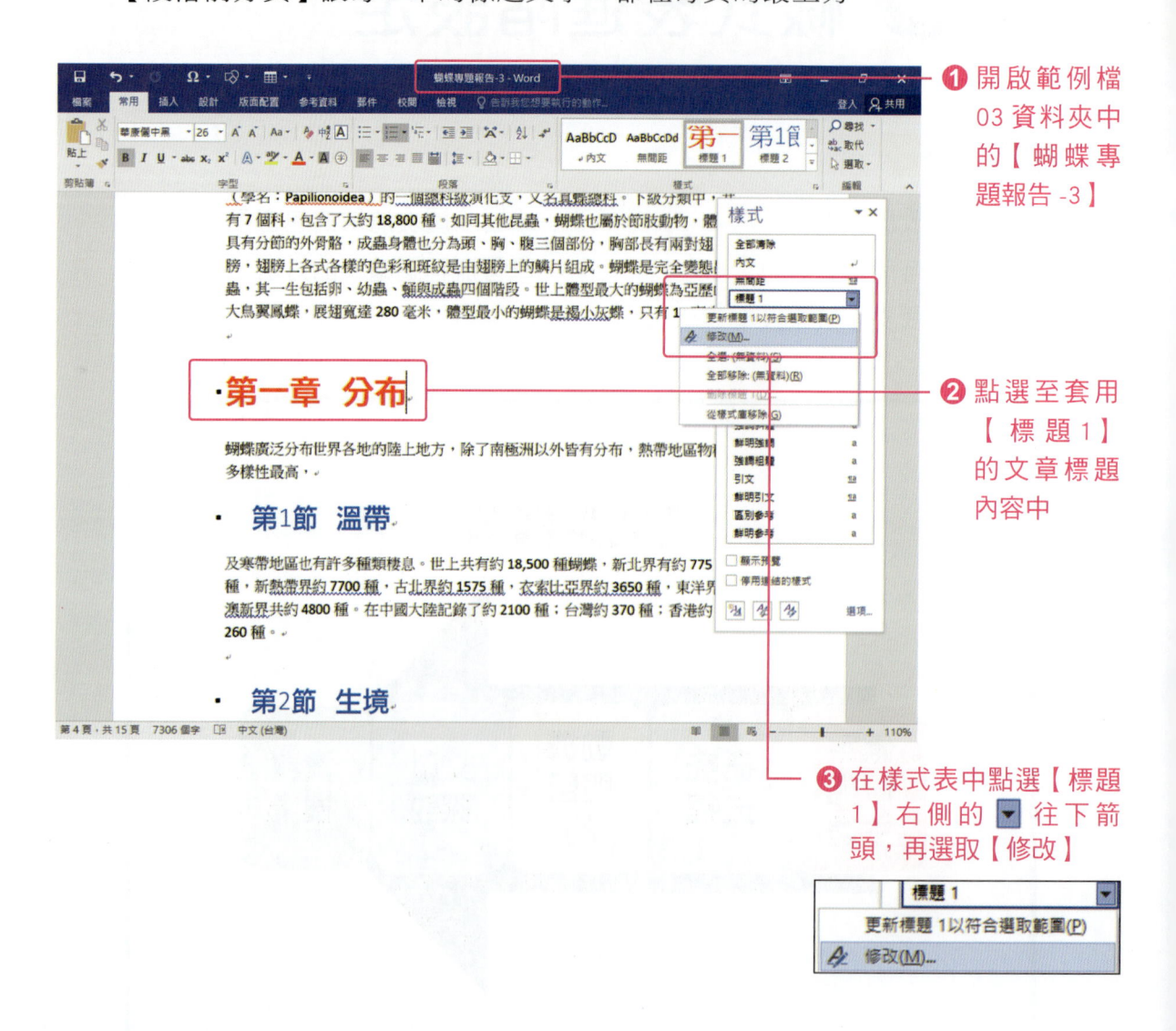

❶ 開啟範例檔 03 資料夾中的【蝴蝶專題報告-3】

❷ 點選至套用【標題1】的文章標題內容中

❸ 在樣式表中點選【標題1】右側的 ▼ 往下箭頭，再選取【修改】

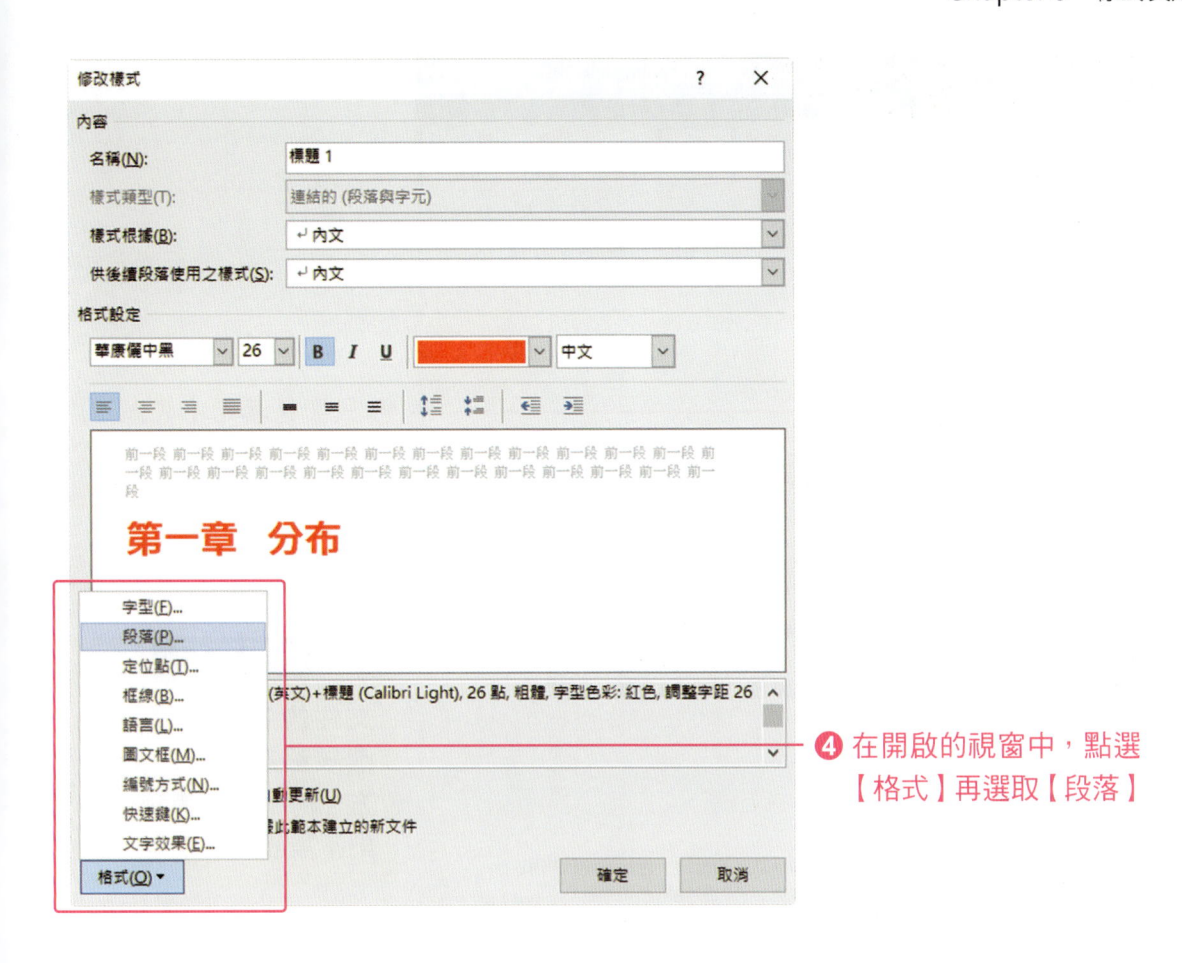

Chapter 3　樣式表進階設定

❹ 在開啟的視窗中，點選【格式】再選取【段落】

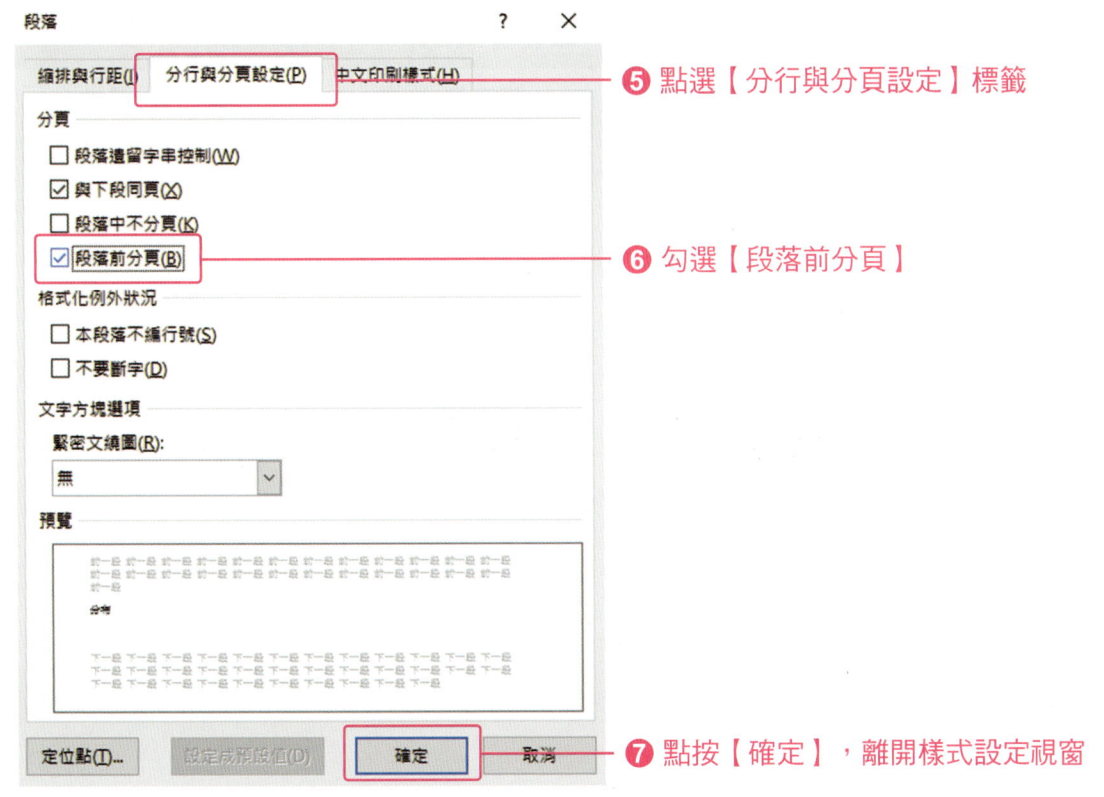

❺ 點選【分行與分頁設定】標籤

❻ 勾選【段落前分頁】

❼ 點按【確定】，離開樣式設定視窗

45

專題實作 書面報告呈現技巧

❽ 只要是套用【標題1】的各章節紅色標題文字，會自動在每頁的最上方

高手筆記

文件的各章大標題，應該都在每頁的最上方，而小節（標題2）則不需設定此功能。

每章標題文字都在頁的最上方

第一章 分布　　第二章 生命史　　第三章 形態　　第四章 習性

3-1-2 標題文字效果

標題文字效果，設定文字漸層色及外框線。

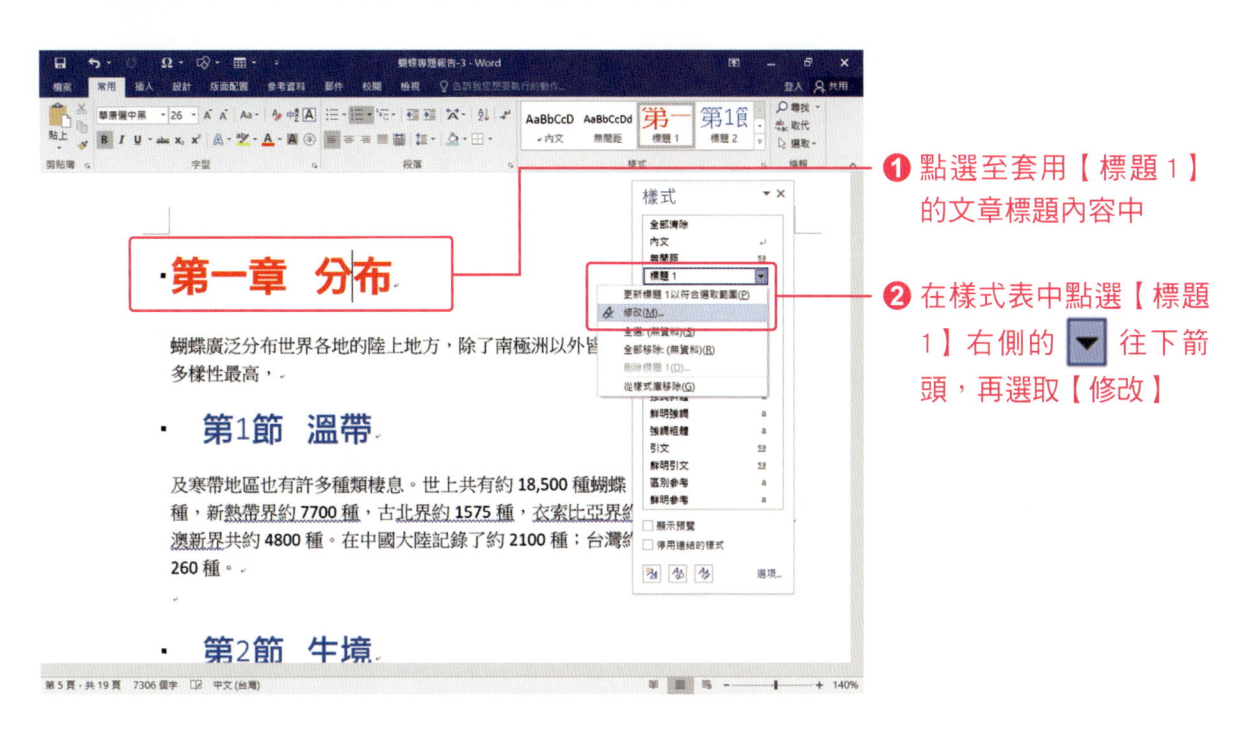

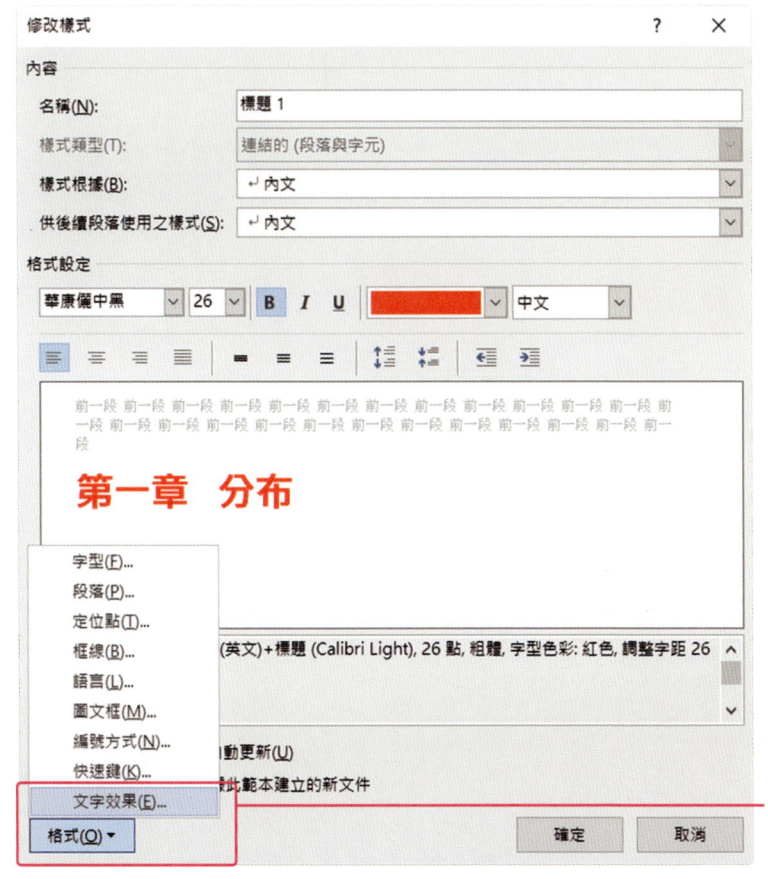

❶ 點選至套用【標題 1】的文章標題內容中

❷ 在樣式表中點選【標題 1】右側的 ▼ 往下箭頭，再選取【修改】

> **高手筆記**
>
> 【文字效果】將標題文字進行藝術美工效果。

❸ 點選【格式】鈕再選取【文字效果】

專題實作 書面報告呈現技巧

❹ 點選【文字填滿】項目，勾選【漸層填滿】

❺ 設定【黃到紅】的漸層效果

❻ 點選【文字外框】項目

❼ 勾選【實心線條】，選取【黑色】外框線條

48

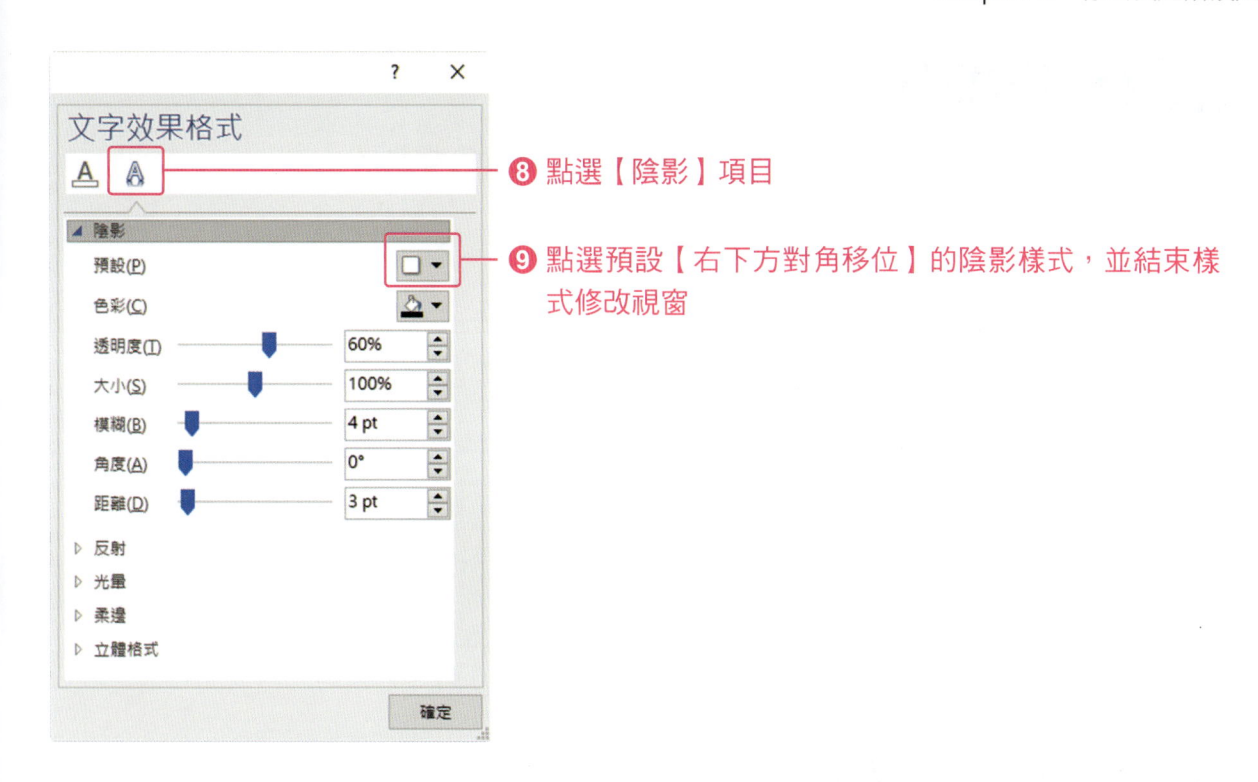

Chapter 3　樣式表進階設定

❽ 點選【陰影】項目

❾ 點選預設【右下方對角移位】的陰影樣式，並結束樣式修改視窗

❿ 完成後，標題 1 的各章文字都會變成漸層色、描黑邊、陰影效果

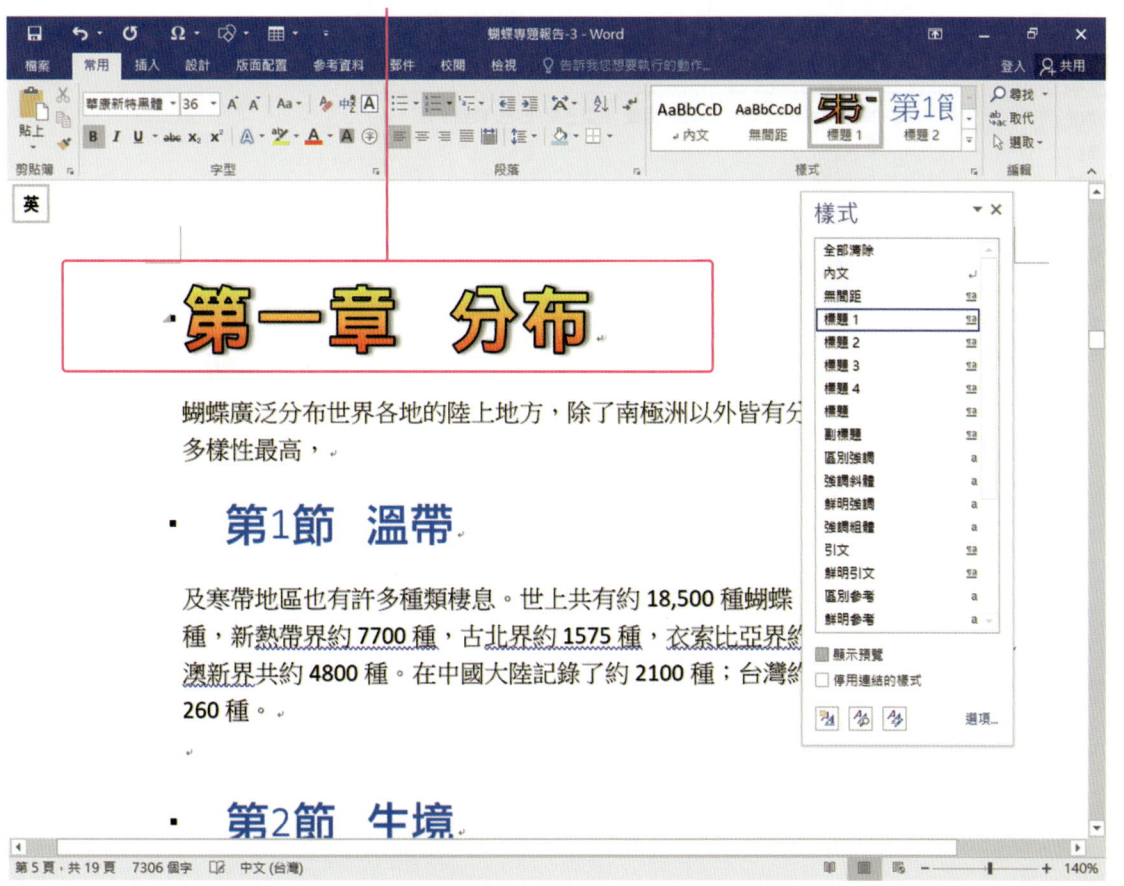

專題實作 書面報告呈現技巧

3-1-3 標題框線

標題框線，將標題段落區塊，加上外框線及淡黃色背效果。

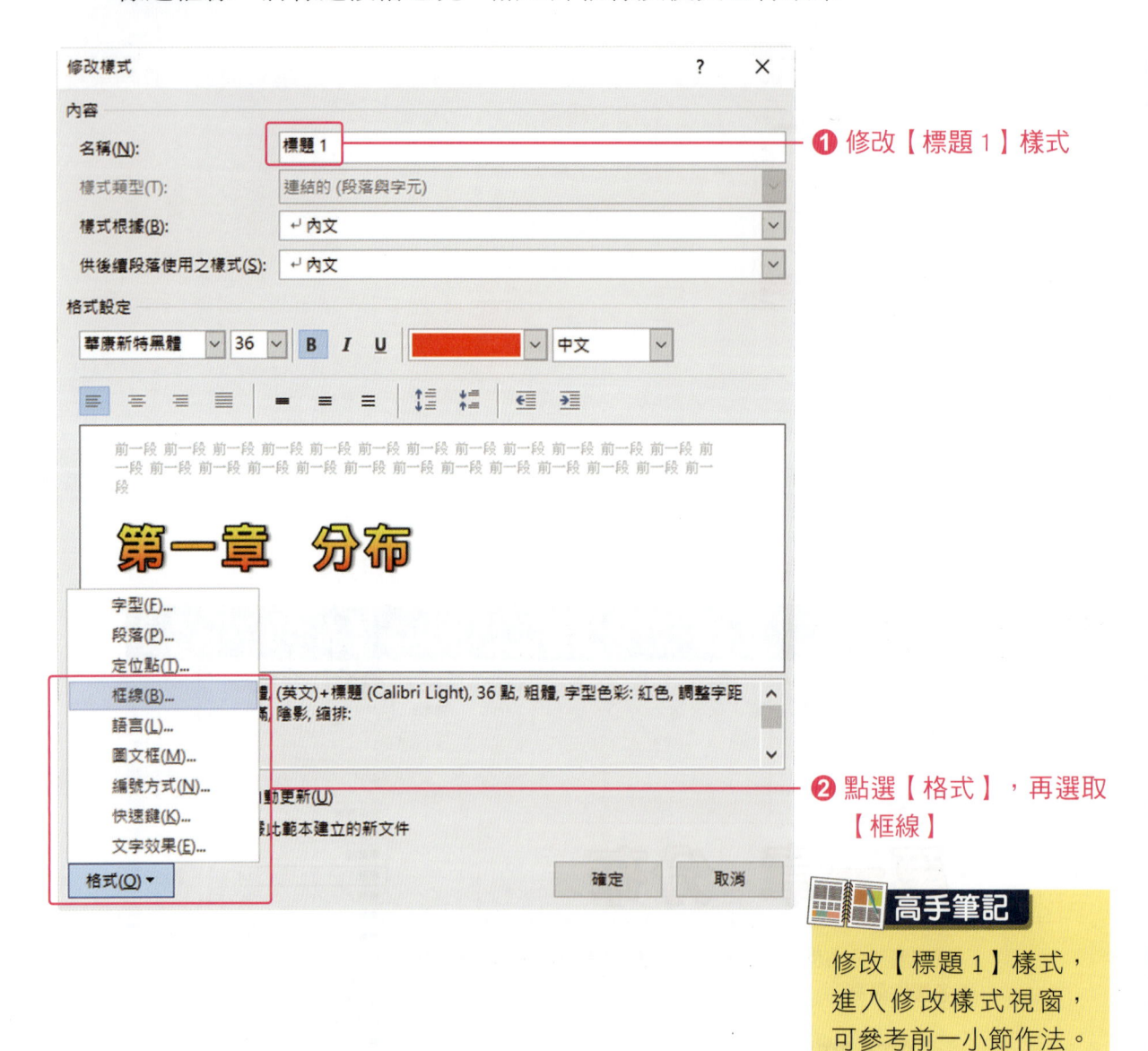

❶ 修改【標題1】樣式

❷ 點選【格式】，再選取【框線】

高手筆記

修改【標題1】樣式，進入修改樣式視窗，可參考前一小節作法。

50

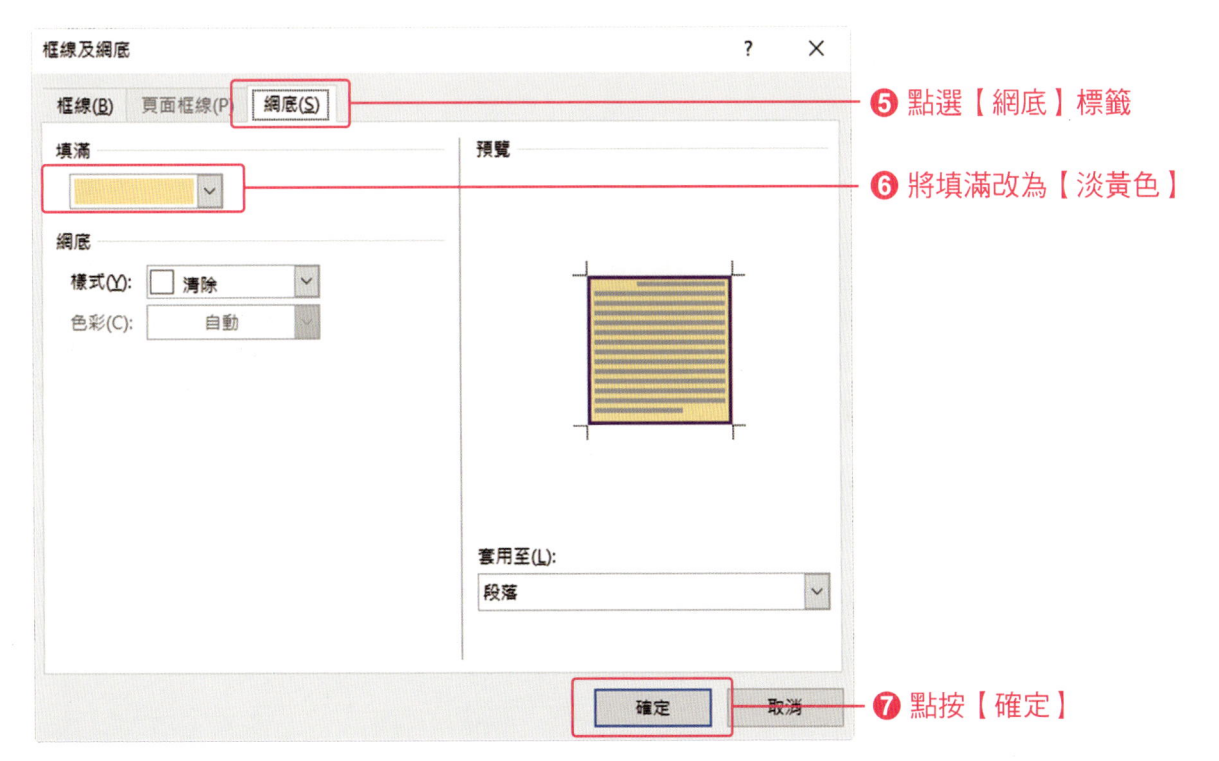

Chapter 3　樣式表進階設定

❸ 設定方框、紫色線條等

❹ 預覽視窗會顯示設定效果

❺ 點選【網底】標籤

❻ 將填滿改為【淡黃色】

❼ 點按【確定】

51

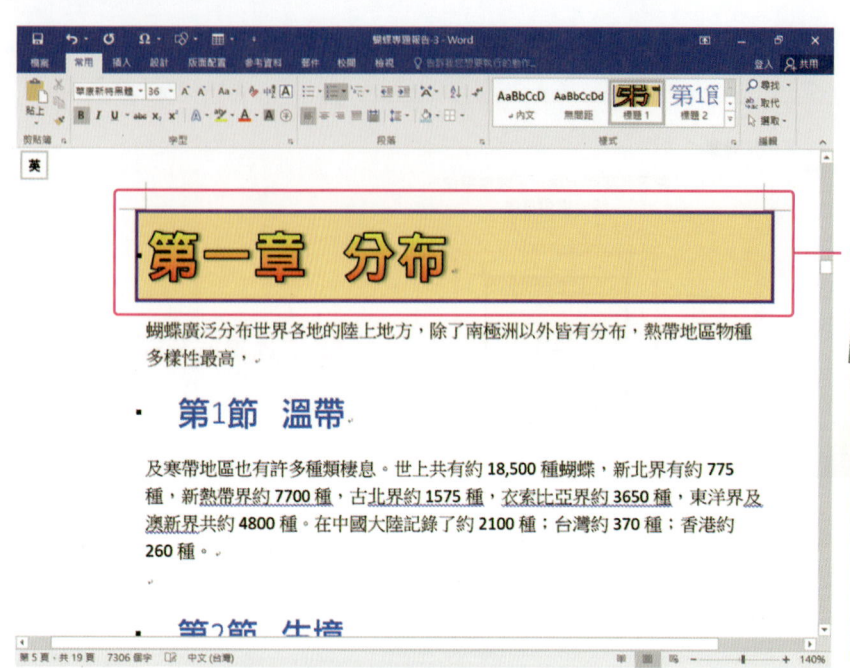

專題實作 書面報告呈現技巧

❽ 完成各章的標題樣式

高手筆記

一般正式的論文，其標題不能設定太多樣式外，各學校都有規範手冊，如標題 1，設定【標楷體、26、粗體】等。

框線設定值	標題效果

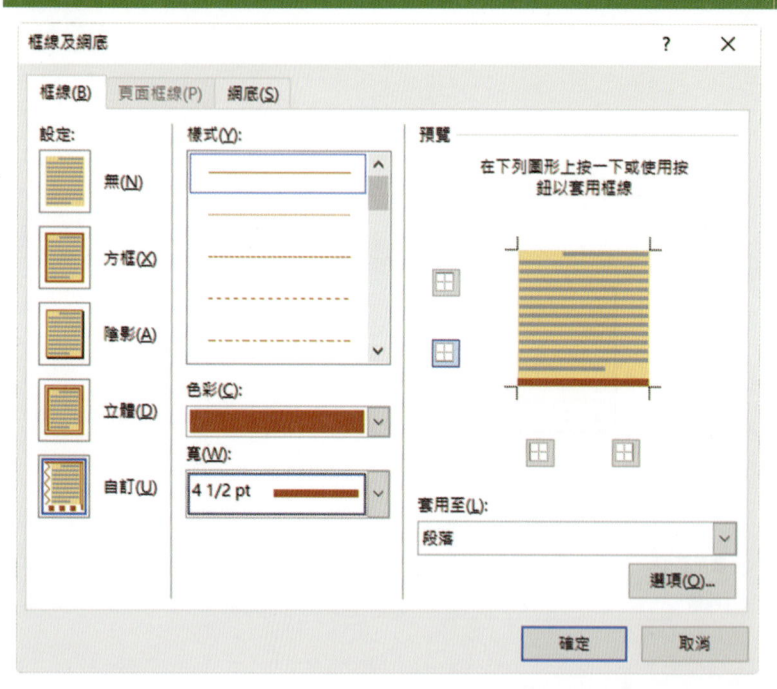

52

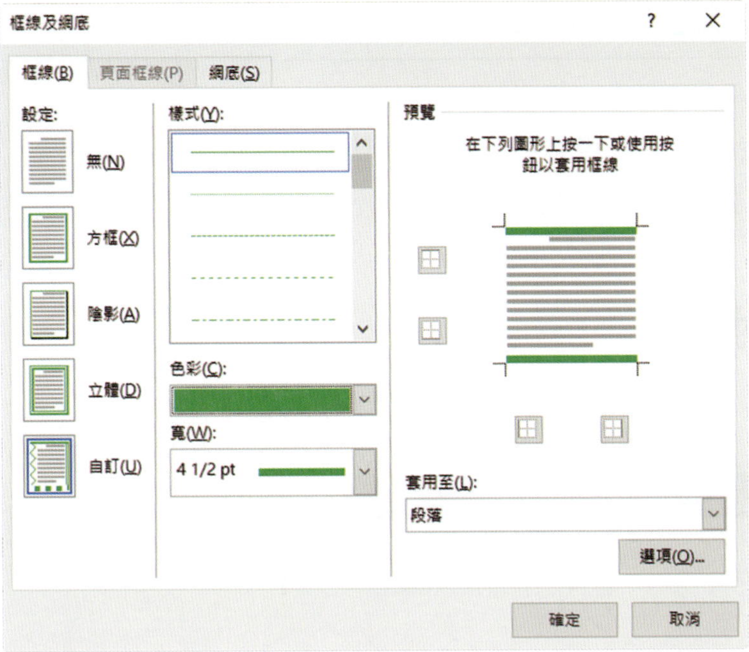
框線及網底
框線(B)
頁面框線(P)
網底(S)
設定:
無(N)
方框(X)
陰影(A)
立體(D)
自訂(U)
樣式(Y):
色彩(C):
寬(W):
4 1/2 pt
預覽
在下列圖形上按一下或使用按鈕以套用框線
套用至(L):
段落
選項(O)...
確定
取消

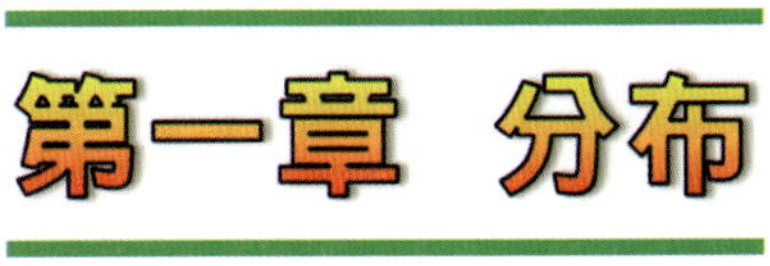
第一章　分布

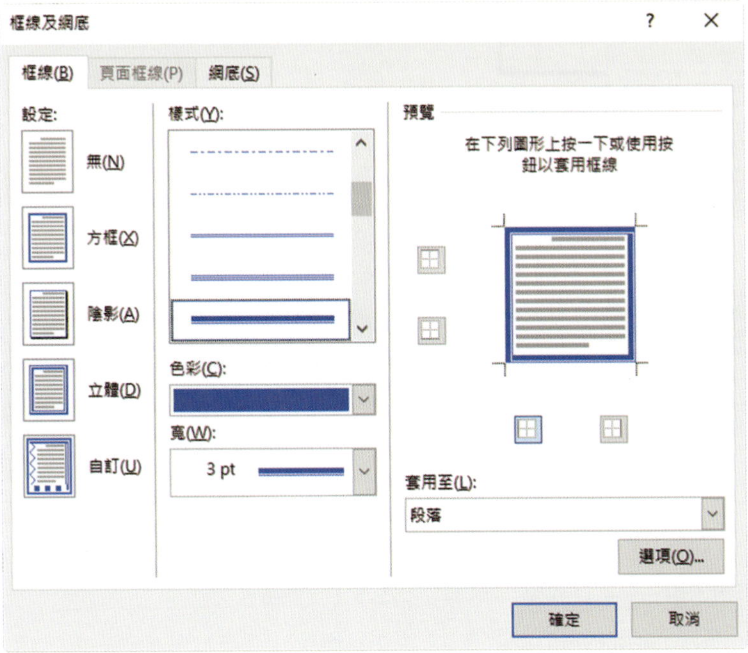
框線及網底
框線(B)
頁面框線(P)
網底(S)
設定:
無(N)
方框(X)
陰影(A)
立體(D)
自訂(U)
樣式(Y):
色彩(C):
寬(W):
3 pt
預覽
在下列圖形上按一下或使用按鈕以套用框線
套用至(L):
段落
選項(O)...
確定
取消

第一章　分布

3-2 多層次清單進階設定

文件的自動編號方式,在多層次清單有更多的選項功能,本節將再介紹多層次清單的使用技巧,以利更加掌握 Word 的自動化功能。

3-2-1 標題 2 靠左對齊

標題 2 預設離左邊界 0.75 公分,在多層次清單中可以修改邊界。

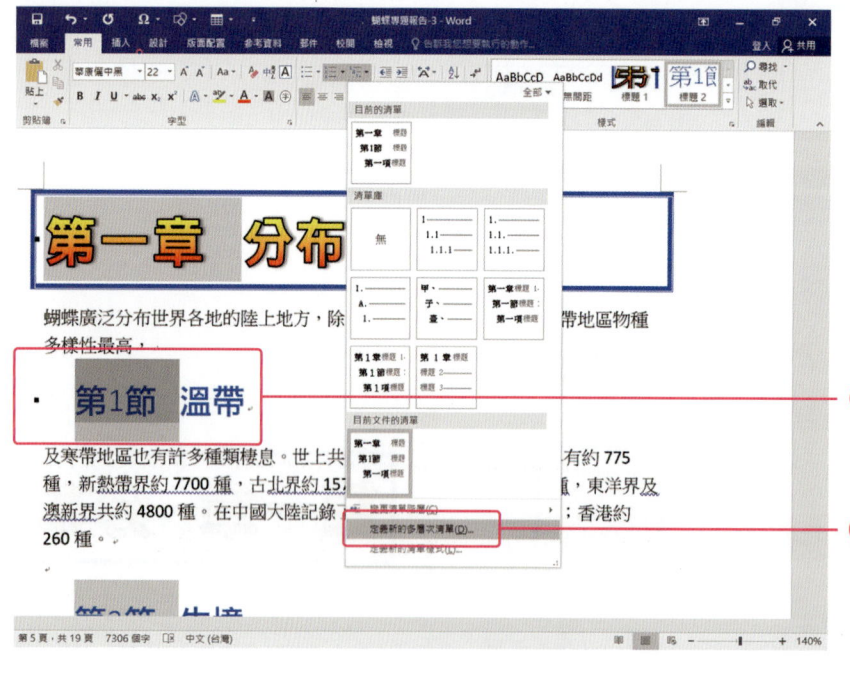

❶ 點選在套用【標題 2】樣式的文字上

❷ 點選【常用】標籤中的【多層次清單】,再選取【定義新的多層次清單】

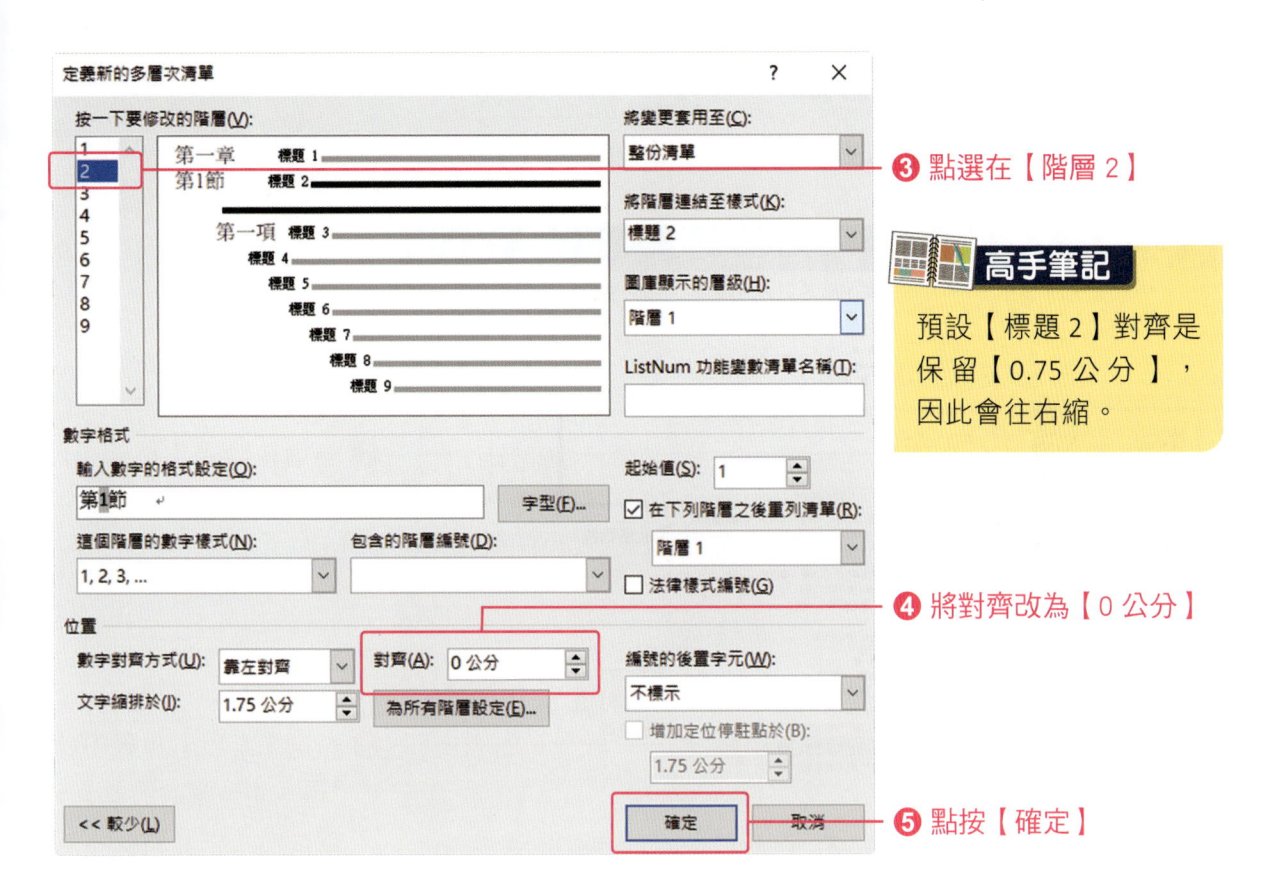

Chapter 3　樣式表進階設定

❸ 點選在【階層 2】

高手筆記

預設【標題 2】對齊是保留【0.75 公分】，因此會往右縮。

❹ 將對齊改為【0 公分】

❺ 點按【確定】

設定前：【標題 2】對齊【0.75 公分】	修改後：【標題 2】對齊【0 公分】

第一章　分布

蝴蝶廣泛分布世界各地的陸上地方，除多樣性最高，

- 第1節　溫帶

第一章　分布

蝴蝶廣泛分布世界各地的陸上地方，除多樣性最高，

- 第1節　溫帶

55

3-2-2 包括階層編號

階層編號如第一章第 2 節，可以設定顯示為【1-2】樣式。

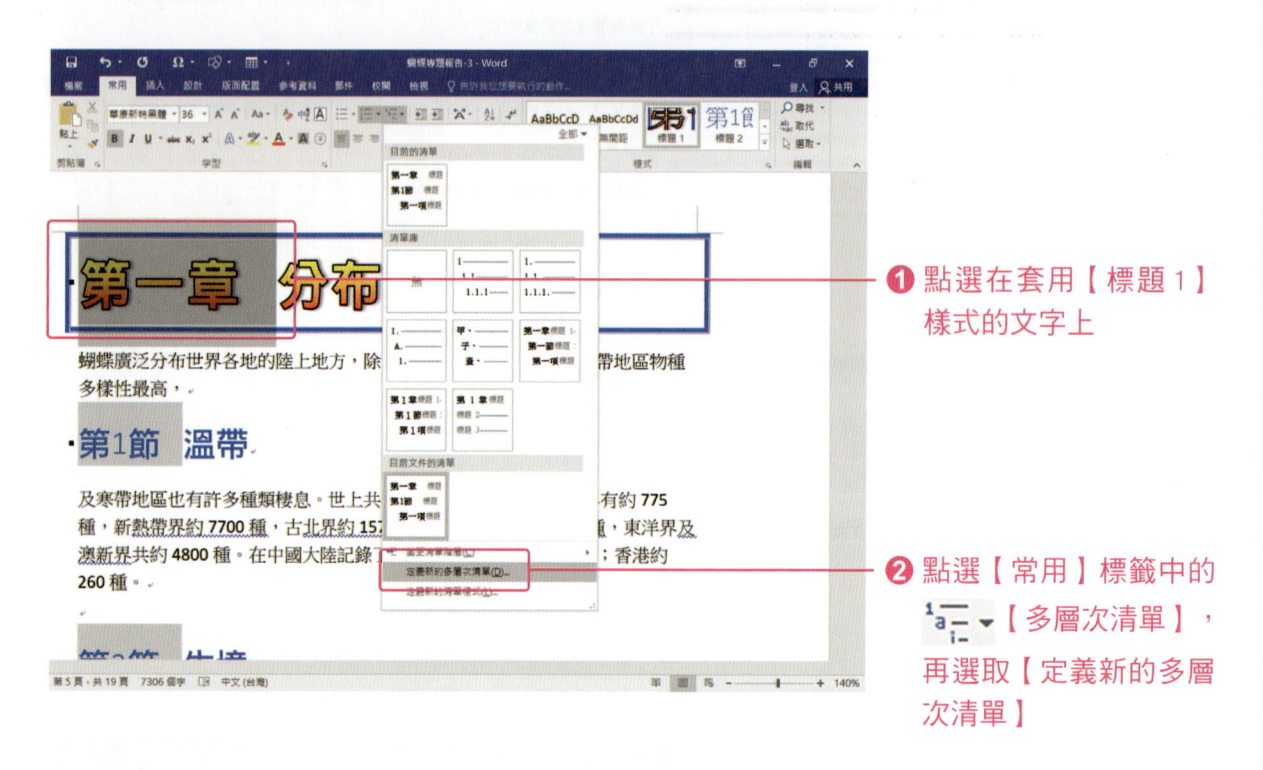

❶ 點選在套用【標題 1】樣式的文字上

❷ 點選【常用】標籤中的 【多層次清單】，再選取【定義新的多層次清單】

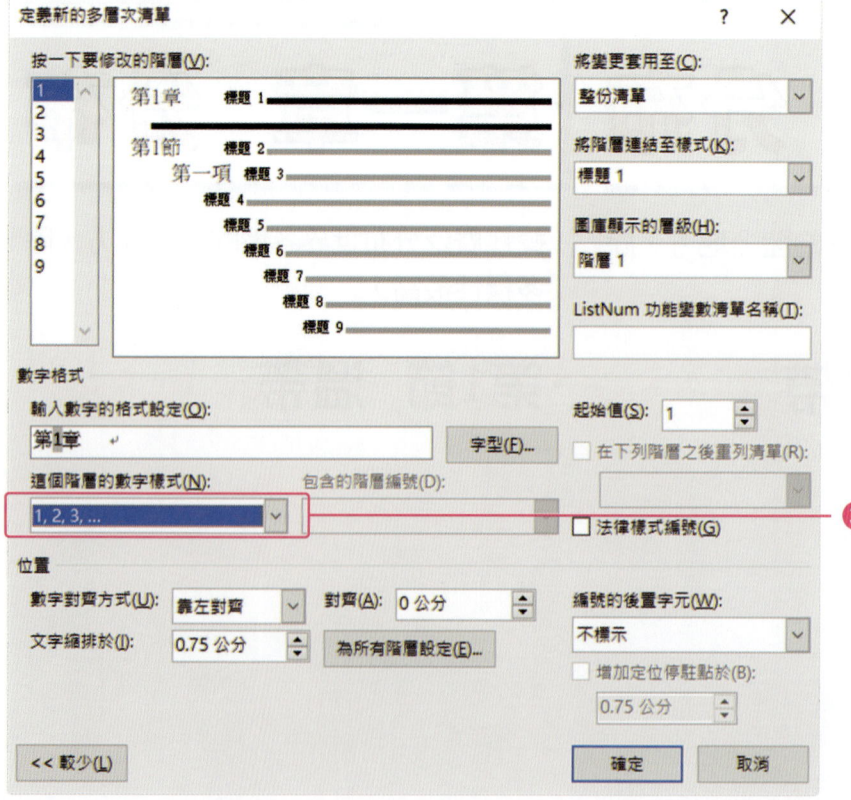

❸ 將階層 1 的數字樣式改為【1, 2, 3, ...】半形數字格式

❹ 點選【階層 2】連結樣式的【標題 2】

❺ 將階層 2 的數字樣式改為【1, 2, 3, ...】半形數字格式

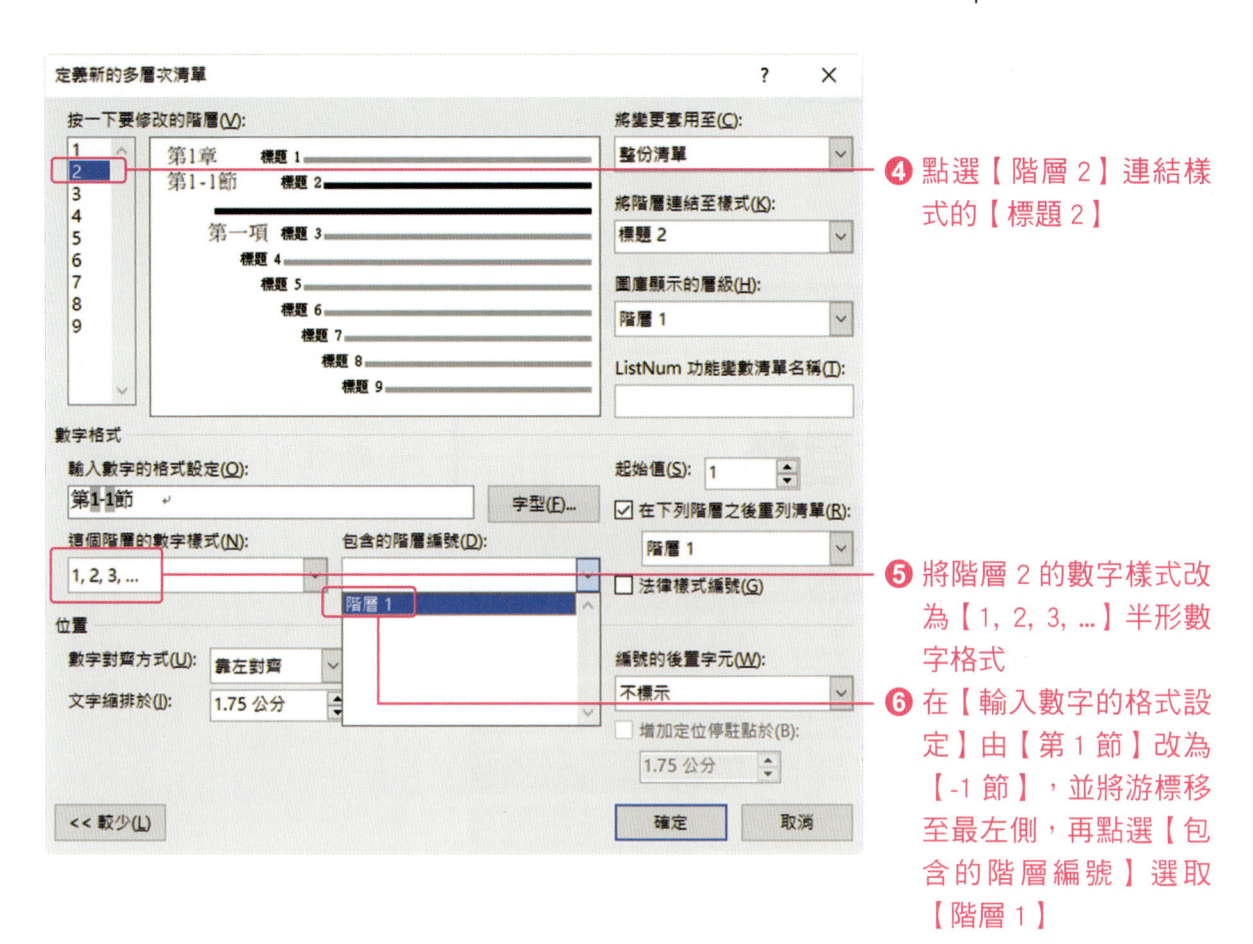

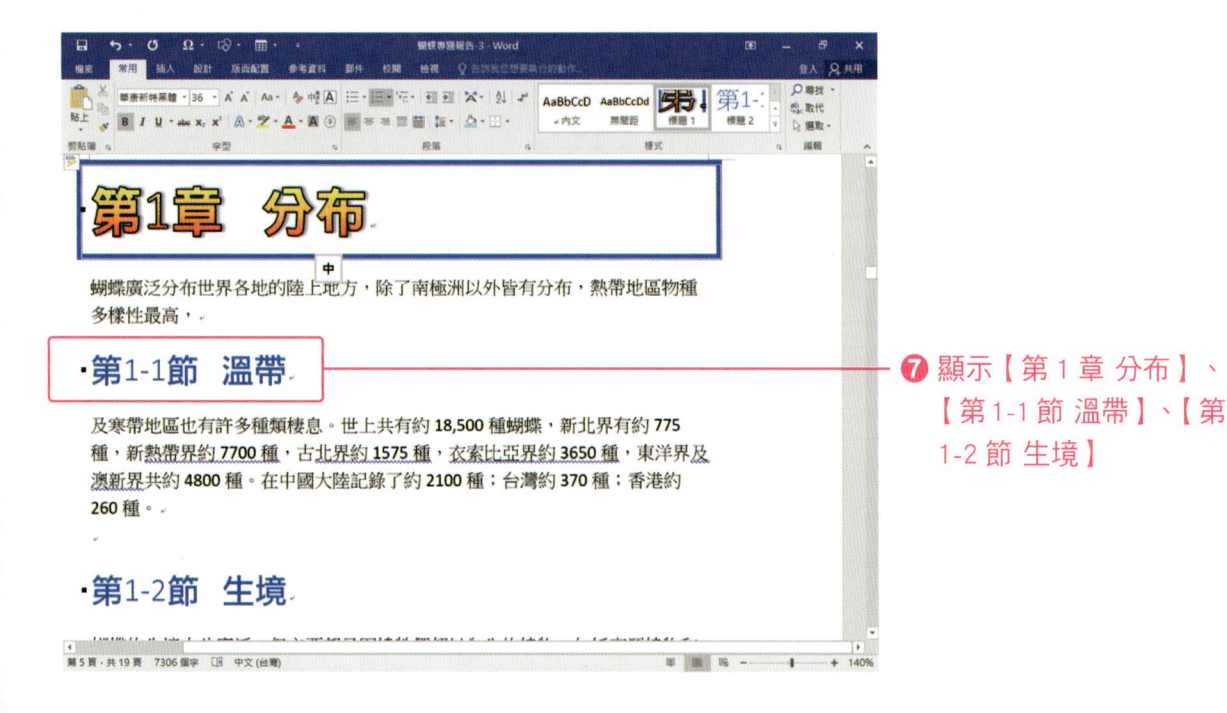

❻ 在【輸入數字的格式設定】由【第 1 節】改為【-1 節】,並將游標移至最左側,再點選【包含的階層編號】選取【階層 1】

❼ 顯示【第 1 章 分布】、【第 1-1 節 溫帶】、【第 1-2 節 生境】

3-2-3 更新功能變數

當專題報告修改內容時,其目錄頁碼有變動,使用更新功能變數,瞬間就能更新目錄頁碼。

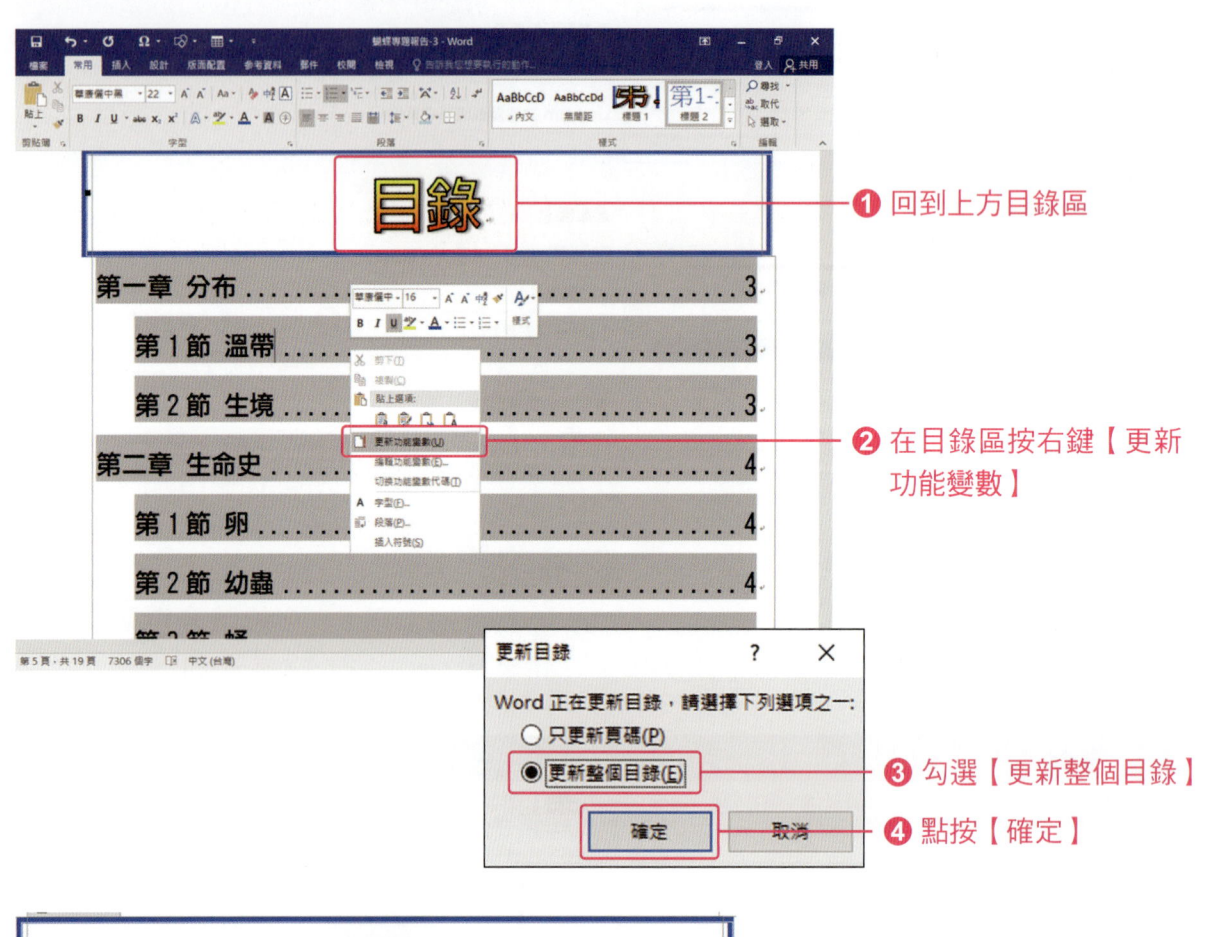

❶ 回到上方目錄區

❷ 在目錄區按右鍵【更新功能變數】

❸ 勾選【更新整個目錄】

❹ 點按【確定】

❺ 目錄區的頁碼立即完成更新,變成【第 1-1 節 溫帶】樣式

3-2-4 功能窗格

　　Word 2010 的功能窗格，在螢幕左側會顯示章、節的標題文字，只要點選後即可方便快速的切換到欲編輯的章節。

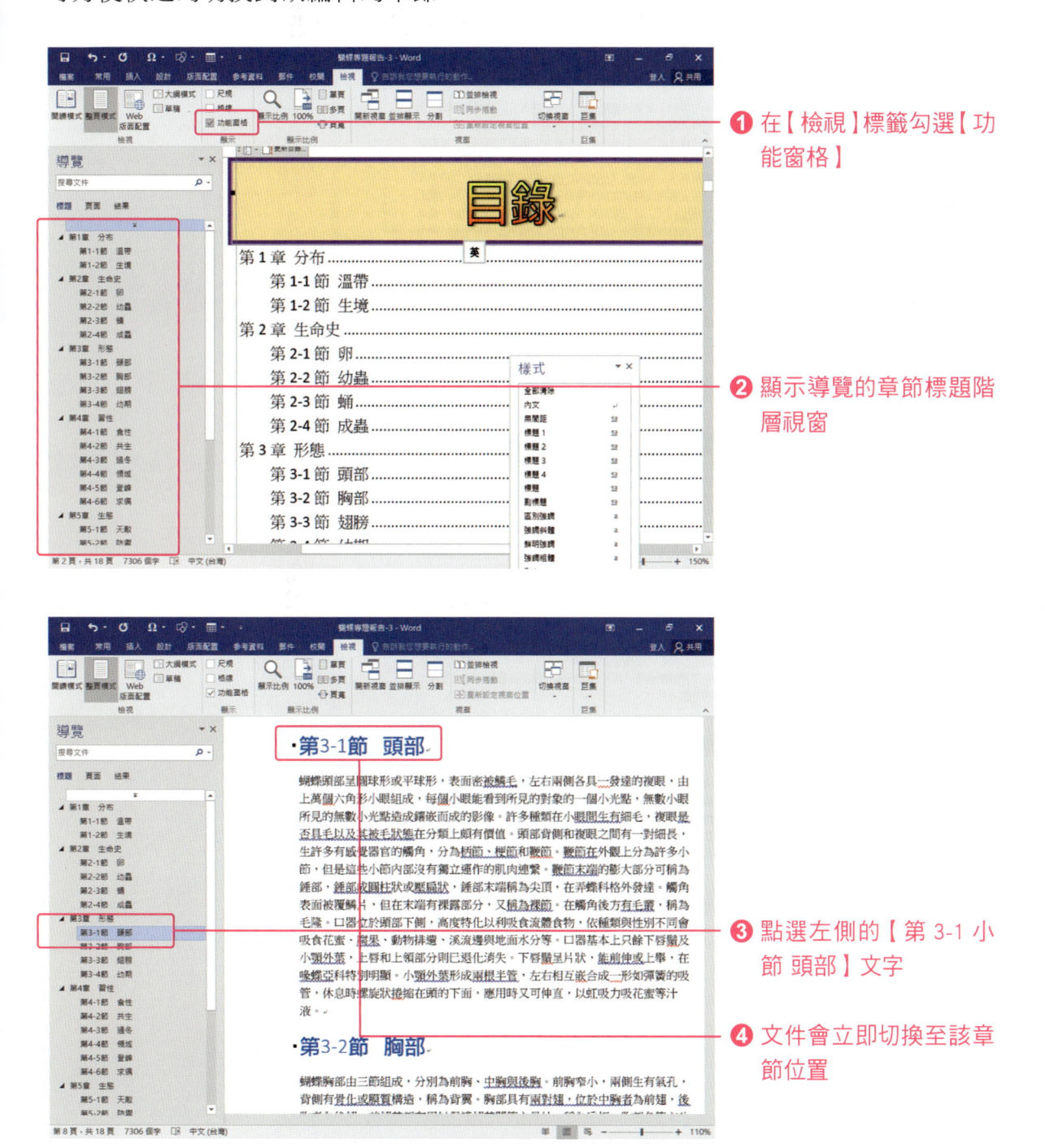

❶ 在【檢視】標籤勾選【功能窗格】

❷ 顯示導覽的章節標題階層視窗

❸ 點選左側的【第 3-1 小節 頭部】文字

❹ 文件會立即切換至該章節位置

專題實作 書面報告呈現技巧

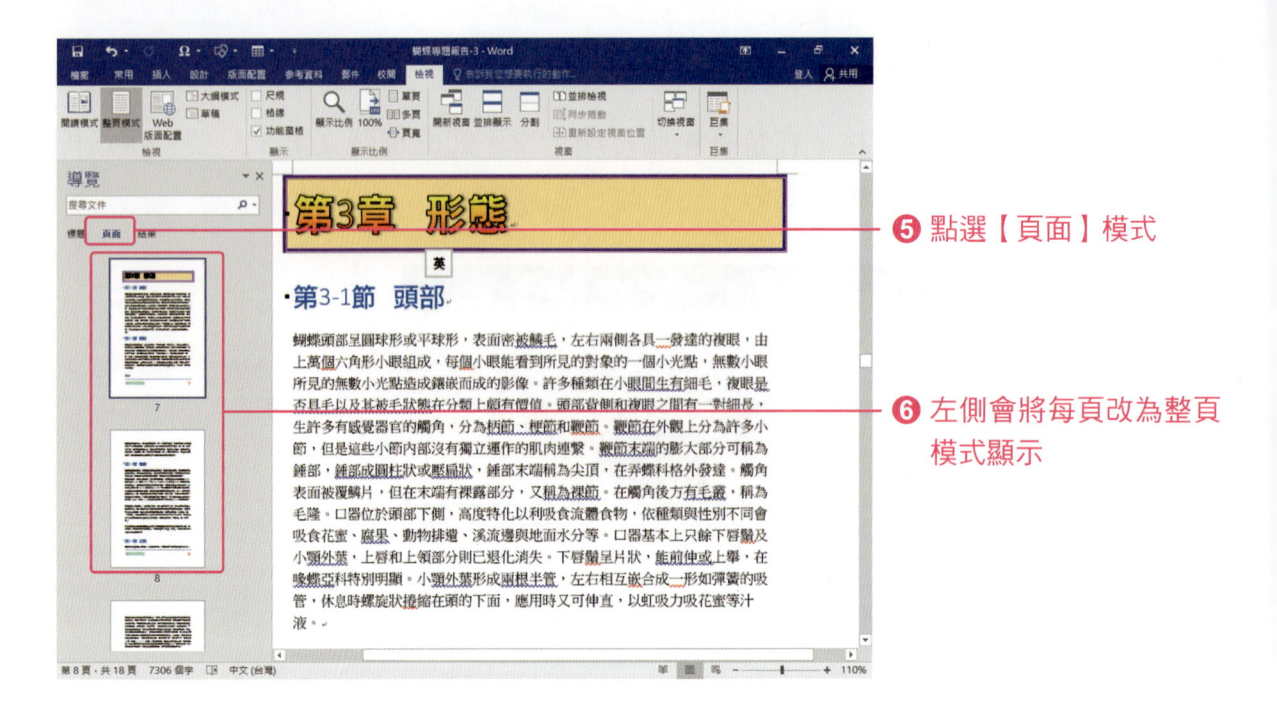

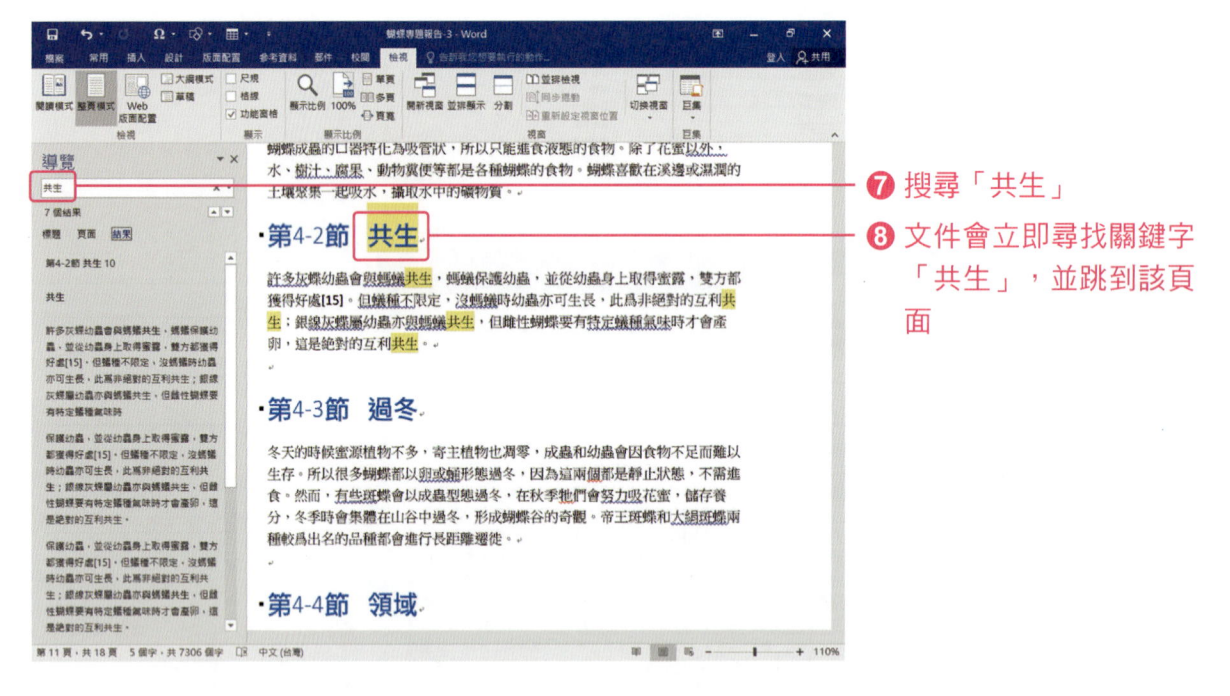

❺ 點選【頁面】模式

❻ 左側會將每頁改為整頁模式顯示

❼ 搜尋「共生」

❽ 文件會立即尋找關鍵字「共生」，並跳到該頁面

3-3 研究架構圖

研究架構圖的繪製，簡單且規則的圖形使用 SmartArt 是首選，SmartArt 可以快速完成所需要的架構圖，可直接選用 SmartArt 來製作。

3-3-1 流程圖繪製

研究流程圖使用 SmartArt 製作。

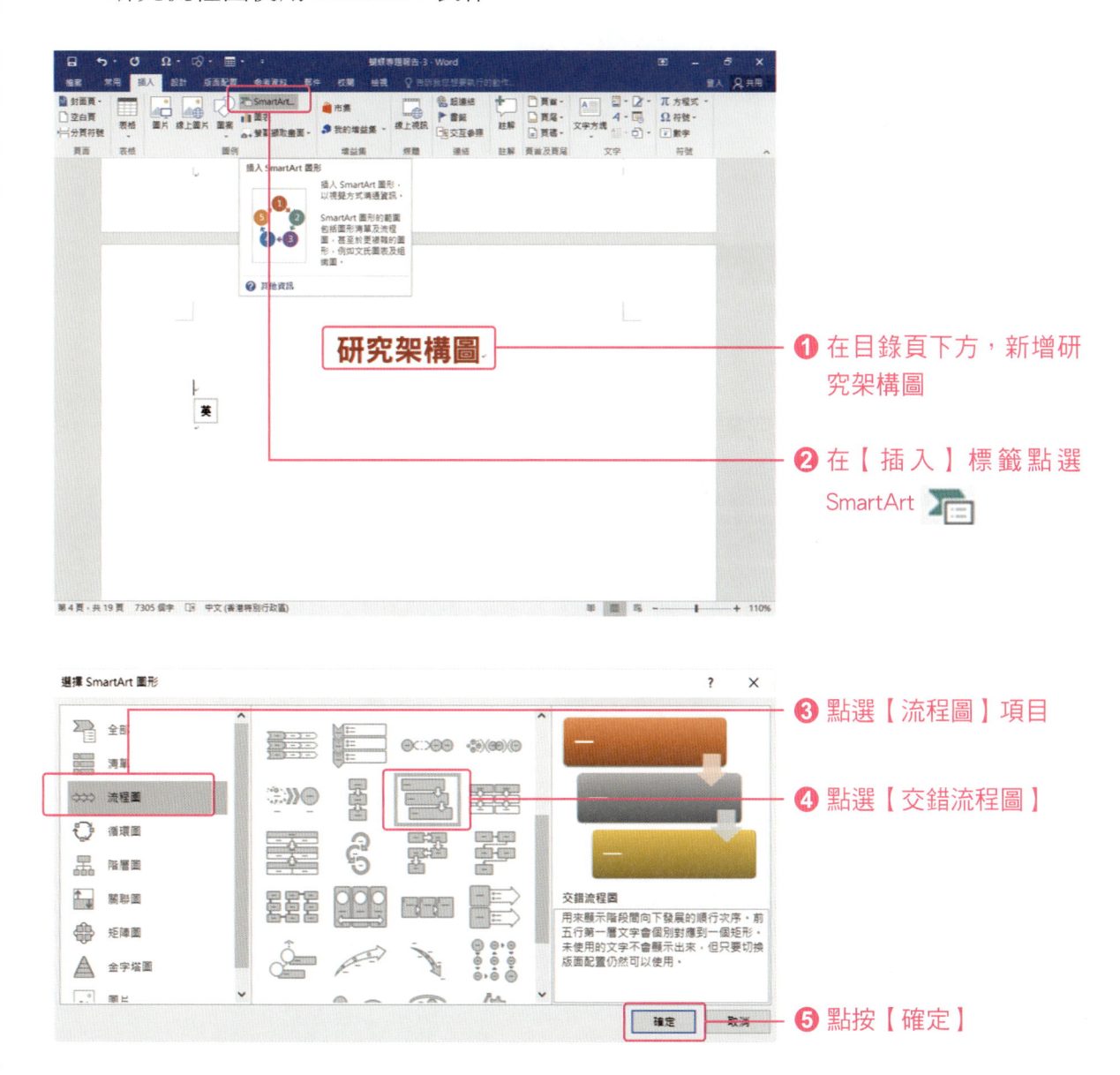

❶ 在目錄頁下方，新增研究架構圖

❷ 在【插入】標籤點選 SmartArt

❸ 點選【流程圖】項目

❹ 點選【交錯流程圖】

❺ 點按【確定】

專題實作 書面報告呈現技巧

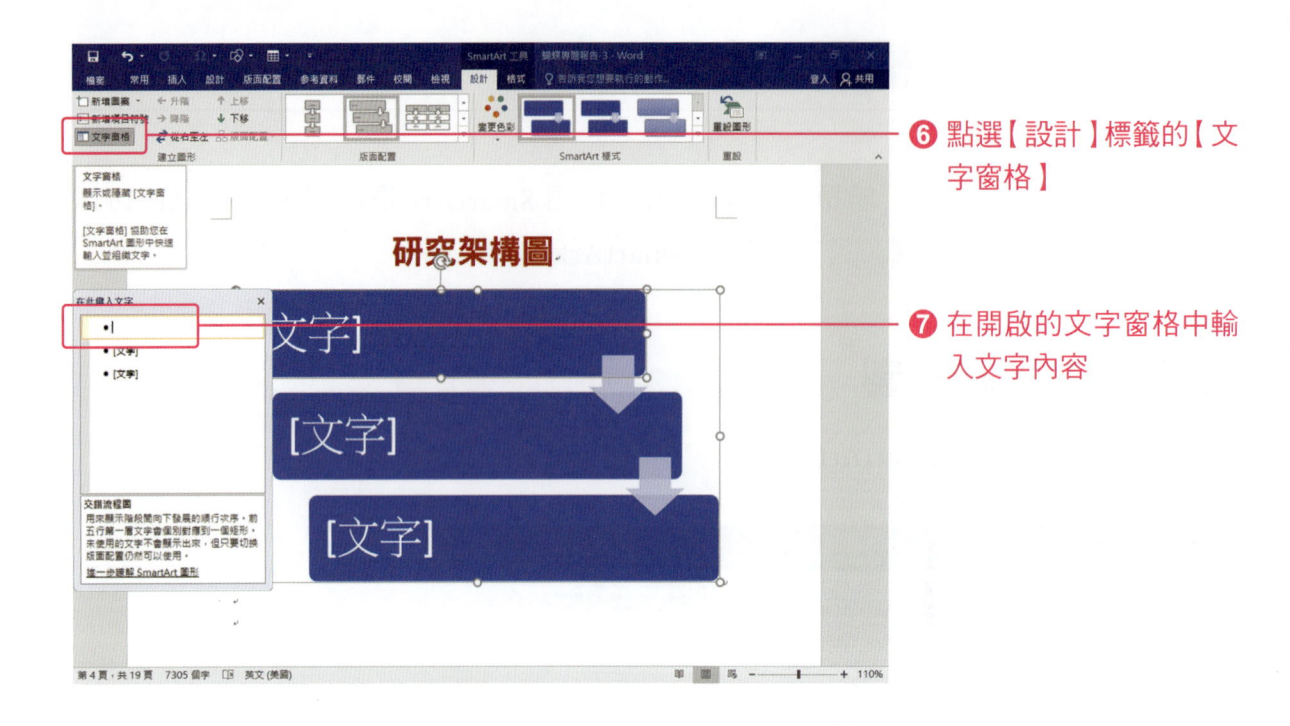

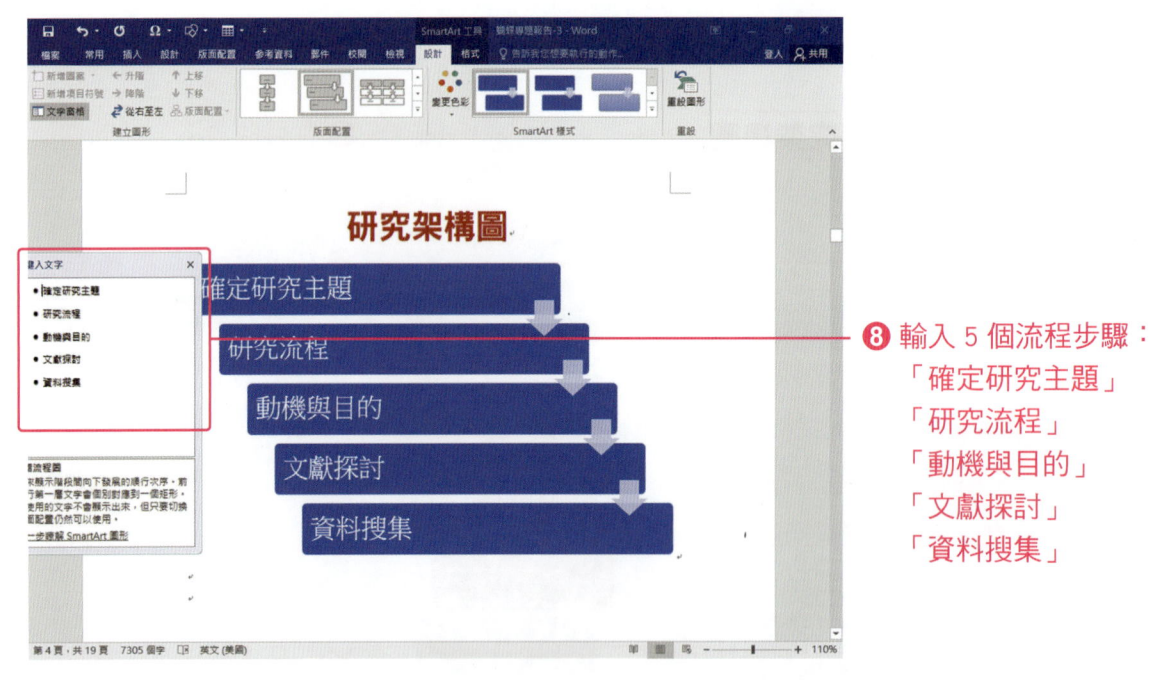

❻ 點選【設計】標籤的【文字窗格】

❼ 在開啟的文字窗格中輸入文字內容

❽ 輸入 5 個流程步驟：
「確定研究主題」
「研究流程」
「動機與目的」
「文獻探討」
「資料搜集」

3-3-2 更換版面配置

SmartArt 圖案可以隨時更換版面配置。

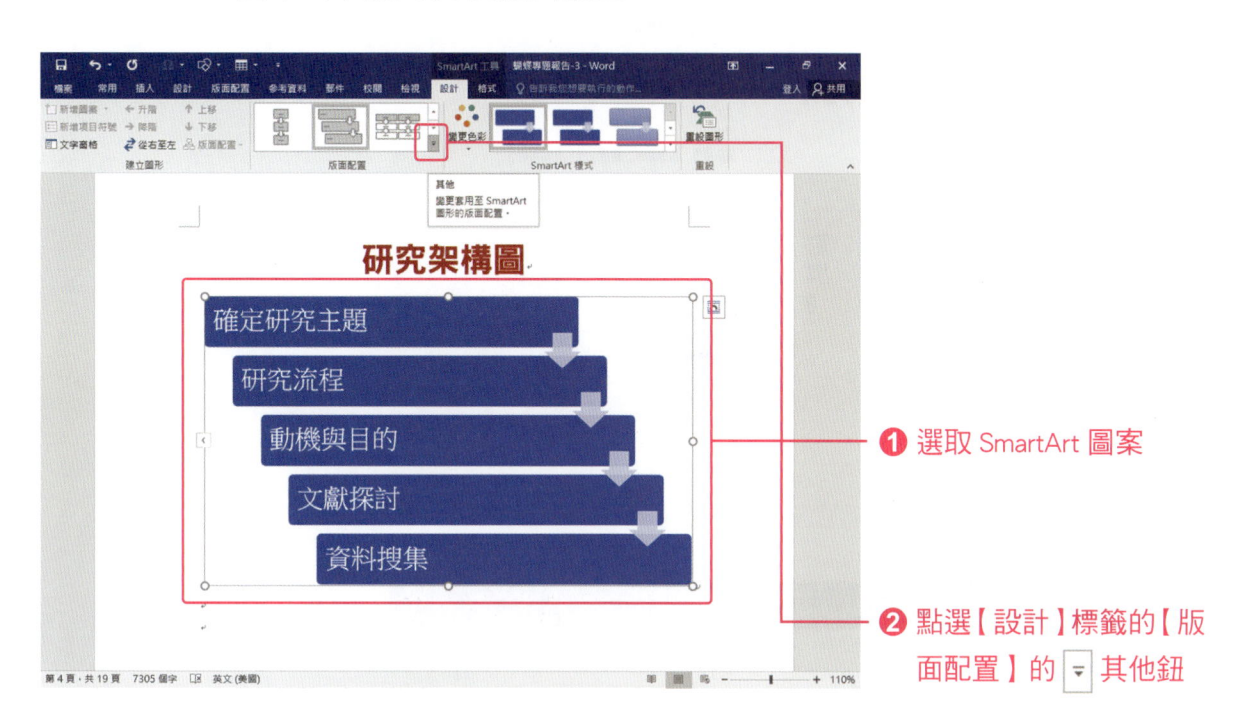

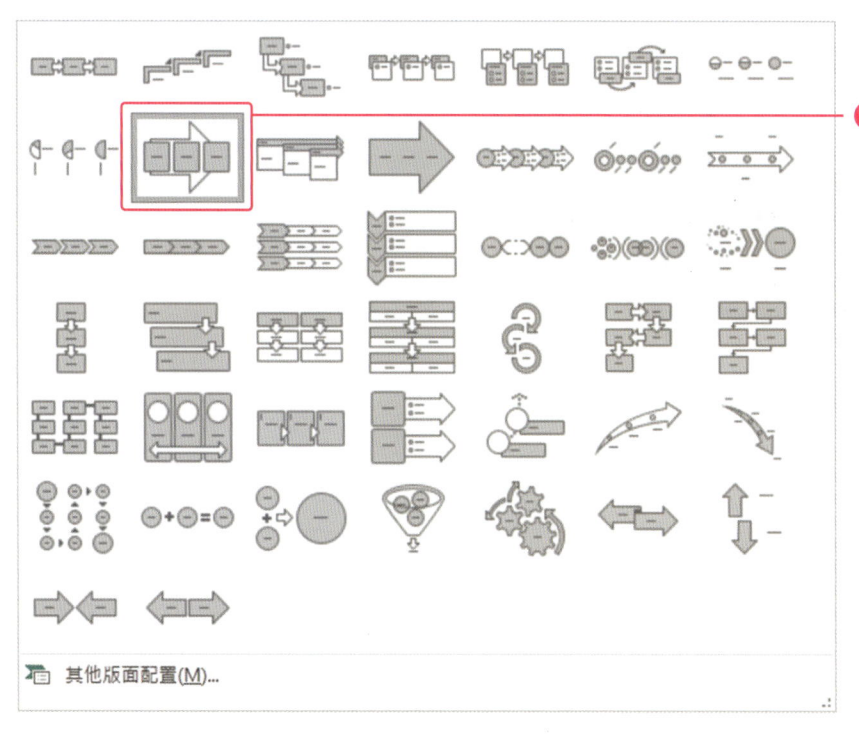

❶ 選取 SmartArt 圖案

❷ 點選【設計】標籤的【版面配置】的 ▼ 其他鈕

❸ 點選【連續區塊流程圖】

專題實作 書面報告呈現技巧

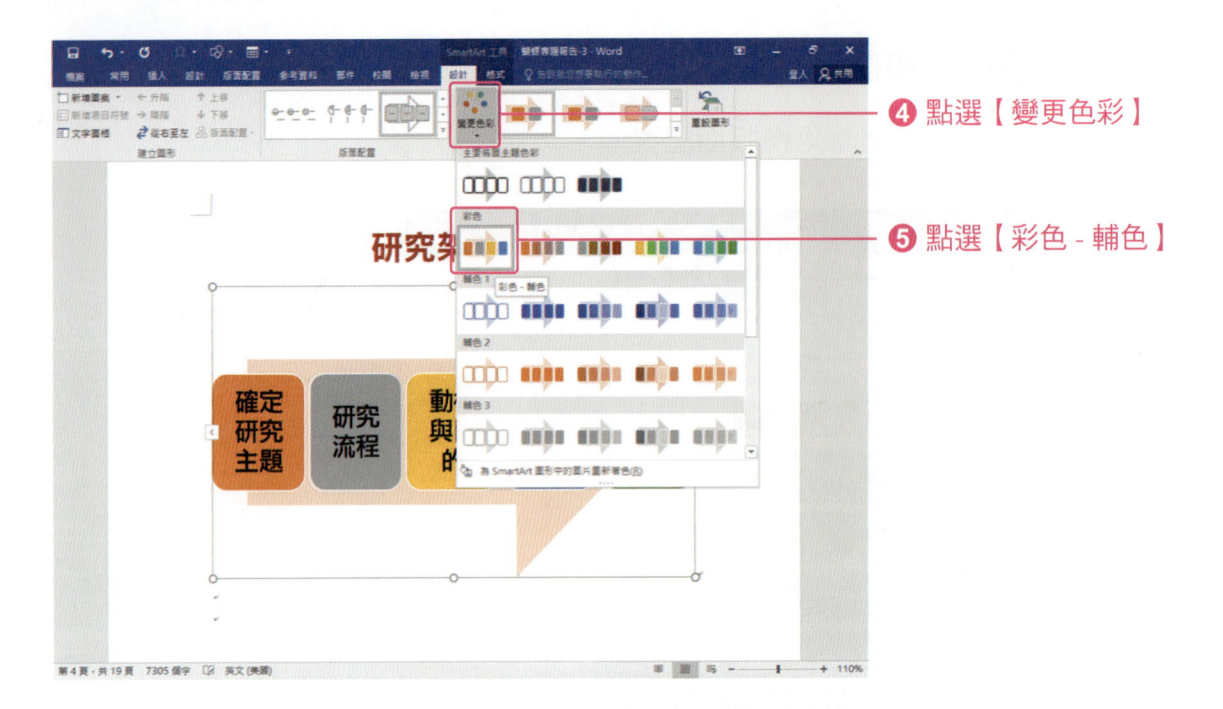

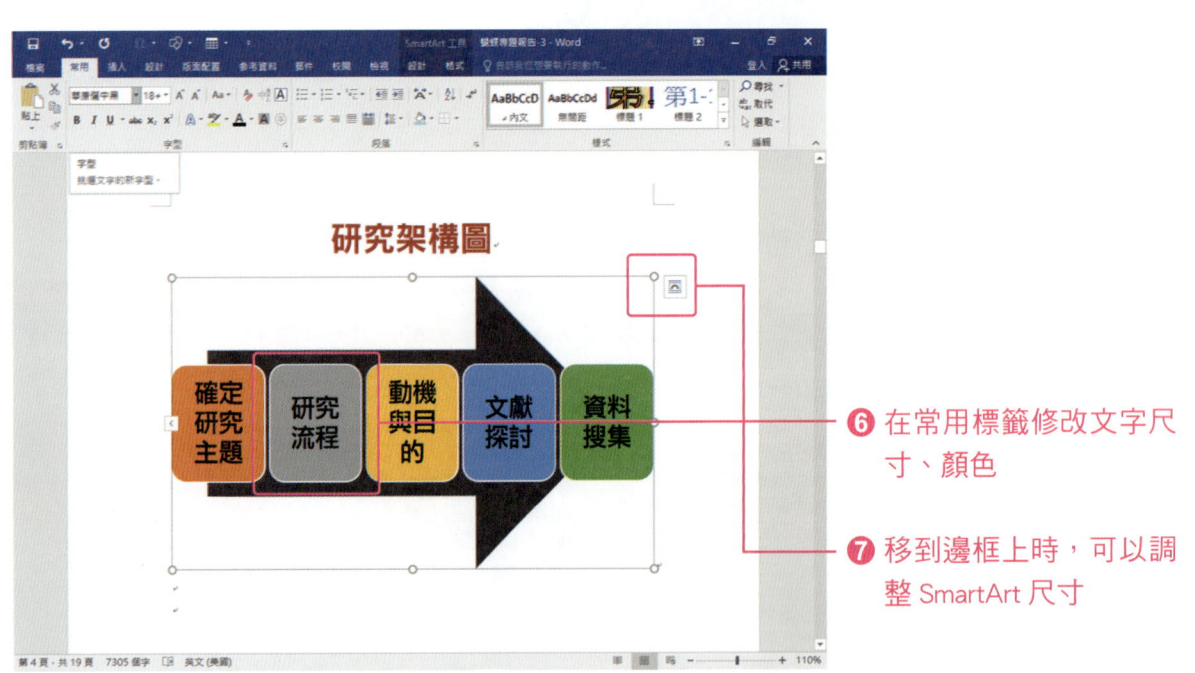

❹ 點選【變更色彩】

❺ 點選【彩色 - 輔色】

❻ 在常用標籤修改文字尺寸、顏色

❼ 移到邊框上時，可以調整 SmartArt 尺寸

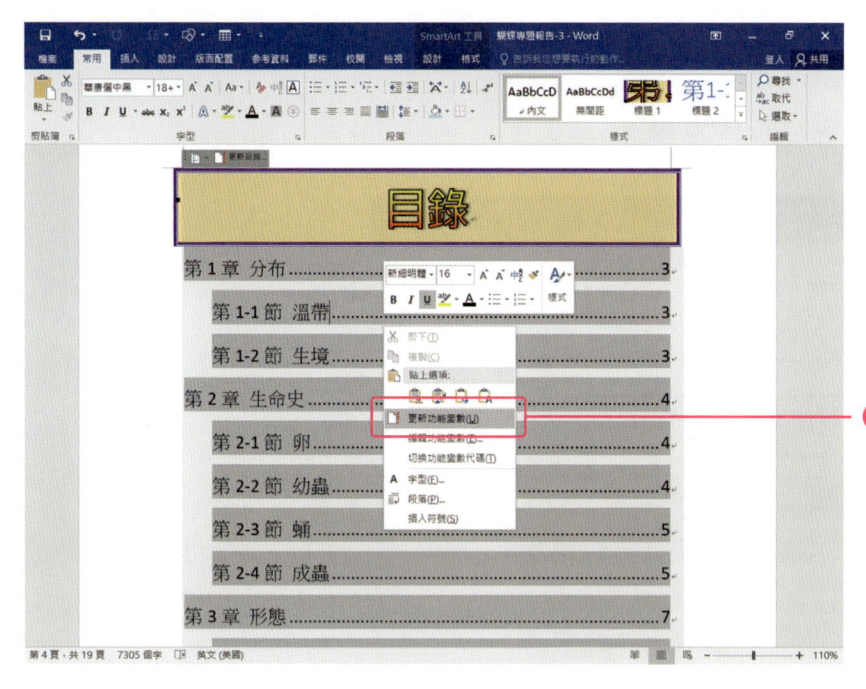

Chapter 3　樣式表進階設定

❽ 再將游標移至目錄區按右鍵【更新功能變數】

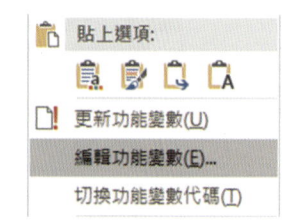

> **高手筆記**
>
> 當文件新增或減少內容時，目錄的頁碼就會錯誤，此時只要使用【更新功能變數】，即可自動修正完成。

65

3-3-3 框線設定

蝴蝶專題報告加上框線以加強效果。

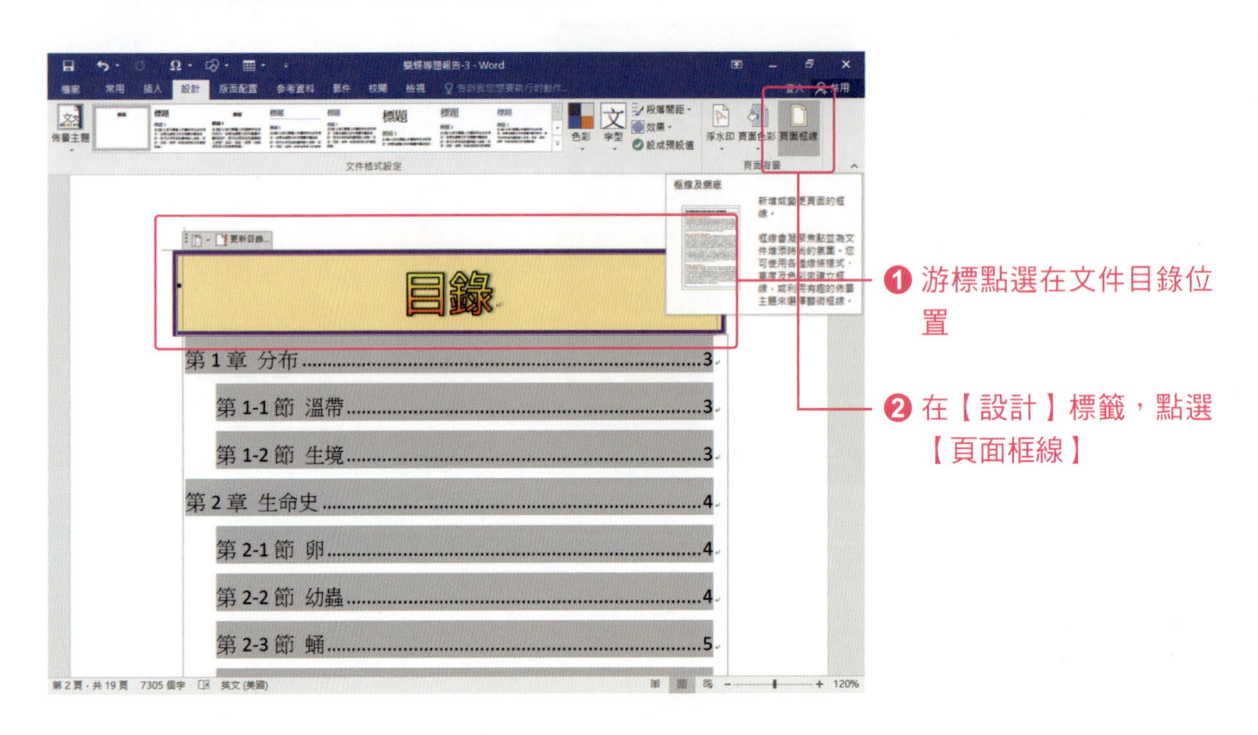

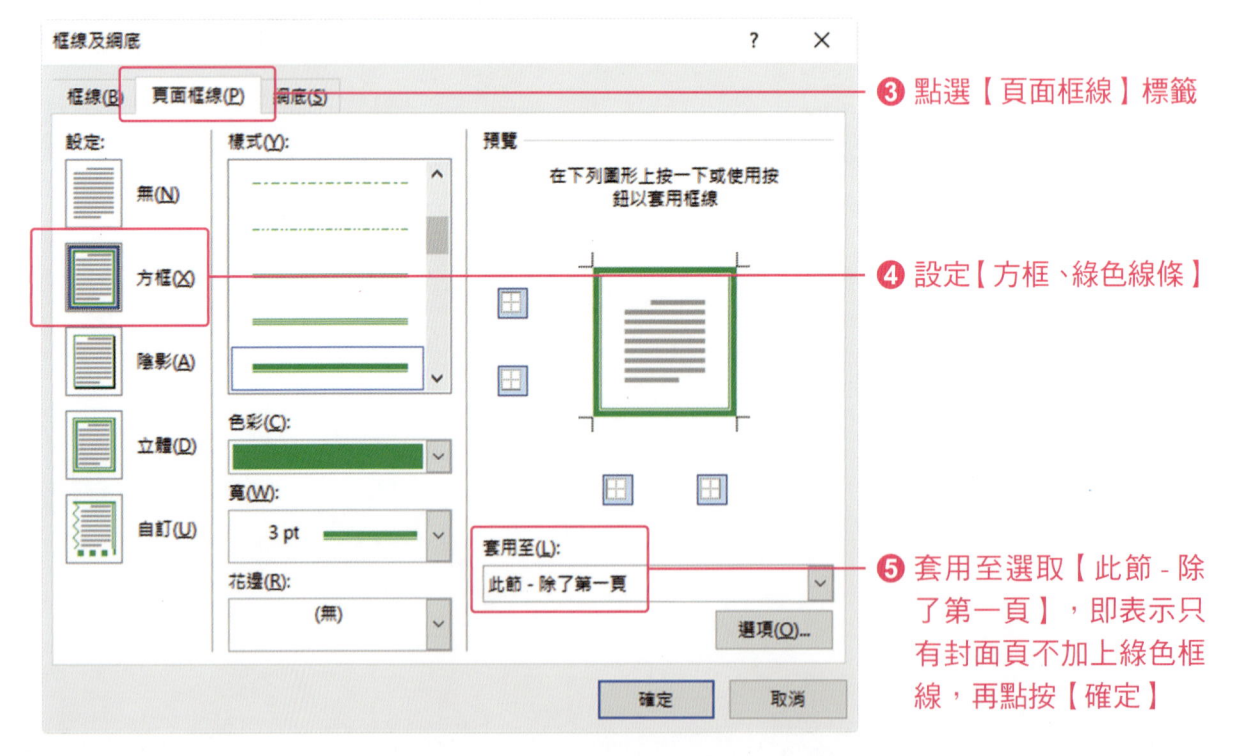

❶ 游標點選在文件目錄位置

❷ 在【設計】標籤，點選【頁面框線】

❸ 點選【頁面框線】標籤

❹ 設定【方框、綠色線條】

❺ 套用至選取【此節-除了第一頁】，即表示只有封面頁不加上綠色框線，再點按【確定】

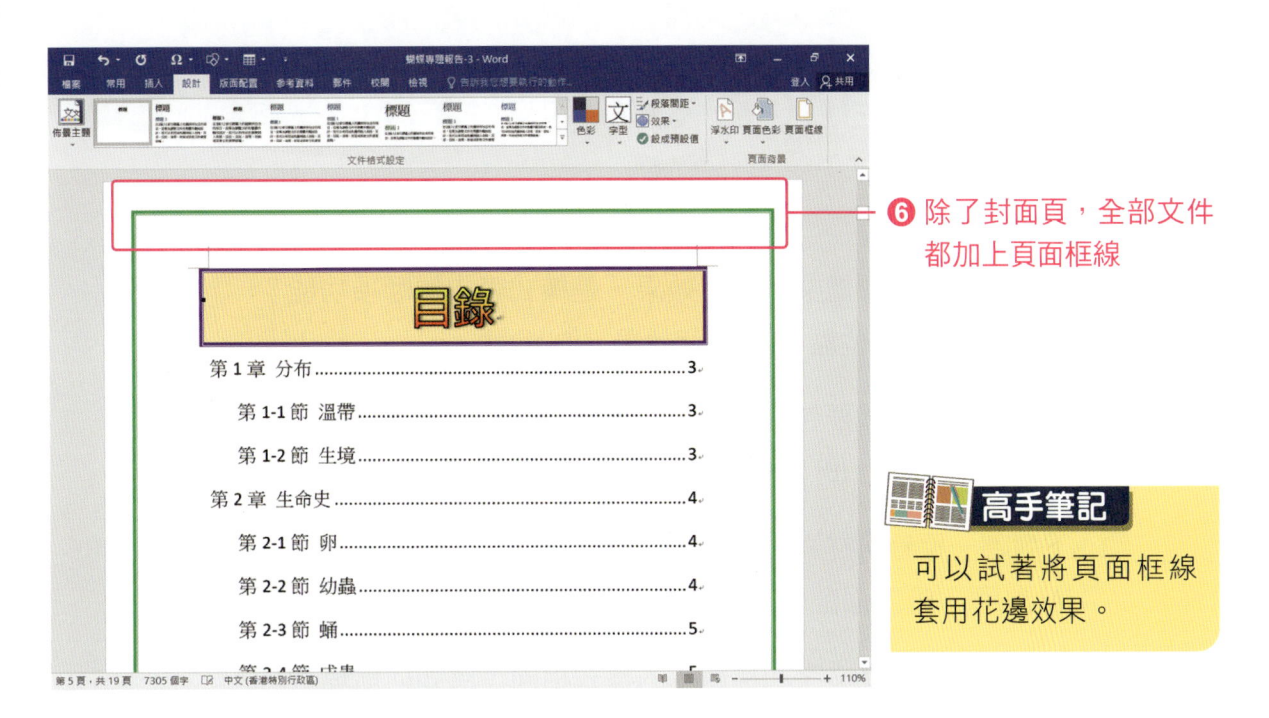

❻ 除了封面頁，全部文件都加上頁面框線

高手筆記

可以試著將頁面框線套用花邊效果。

Chapter 3 課後習題

_____ 1. 專題報告各章標題文字漸層效果，是樣式表中的哪項功能？
(A) 語言　(B) 定位點　(C) 文字效果　(D) 編號。

_____ 2. 文章的小節編號要包含各章的編號功能是？
(A) 多層次清單　(B) 項目符號　(C) 自動編號　(D) 靠左對齊。

_____ 3. 下列哪一標籤可在文件加入頁面框線？
(A) 常用　(B) 版面配置　(C) 設計　(D) 檢視。

_____ 4. 目錄頁中的目錄文字和標題 1 的樣式相同，應如何處理？
(A) 刪除　(B) 更新功能變數　(C) 套用內文樣式　(D) 改為細明體。

_____ 5. 下列哪一功能可使專題文件的每個章節標題，都在每頁的最上方？
(A) 自動縮排　(B) 段落前分頁　(C) 項目符號　(D) 版面配置。

_____ 6. 設定文件頁面框線時，應如何修改才不會使封面加上框線？
(A) 整份文件　(B) 此節　(C) 此節 - 只有第 1 頁　(D) 此節 - 除了第 1 頁。

_____ 7. 文件編修時，下列哪一功能可以快速切換到不同章？
(A) 功能窗格　(B) 目錄區　(C) 捲軸　(D) 取代。

_____ 8. 下列何者為變改 SmartArt 圖樣的功能？
(A) 文字窗格　(B) 顏色變更　(C) 重設圖案　(D) 版面配置。

_____ 9. 下列哪一標籤可在 SmartArt 的文字設定中，修改字型、顏色 SmartArt 尺寸？
(A) 插入　(B) 檢視　(C) 常用　(D) 版面配置。

_____ 10. 標題 2 文字若設定靠左對齊，不留空格時，可使用下列哪一功能鍵修改？
(A) 多層次清單　(B) 自動編號　(C) 靠左對齊　(D) 字型設定。

Chapter 4 論文寫作設計

學習重點

- 學習自訂標題樣式應用
- 學習插入分節符號及不同頁碼
- 學習設定羅馬數字的頁碼格式
- 學習圖形目錄的設計
- 學習表格目錄的修改

論文寫作架構圖

篇前部分
- 封面
- 摘要
- 誌謝
- 教授簽名頁
- 目錄
- 表目錄
- 圖目錄

本文區
- 緒論
- 文獻分析
- 研究方法
- 教學設計
- 結論與建議

篇後部分
- 參考文獻
- 附錄

4-1 參考文獻製作

4-1-1 論文架構說明

正式的論文架構分為篇前、本文區、篇後三個部分,其中,教授簽名頁是先列印後請教授簽名,再結合到論文中,因此,封面、摘要、誌謝、教授簽名等四頁為個別製作,轉成 PDF 檔後再將其合併,最後,將所有文件再合併成一個檔案,其 PDF Split and Merge 合併軟體可於網路下載使用。

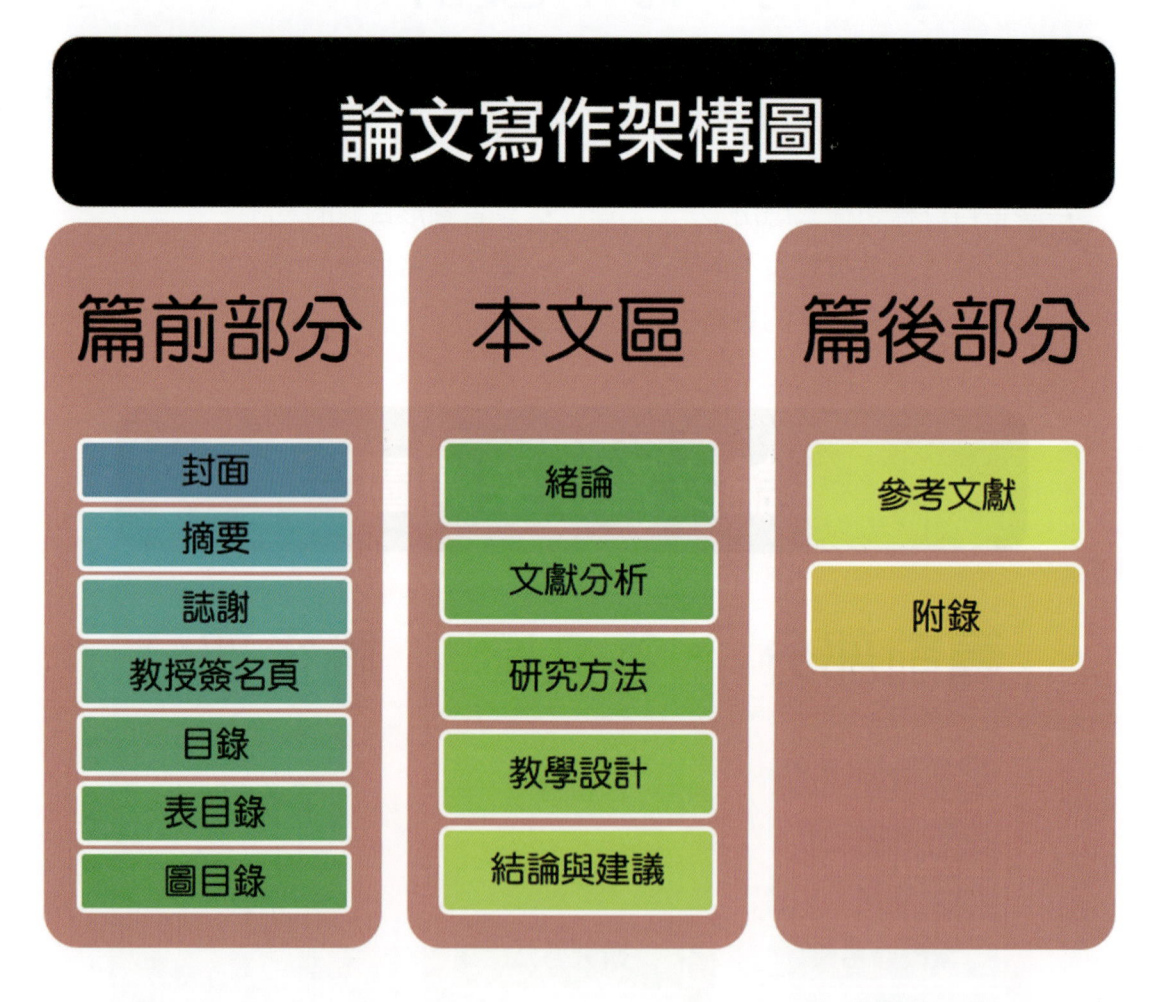

論文寫作架構圖

篇前部分
- 封面
- 摘要
- 誌謝
- 教授簽名頁
- 目錄
- 表目錄
- 圖目錄

本文區
- 緒論
- 文獻分析
- 研究方法
- 教學設計
- 結論與建議

篇後部分
- 參考文獻
- 附錄

專題報告、論文的文獻參考製作,Word 所提供的引文和書目功能可以快速完成。

Chapter 4　論文寫作設計

參考文獻製作流程

管理來源　→　插入引文　→　插入書目

4-1-2 管理來源

　　管理來源是將論文所參考的圖書、章節、雜誌、期刊、報告、網站等，全部輸入到管理來源區。

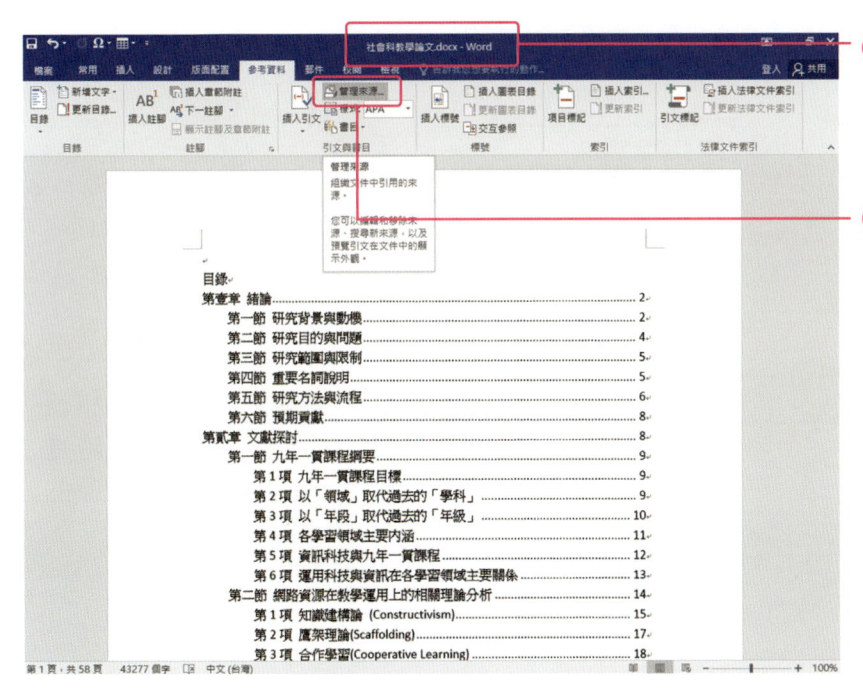

❶ 開啟範例檔 04 資料夾的【社會科教學論文.docx】

❷ 在【參考資料】標籤點選【管理來源】

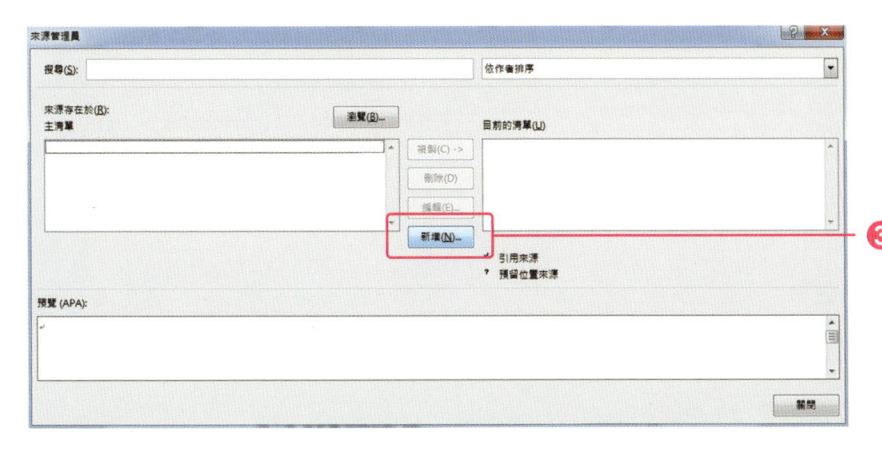

❸ 點選【新增】，包括圖書、章節、雜誌、期刊、報告、網站等

71

專題實作 書面報告呈現技巧

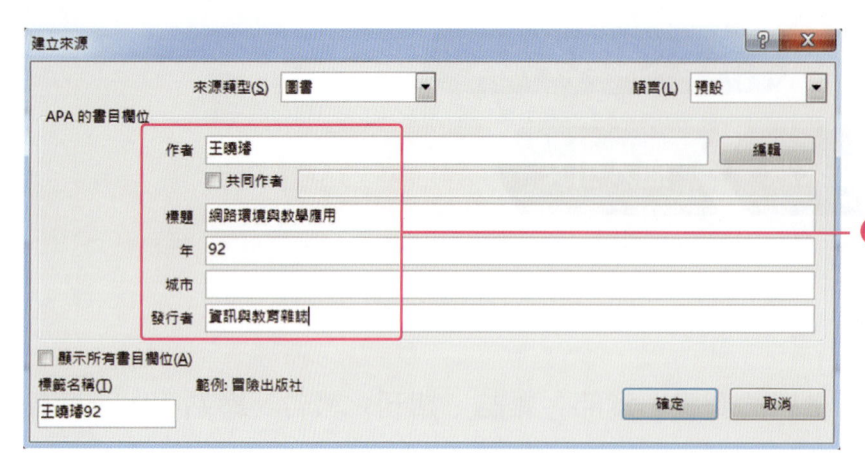

❹ 填寫【作者、標題、年、發行者】等資訊，再點按【確定】

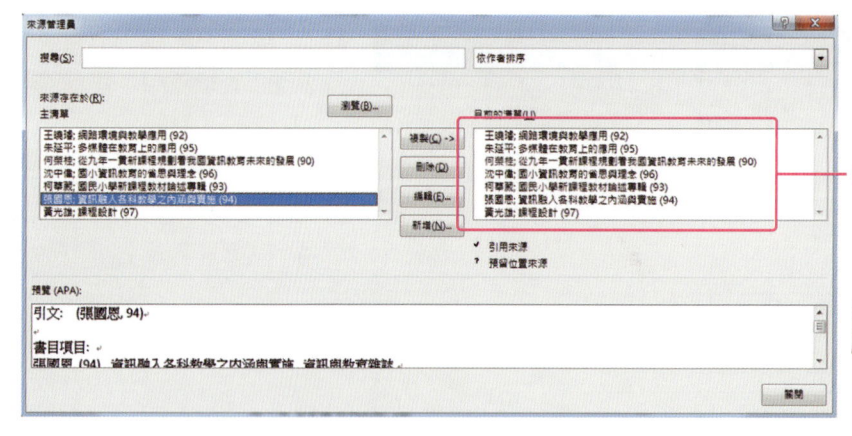

❺ 將所有的參考文獻，全部輸入於管理來源中

高手筆記

在撰寫專題報告和論文時，就應該同時進行書籍的管理來源的工作。

4-1-3 插入引文

書籍的管理來源建立後，即在文章參考資料位置區，插入引文。

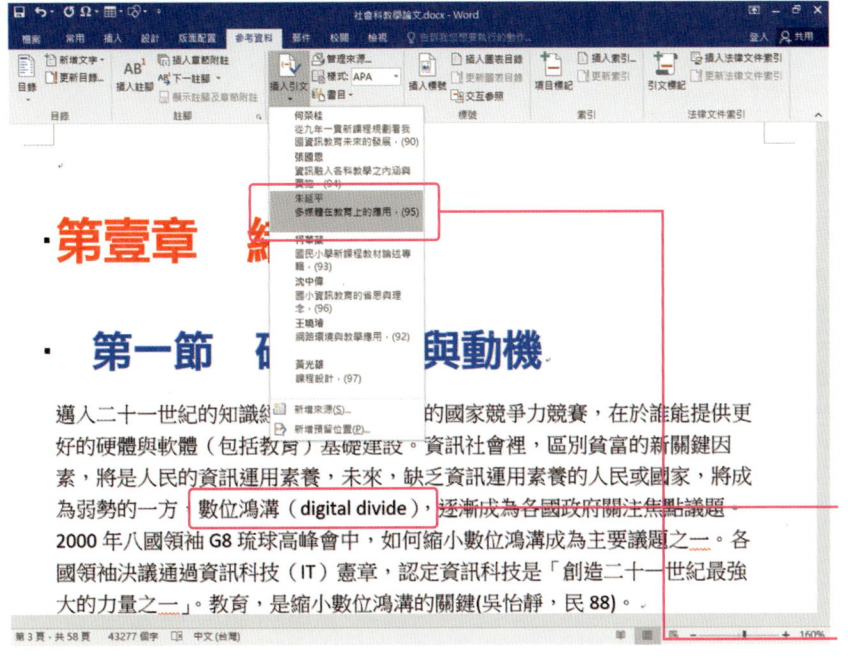

❶ 游標點選在第一節文章的數位鴻溝位置

❷ 在【參考資料】標籤，點選【插入引文】，並選取朱延平教授的資料

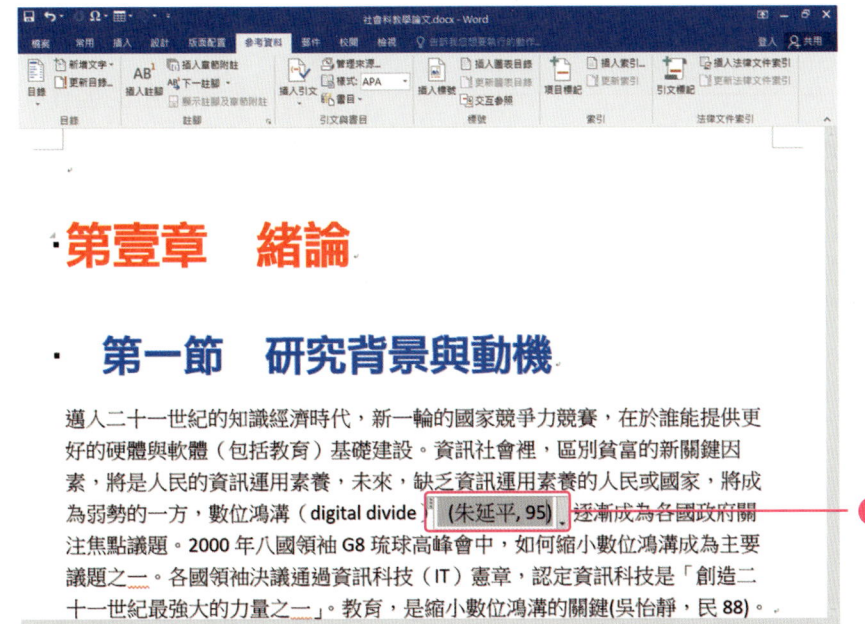

❸ 則會顯示「（朱延平，95）」的參考作者資料，即表示完成

4-1-4 插入文獻參考

論文寫作完成時,在篇後的文獻參考,再使用引文的書目即可完成。

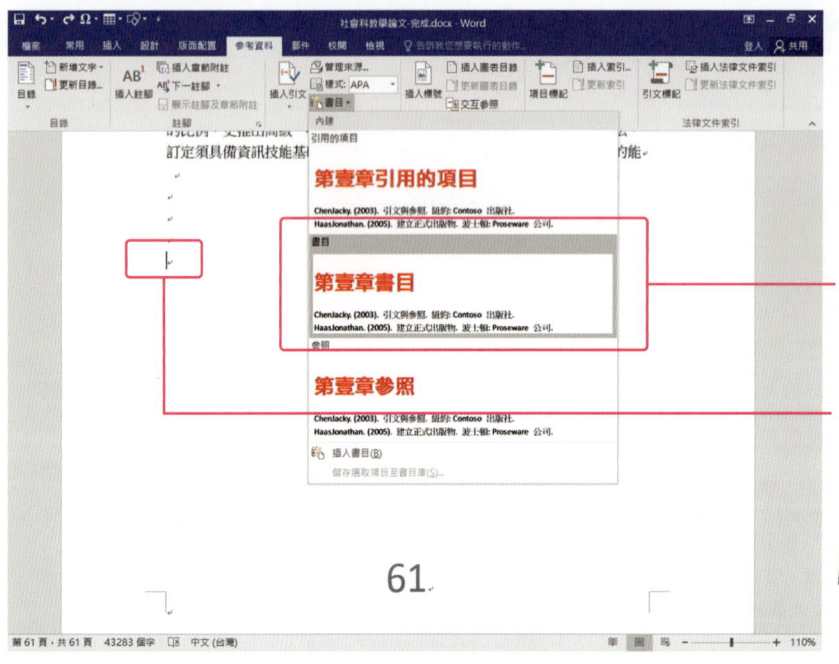

❶ 將游標移至文章最下方頁碼 61 區域中

❷ 在【參考資料】標籤,點選【書目】,再選取【第壹章書目】

高手筆記
預設有三種樣式可以選用。

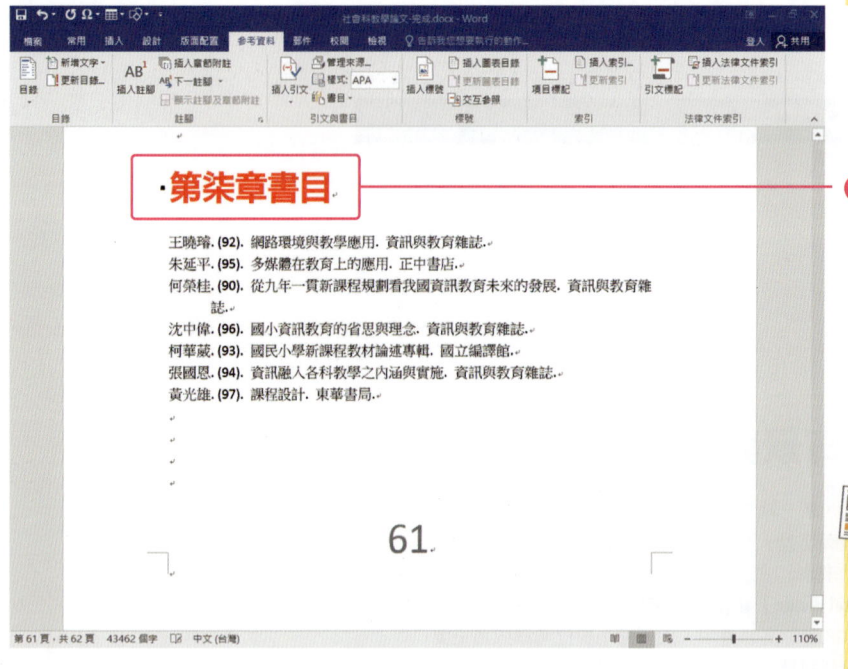

❸ 完成參考文獻的製作,顯示【第柒章書目】

高手筆記
顯示第柒章的編號,於自訂標題樣式再處理。

4-2 圖目錄製作

專題報告的目錄有本文目錄、圖形目錄、表格目錄等三類，Word 有現成的模組功能可以輕鬆完成。

圖片目錄製作

插入圖形 → 插入標號 → 編號方式 → 包含章節 → 插入圖目錄

4-2-1 插入圖形

插入論文所使用到的圖片。

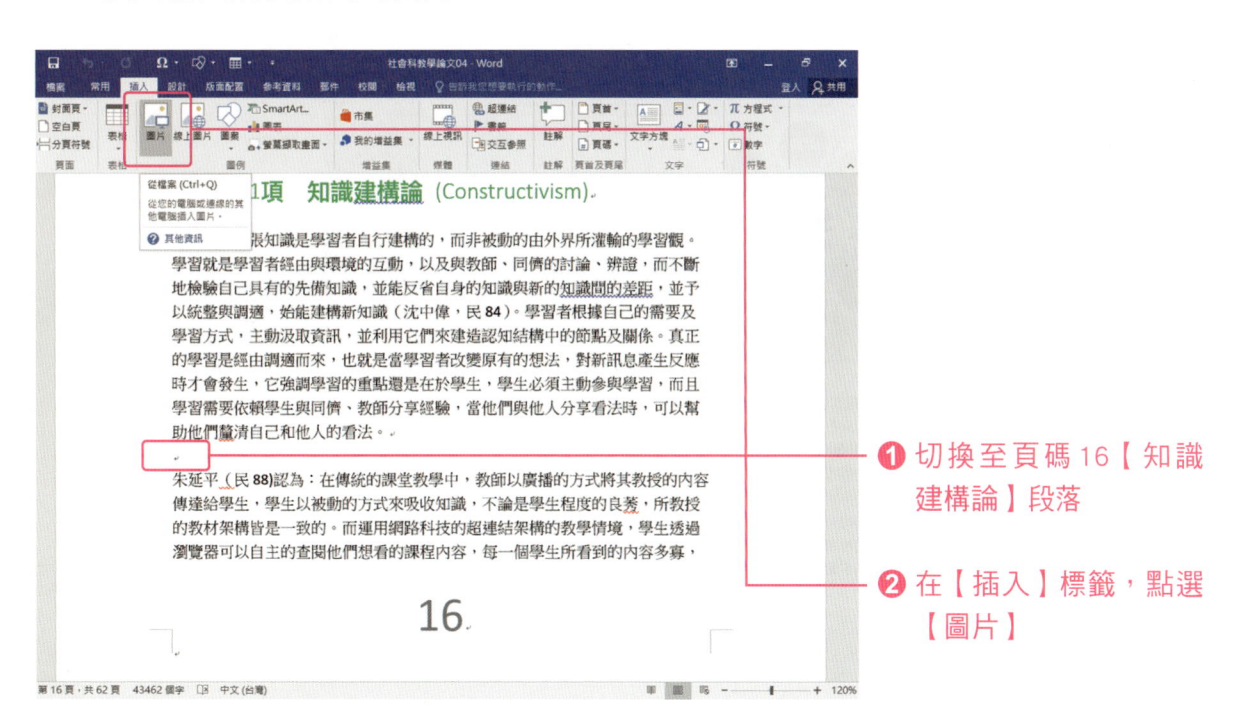

❶ 切換至頁碼 16【知識建構論】段落

❷ 在【插入】標籤，點選【圖片】

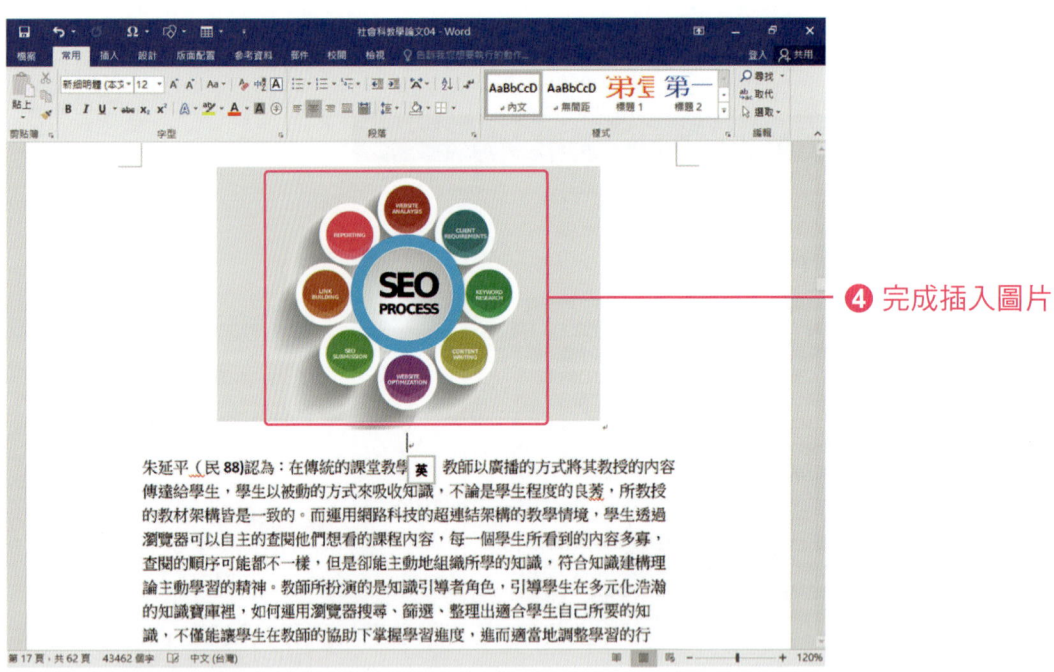

❸ 在圖片資料夾，點選「SEO」圖片檔，再點選【插入】

❹ 完成插入圖片

4-2-2 插入標號

圖片也必須加上編號，使用插入標號方式加入。

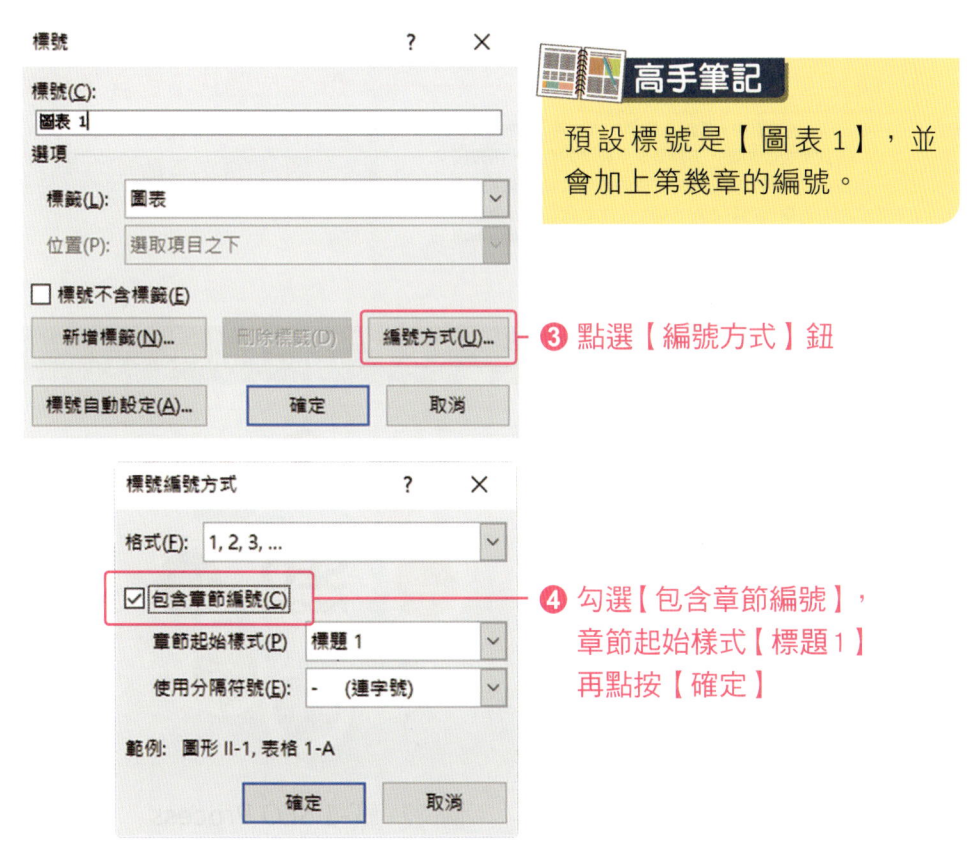

❶ 游標點選在圖片下方位置

❷ 點選【參考資料】標籤的【插入標號】

> **高手筆記**
>
> 預設標號是【圖表 1】，並會加上第幾章的編號。

❸ 點選【編號方式】鈕

❹ 勾選【包含章節編號】，章節起始樣式【標題 1】再點按【確定】

專題實作 書面報告呈現技巧

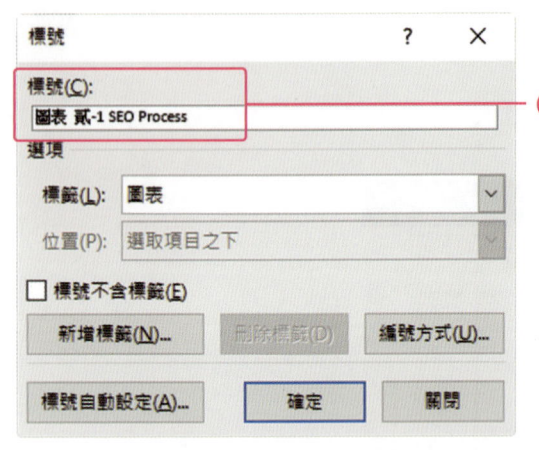

❺ 標號會變成【圖表 貳-1】加上第 2 章的編號，並在後方輸入「SEO Process」圖片名稱，再按下【確定】

❻ 完成圖片【包含章節編號】標號及名稱製作，圖片的文字說明在圖片下方

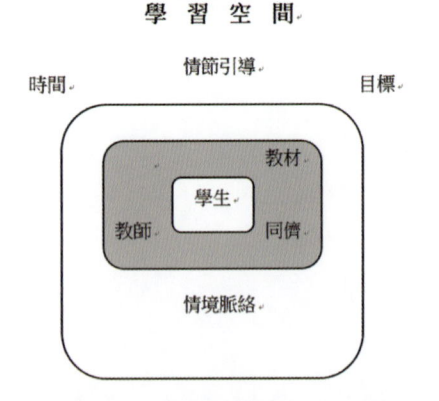

圖表 貳-2 建構論學習為中心派典

圖表 貳-1 SEO Process

| 圖表 貳-3productivity | 圖表 貳-4statistic |

圖表 貳-3productivity　　　　　　　　　　圖表 貳-4statistic

4-2-3 插入圖形目錄

圖片加入後，再回到論文的目錄下方位置，建立圖形目錄。

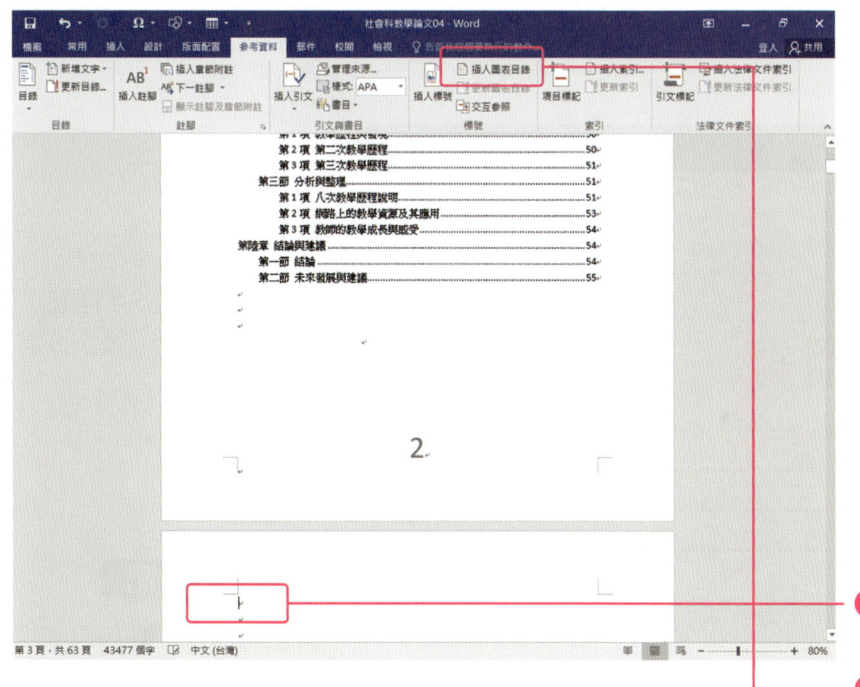

❶ 切換至目錄下方頁面

❷ 點選【參考資料】索引標籤的【插入圖表目錄】

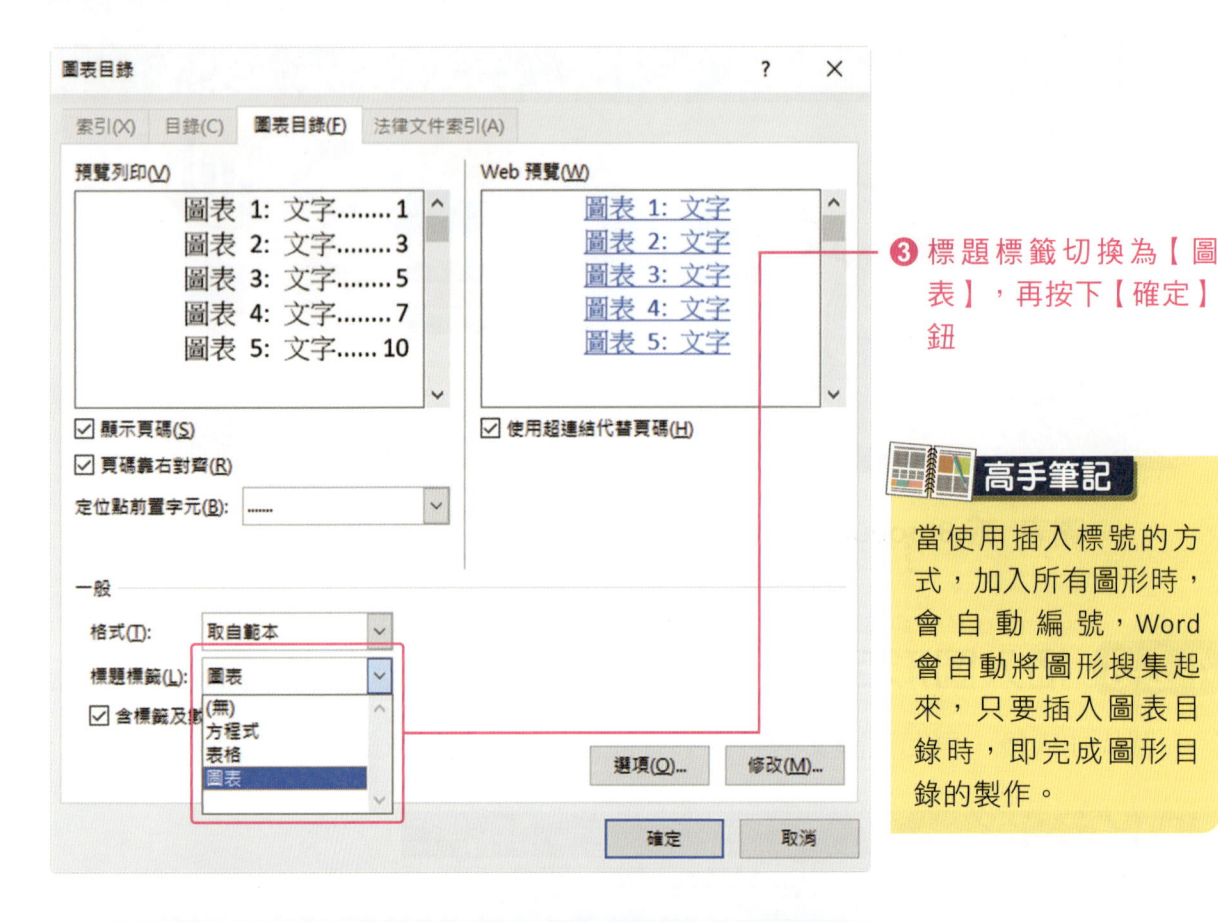

專題實作 書面報告呈現技巧

❸ 標題標籤切換為【圖表】，再按下【確定】鈕

高手筆記

當使用插入標號的方式，加入所有圖形時，會自動編號，Word會自動將圖形搜集起來，只要插入圖表目錄時，即完成圖形目錄的製作。

❹ 加上圖目錄文字標題，即完成圖形目錄的製作。

圖目錄

圖表 貳-1 SEO Process	18
圖表 貳-2 建構論學習為中心派典	19
圖表 貳-3 productivity	20
圖表 貳-4 statistic	21

高手筆記

若有加入新圖片，再【插入標號】時，記得點按【更新功能變數】。

4-3 表格目錄製作

正式的文件中，表格也同樣要求製作目錄索引，Word 製作圖目錄、表目錄其程序都是相同的。

4-3-1 插入表格標號

值得注意的是，論文的表格標號必須放在表格的上方，圖形標號是在下方。

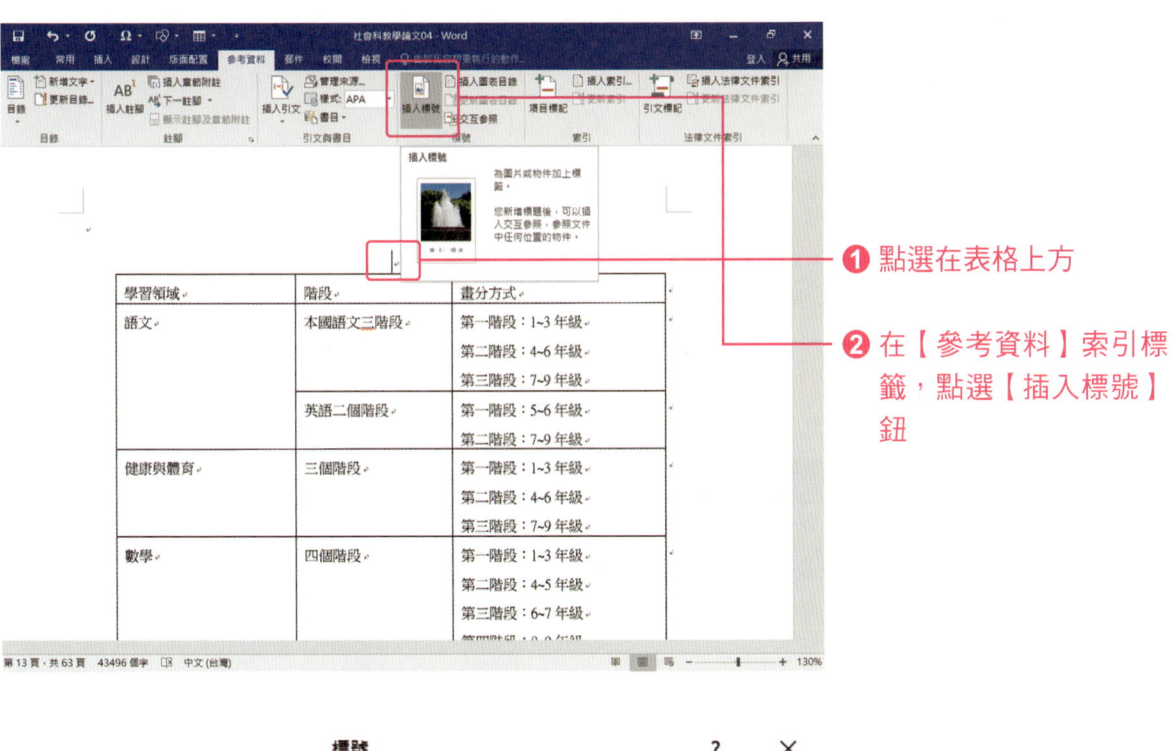

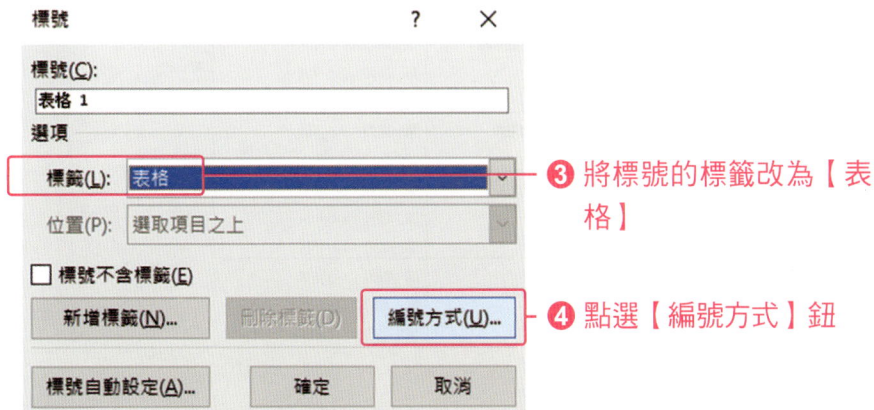

❶ 點選在表格上方

❷ 在【參考資料】索引標籤，點選【插入標號】鈕

❸ 將標號的標籤改為【表格】

❹ 點選【編號方式】鈕

專題實作 書面報告呈現技巧

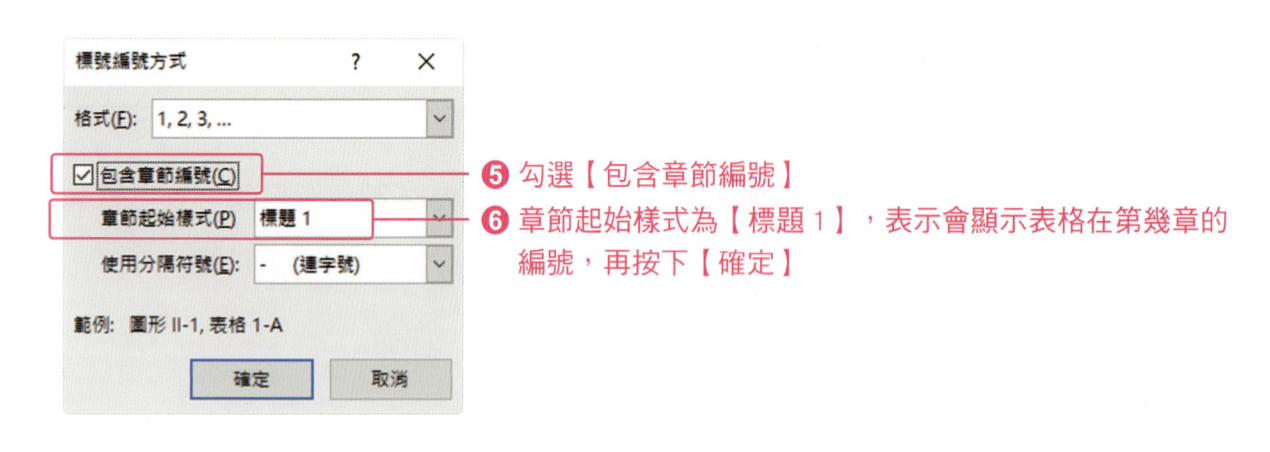

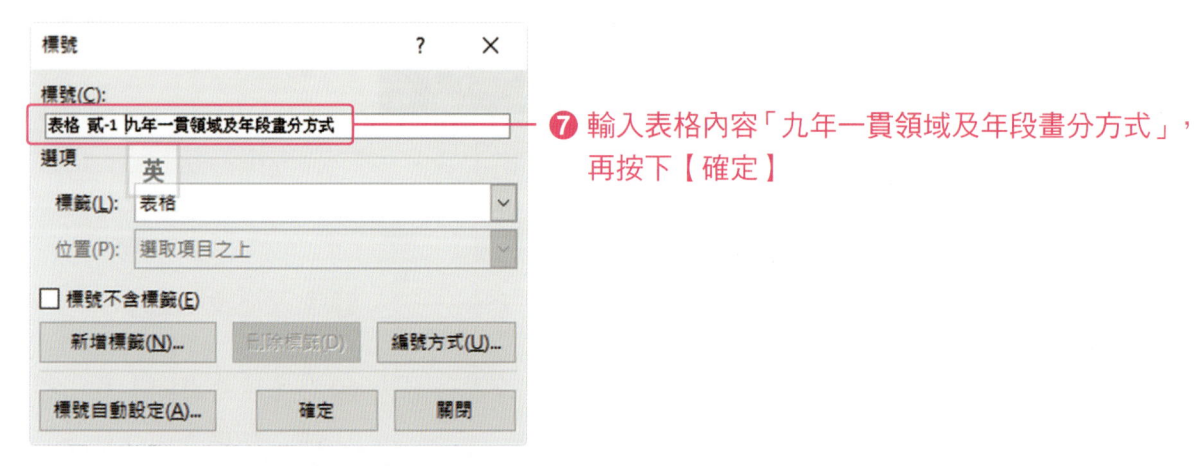

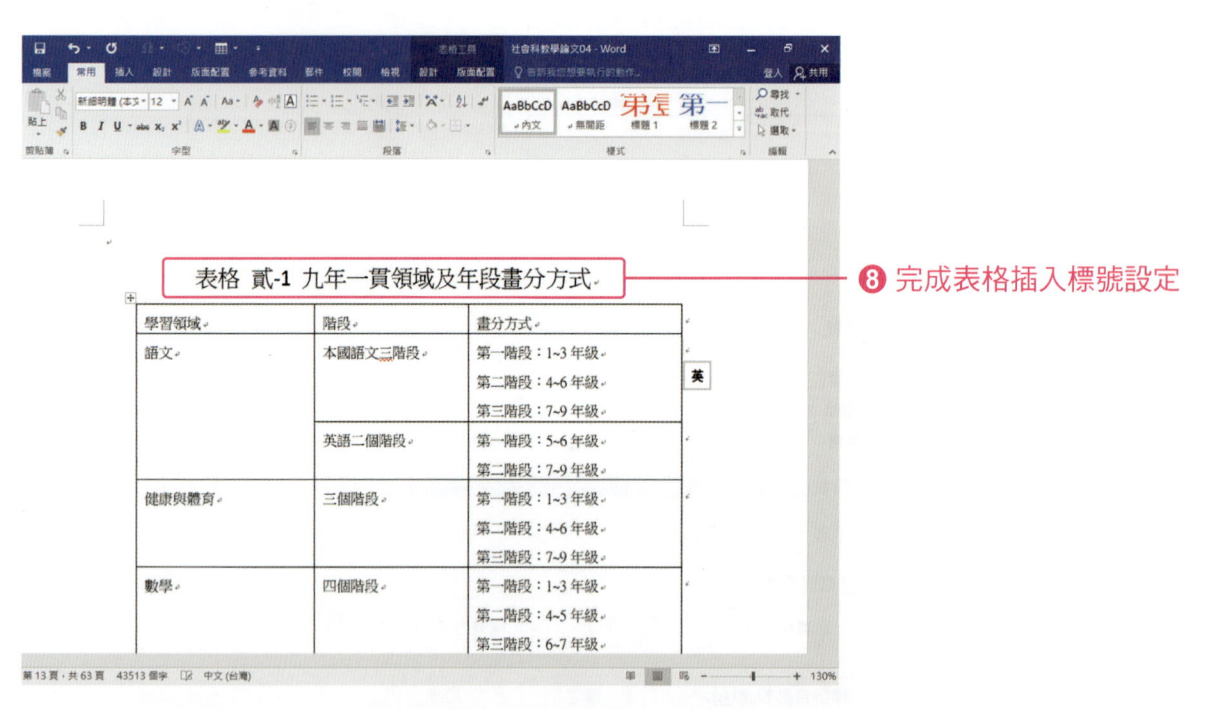

❺ 勾選【包含章節編號】

❻ 章節起始樣式為【標題 1】，表示會顯示表格在第幾章的編號，再按下【確定】

❼ 輸入表格內容「九年一貫領域及年段畫分方式」，再按下【確定】

❽ 完成表格插入標號設定

4-3-2 插入表格目錄

全部表格的插入標號完成後,即可進行表格目錄的製作。

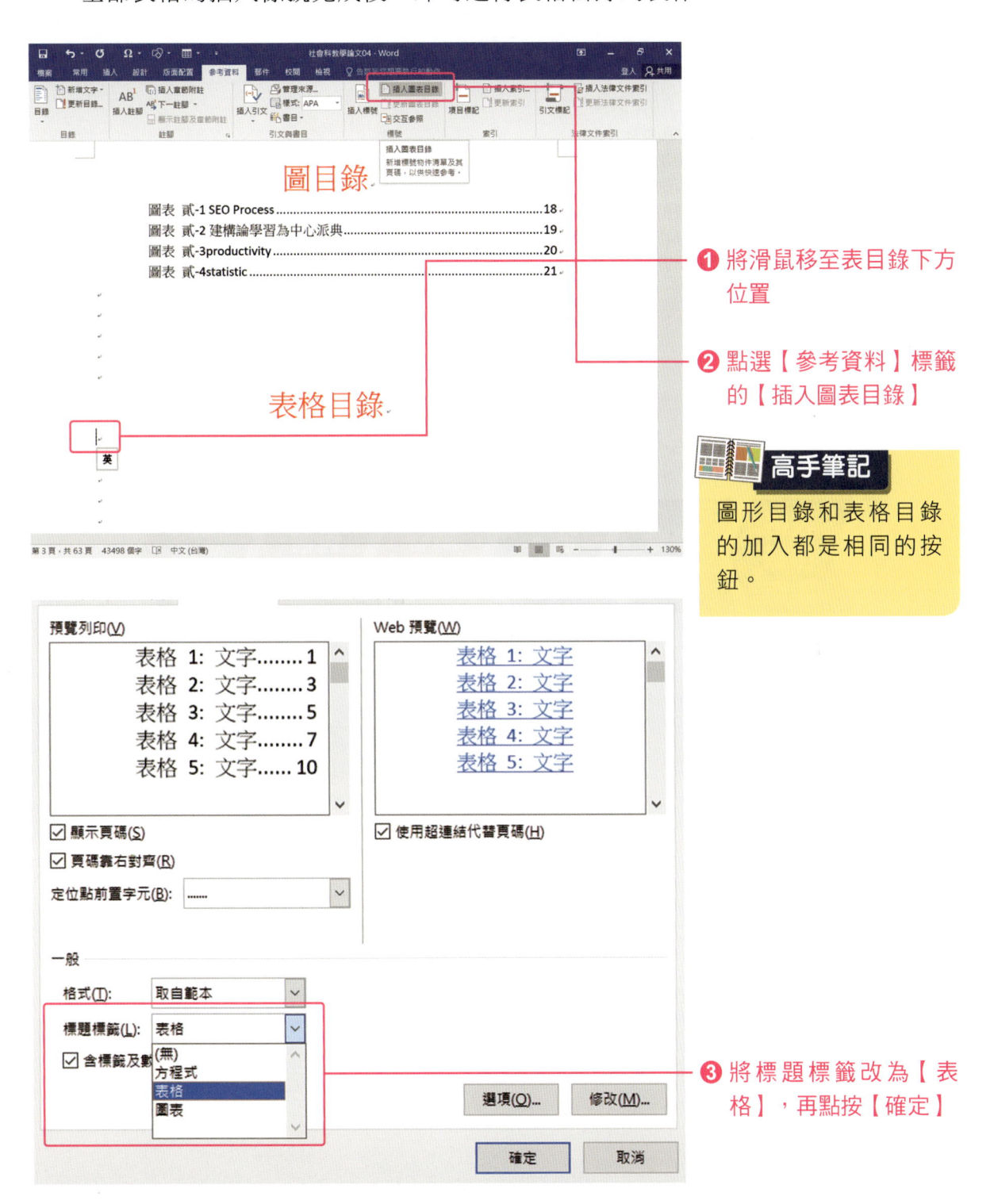

❶ 將滑鼠移至表目錄下方位置

❷ 點選【參考資料】標籤的【插入圖表目錄】

高手筆記

圖形目錄和表格目錄的加入都是相同的按鈕。

❸ 將標題標籤改為【表格】,再點按【確定】

專題實作 書面報告呈現技巧

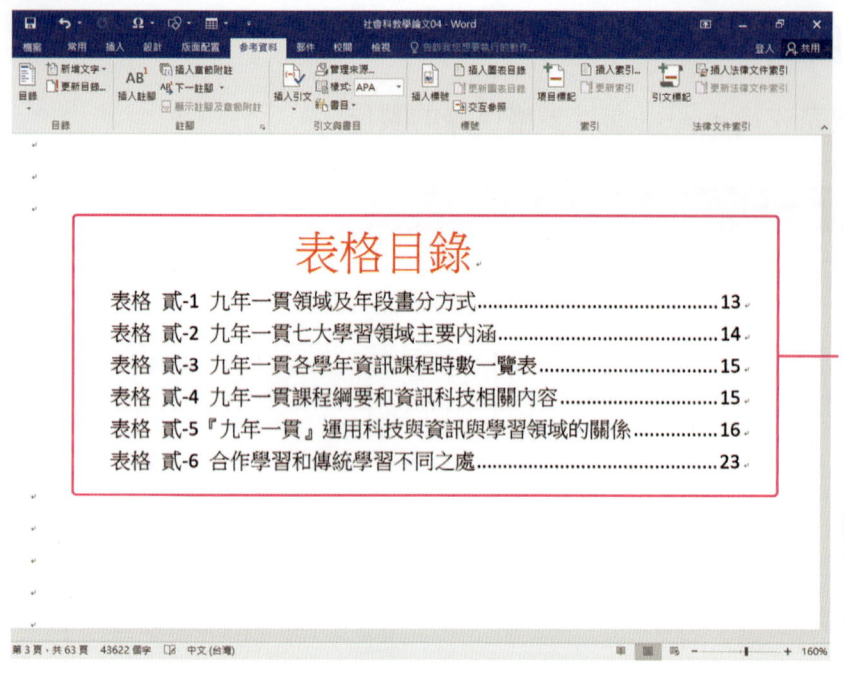

表格目錄

表格 貳-1 九年一貫領域及年段畫分方式................13
表格 貳-2 九年一貫七大學習領域主要內涵................14
表格 貳-3 九年一貫各學年資訊課程時數一覽表................15
表格 貳-4 九年一貫課程綱要和資訊科技相關內容................15
表格 貳-5 『九年一貫』運用科技與資訊與學習領域的關係................16
表格 貳-6 合作學習和傳統學習不同之處................23

❹ 完成表格目錄的製作

高手筆記

若有新增或刪除表格時，只要更新功能變數即可。

表格目錄製作 → 參考資料 → 插入標號 → 編號方式 → 包含章節 → 插入圖表目錄

4-4 自訂標題樣式

論文不只是本文的章節，還有篇前的目錄、圖目錄、表目錄，以及篇後的參考文獻、附錄等，也都應該加入目錄，其做法又有不同喔！

4-4-1 自訂篇前標題樣式

篇後標題包括參考文獻、附錄，這二個標題也需顯示在目錄區中，但不能出現第幾章的編號，此時，就必須使用自訂篇後標題樣式。

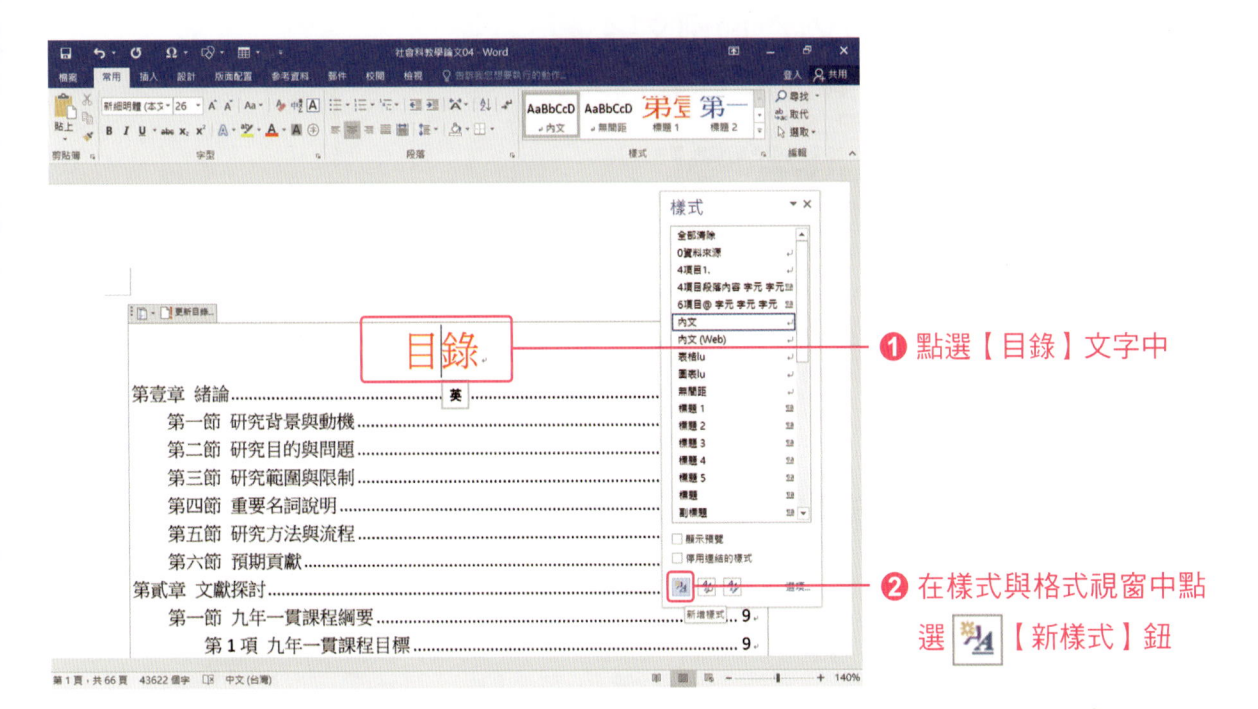

❶ 點選【目錄】文字中

❷ 在樣式與格式視窗中點選【新樣式】鈕

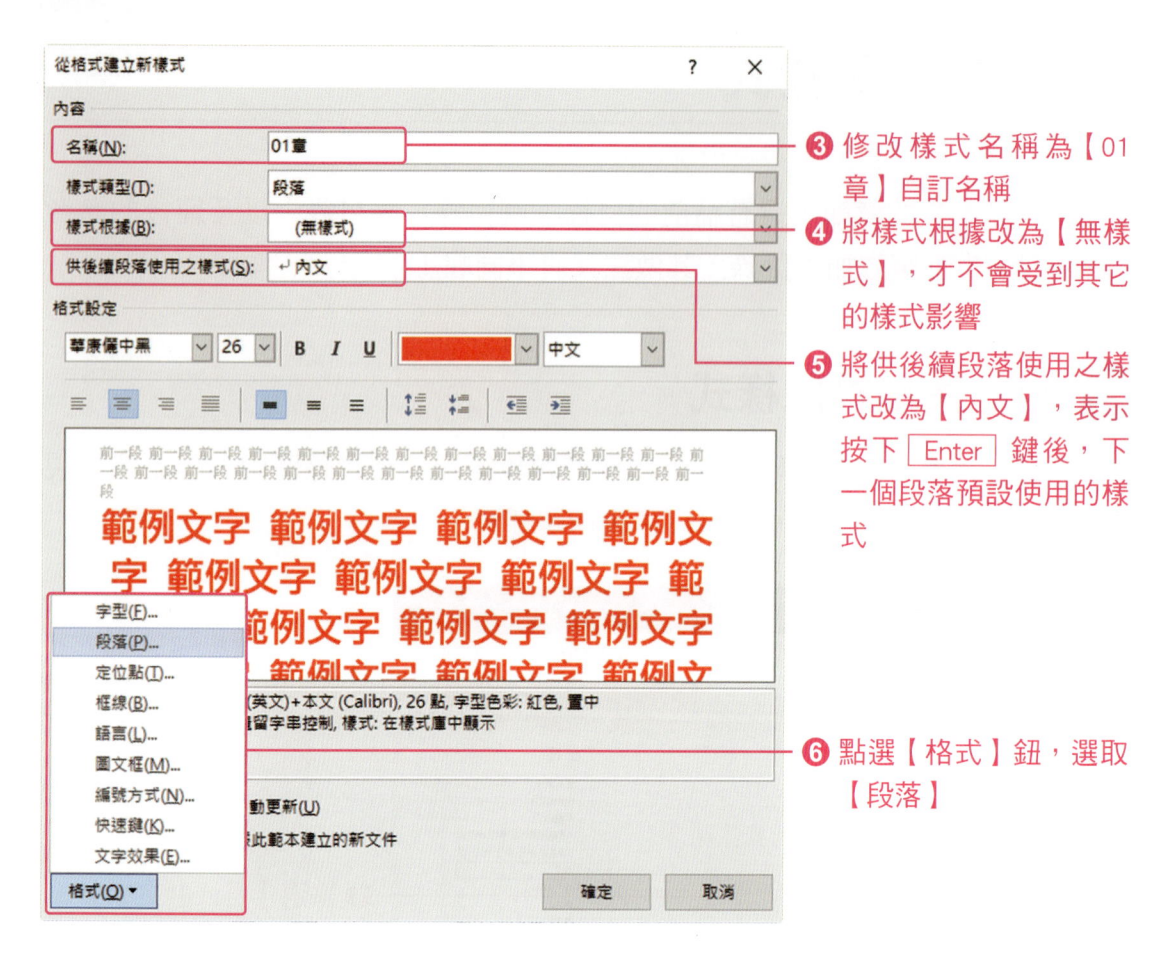

❸ 修改樣式名稱為【01章】自訂名稱

❹ 將樣式根據改為【無樣式】,才不會受到其它的樣式影響

❺ 將供後續段落使用之樣式改為【內文】,表示按下 Enter 鍵後,下一個段落預設使用的樣式

❻ 點選【格式】鈕,選取【段落】

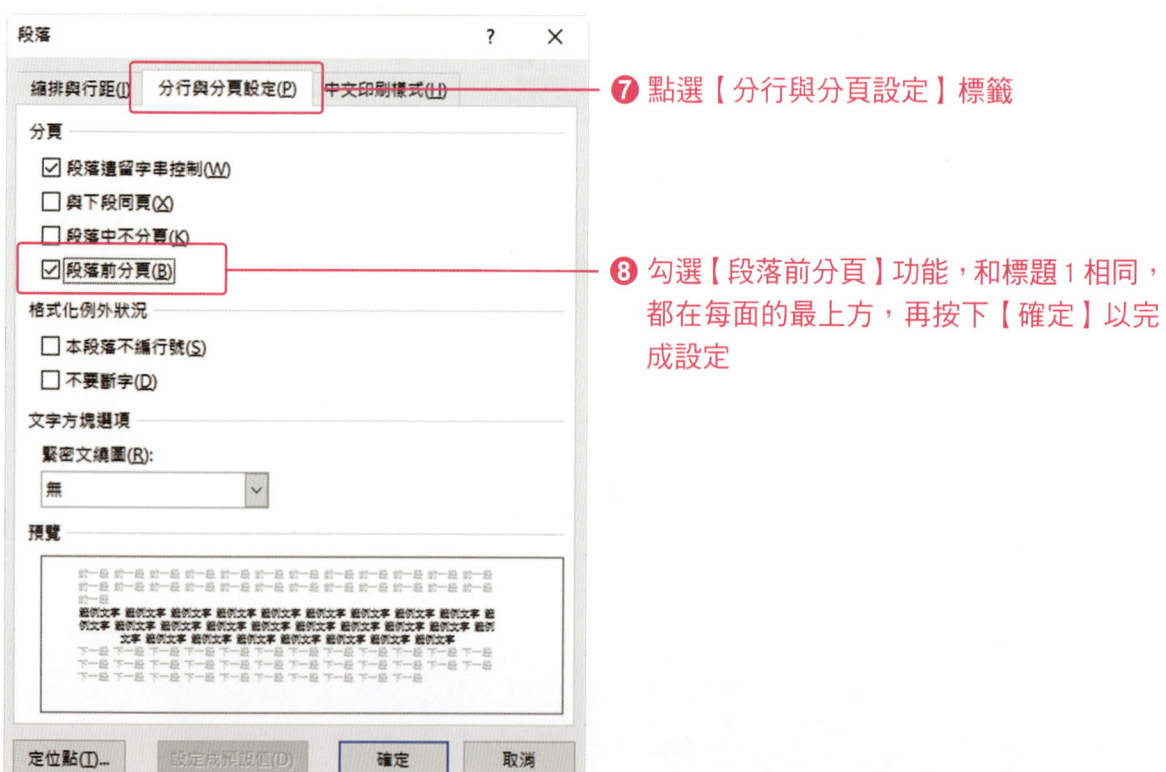

❼ 點選【分行與分頁設定】標籤

❽ 勾選【段落前分頁】功能,和標題1相同,都在每面的最上方,再按下【確定】以完成設定

4-4-2 套用 01 章樣式

目錄、圖形目錄、表格目錄、參考書目都要套用 01 章樣式。

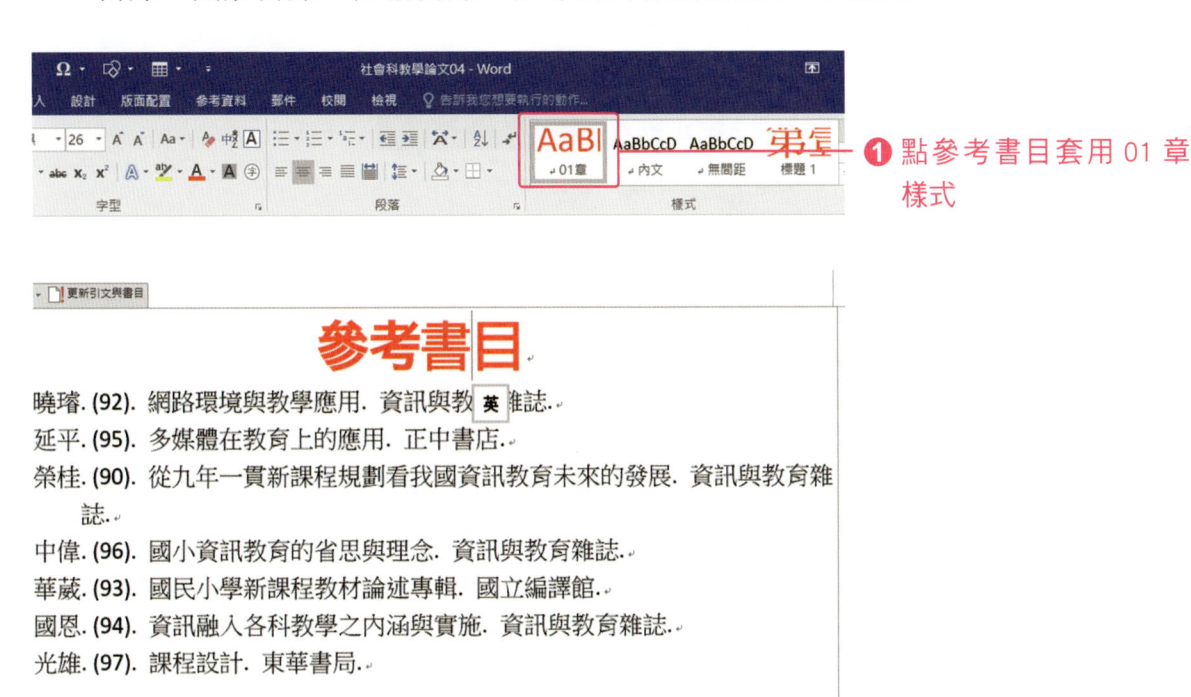

❶ 點參考書目套用 01 章樣式

4-4-3 插入新目錄

原來的目錄,並不包括圖目錄、表目錄、參考書目,因此,我們必須重新製作目錄。

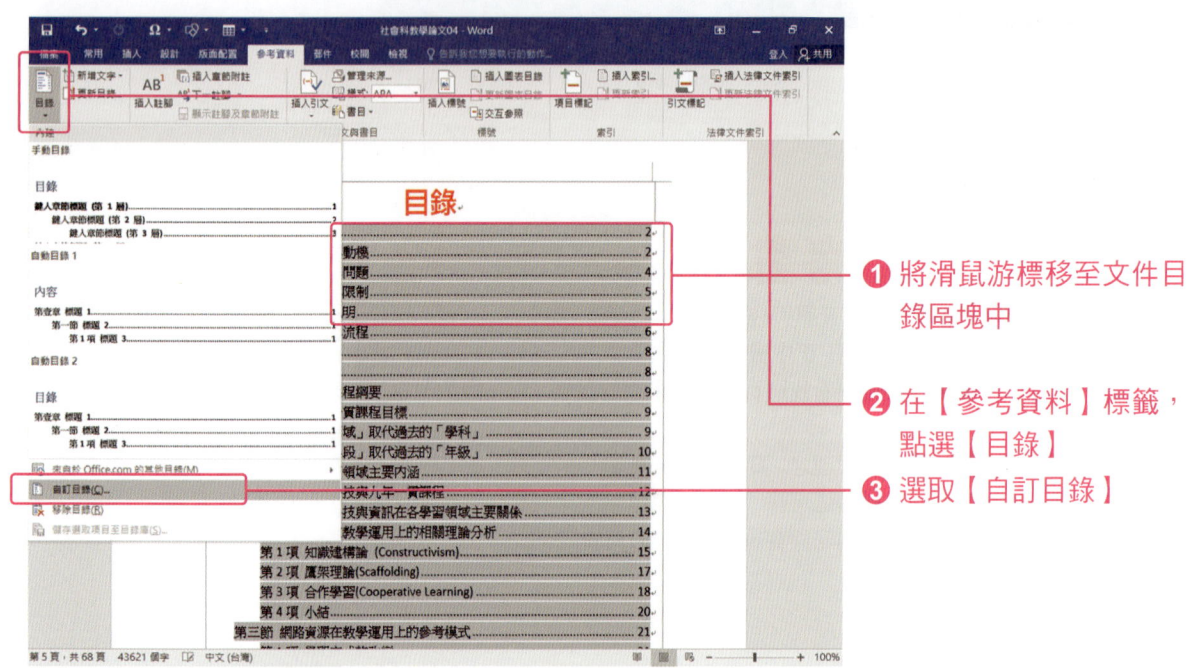

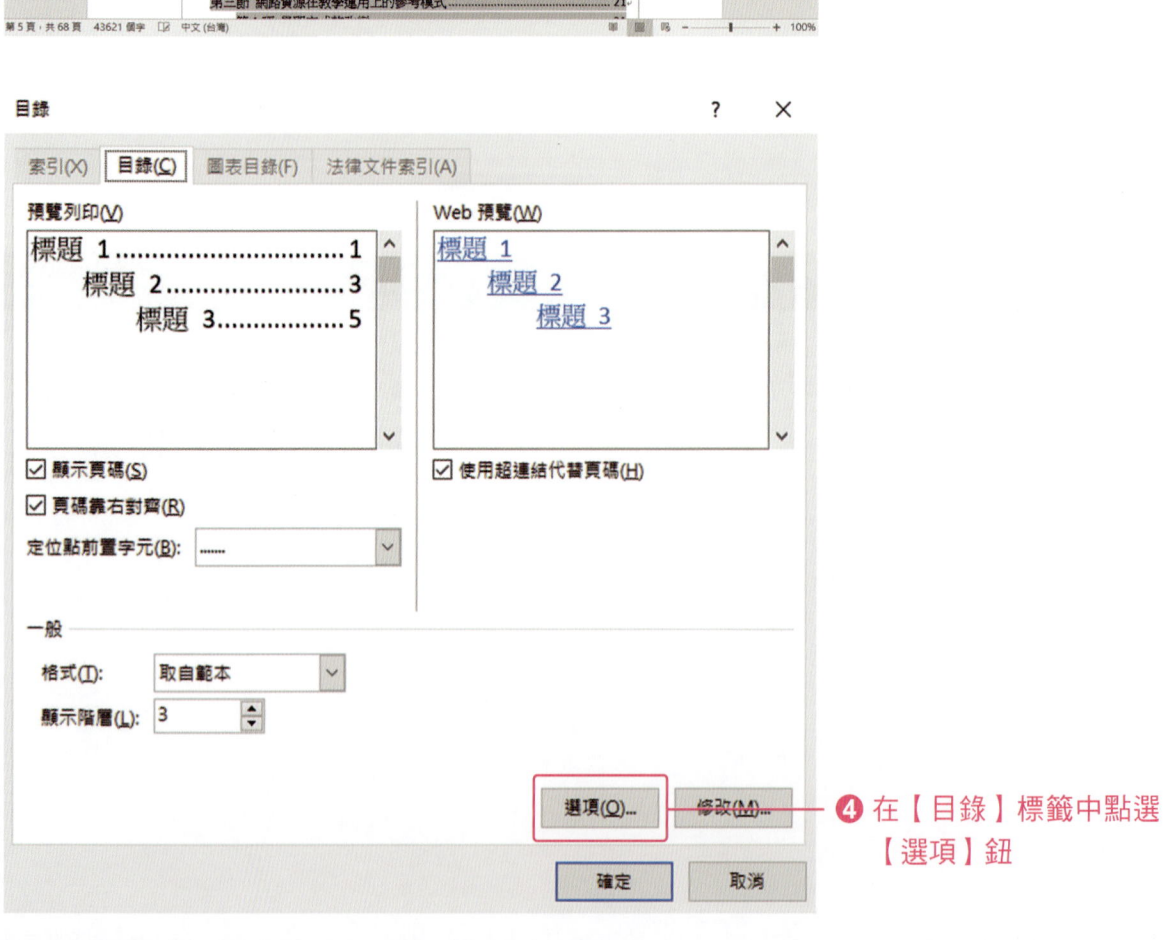

❶ 將滑鼠游標移至文件目錄區塊中

❷ 在【參考資料】標籤,點選【目錄】

❸ 選取【自訂目錄】

❹ 在【目錄】標籤中點選【選項】鈕

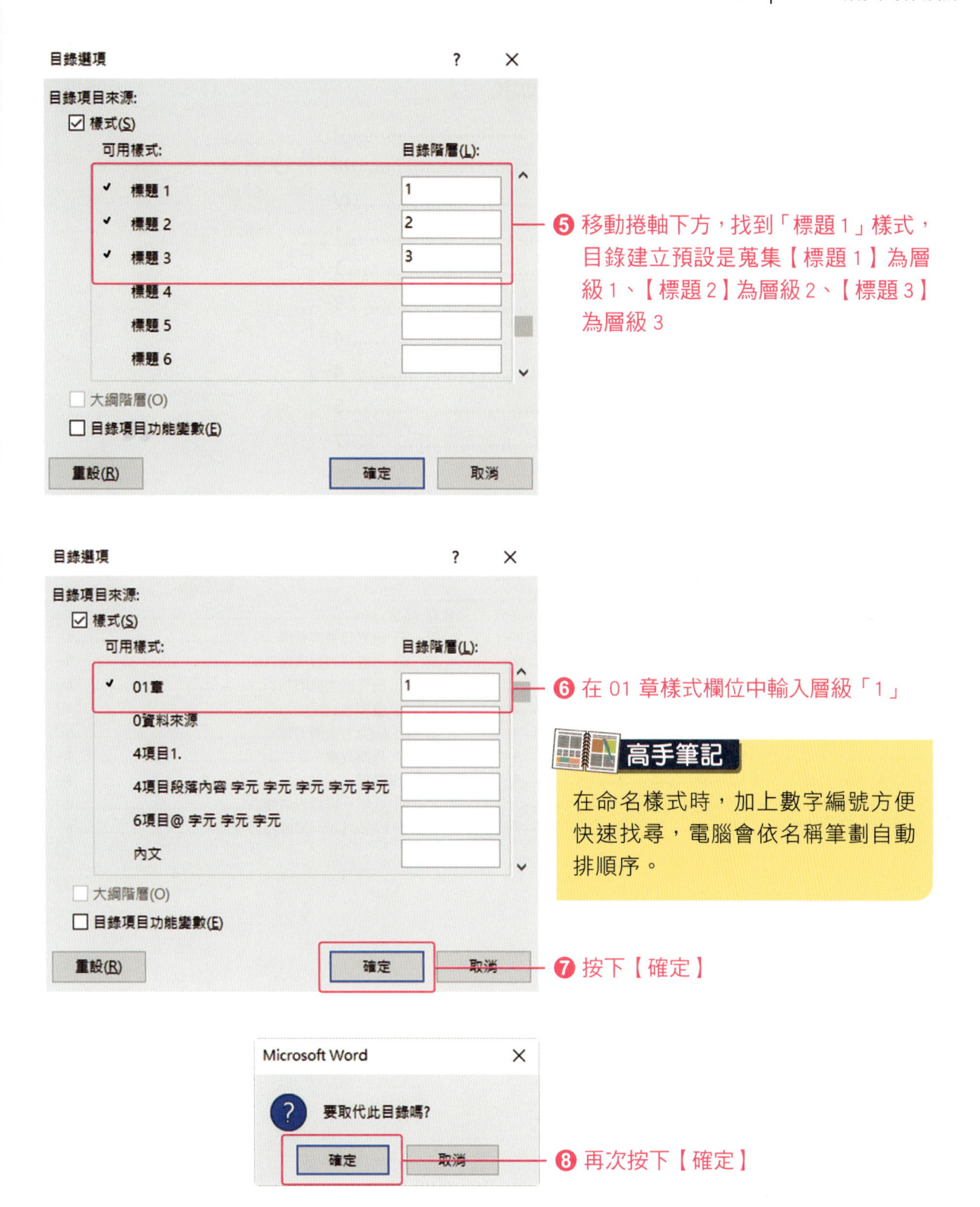

Chapter 4　論文寫作設計

❺ 移動捲軸下方，找到「標題1」樣式，目錄建立預設是蒐集【標題1】為層級1、【標題2】為層級2、【標題3】為層級3

❻ 在 01 章樣式欄位中輸入層級「1」

高手筆記

在命名樣式時，加上數字編號方便快速找尋，電腦會依名稱筆劃自動排順序。

❼ 按下【確定】

❽ 再次按下【確定】

89

專題實作 書面報告呈現技巧

```
                           目錄
目錄 ............................................................... I
圖目錄 ............................................................ III
表格目錄 .......................................................... IV
第壹章  緒論 ....................................................... 1
    第一節  研究背景與動機 ........................................ 1
    第二節  研究目的與問題 ........................................ 3
    第三節  研究範圍與限制 ........................................ 4
    第四節  重要名詞說明 .......................................... 4
    第五節  研究方法與流程 ........................................ 5
    第六節  預期貢獻 .............................................. 7
```

❾ 目錄、圖目錄、表格目錄都加入目錄清單中，會沒有章節編號

修改目錄蒐集自訂樣式 01 章後	修改目錄蒐集前
目錄 目錄 .... I 圖目錄 .... III 表格目錄 .... IV 第壹章 緒論 .... 1 　　第一節 研究背景與動機 .... 1 　　第二節 研究目的與問題 .... 3 　　第三節 研究範圍與限制 .... 4 　　第四節 重要名詞說明 .... 4 　　第五節 研究方法與流程 .... 5 　　第六節 預期貢獻 7	目錄 第壹章 緒論 .... 1 　　第一節 研究背景與動機 .... 1 　　第二節 研究目的與問題 .... 3 　　第三節 研究範圍與限制 .... 4 　　第四節 重要名詞說明 .... 4 　　第五節 研究方法與流程 .... 5 　　第六節 預期貢獻 .... 7 第貳章 文獻探討 .... 8 　　第一節 九年一貫課程綱要 .... 8 　　　　第 1 項 九年一貫課程目標 8

4-5 文件不同頁碼設定

專題報告和論文的要求如下：

一、封面不顯示頁碼。

二、篇前部分（摘要、目錄、圖目錄、表目錄）使用【羅馬數字編碼】。

三、本文部分及篇後部分使用【阿拉伯數字編碼】，所以需使用分節符號才能做到這個功能。

4-5-1 分節符號

　　分節符號設定文件有二種不同的頁碼格式，目錄頁和本文頁的頁碼不同編碼，透過分節符號來進行分隔工作。

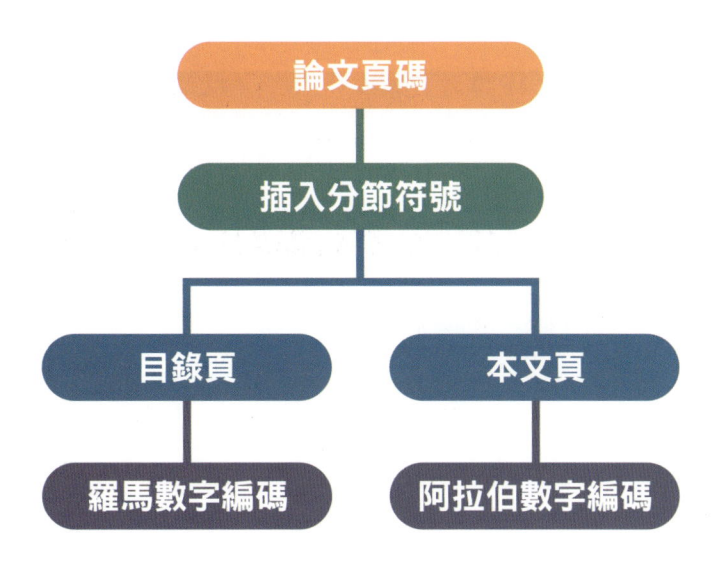

```
論文頁碼
   │
插入分節符號
   │
┌──┴──┐
目錄頁  本文頁
  │      │
羅馬數字編碼  阿拉伯數字編碼
```

> **高手筆記**
> 封面、架構圖、摘要、目錄、圖目錄、表目錄等，到頁碼 6 才是本文第壹章緒論的開始。

專題實作 書面報告呈現技巧

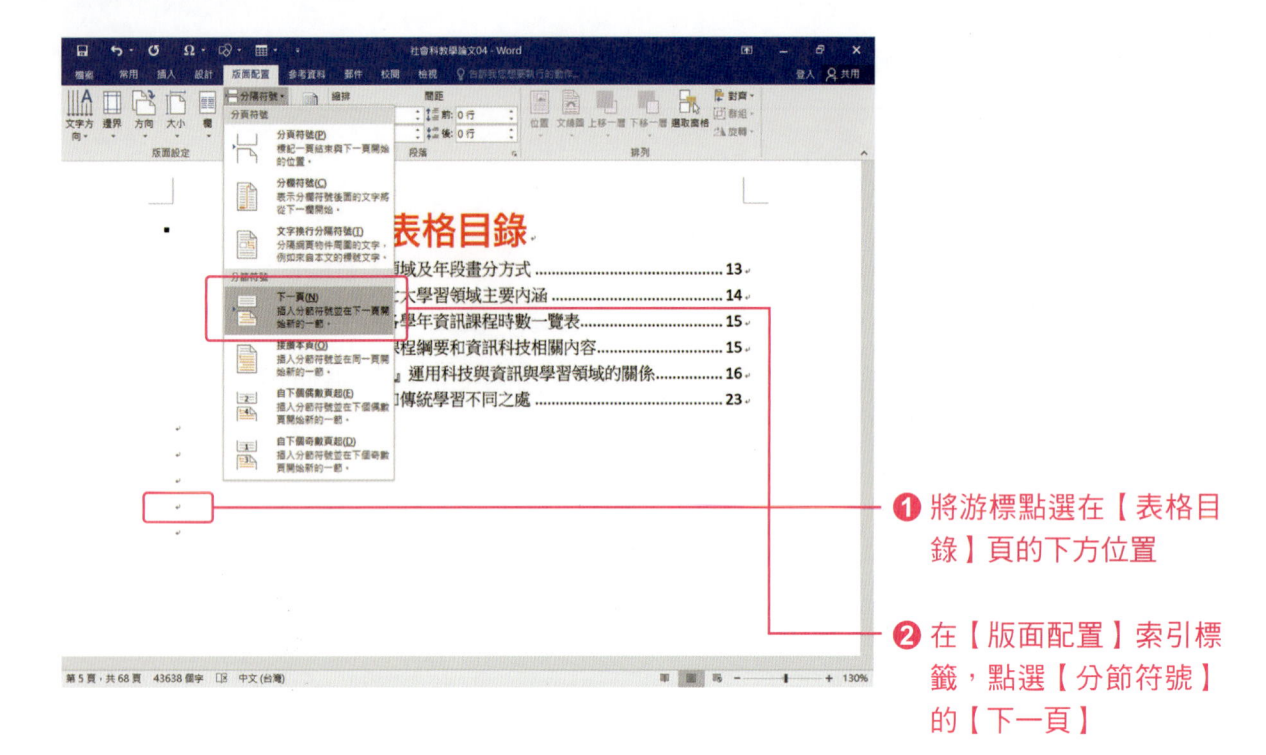

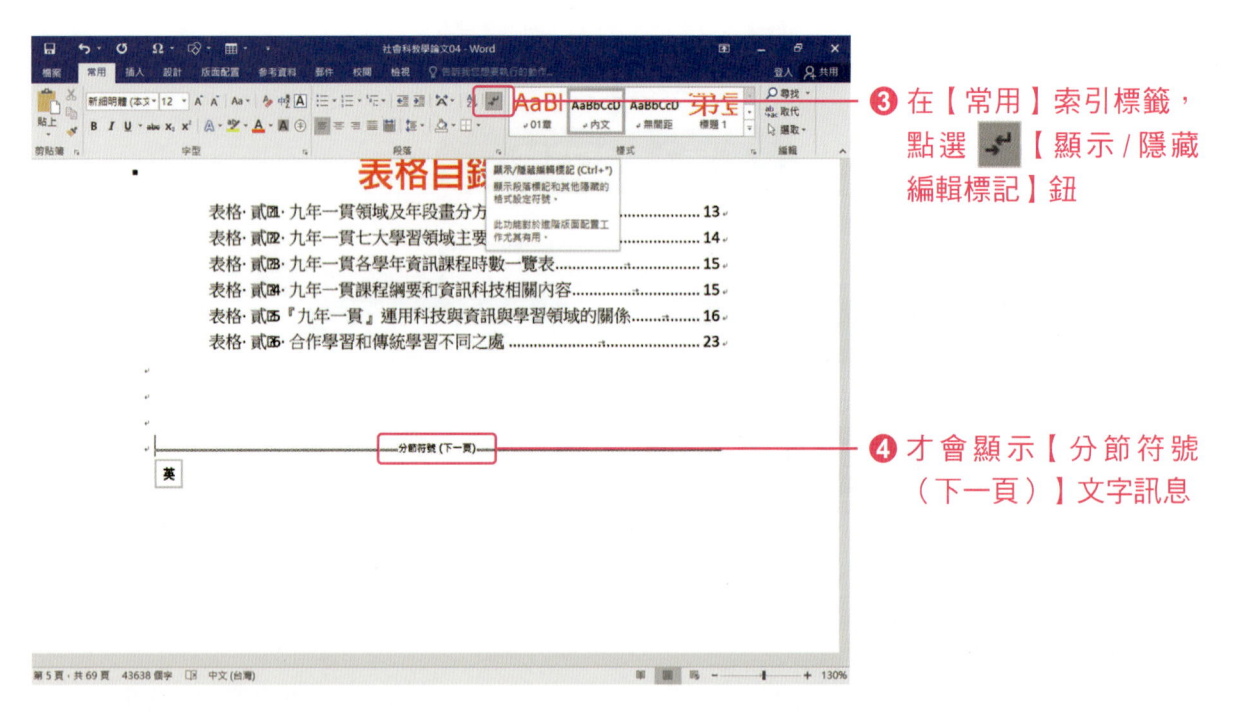

❶ 將游標點選在【表格目錄】頁的下方位置

❷ 在【版面配置】索引標籤，點選【分節符號】的【下一頁】

❸ 在【常用】索引標籤，點選 【顯示/隱藏編輯標記】鈕

❹ 才會顯示【分節符號（下一頁）】文字訊息

4-5-2 羅馬數字頁碼

在目錄頁下方插入分節符號後,再重設定目錄頁為羅馬數字的編碼格式。

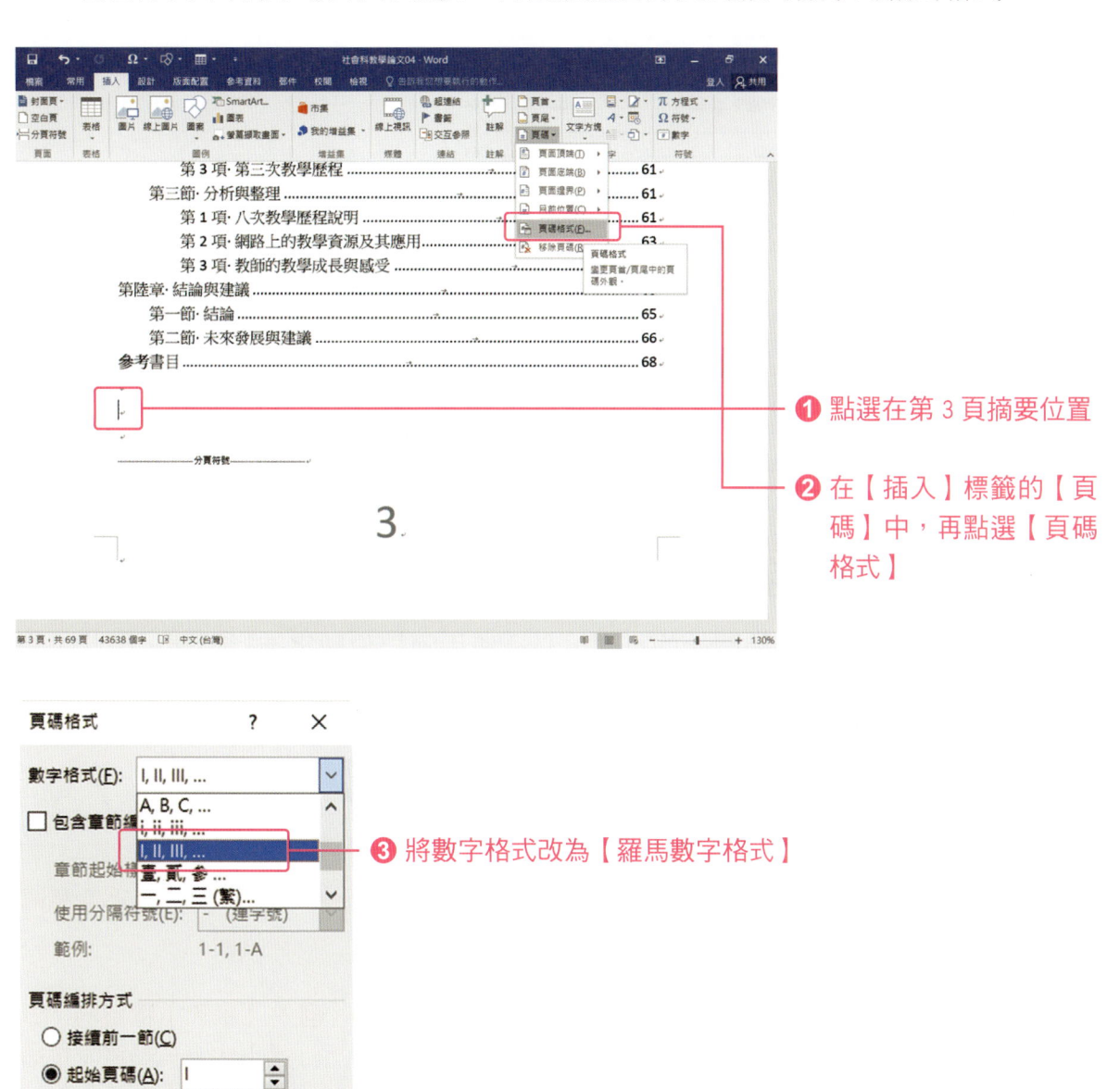

❶ 點選在第 3 頁摘要位置

❷ 在【插入】標籤的【頁碼】中,再點選【頁碼格式】

❸ 將數字格式改為【羅馬數字格式】

❹ 點按【確定】

專題實作 書面報告呈現技巧

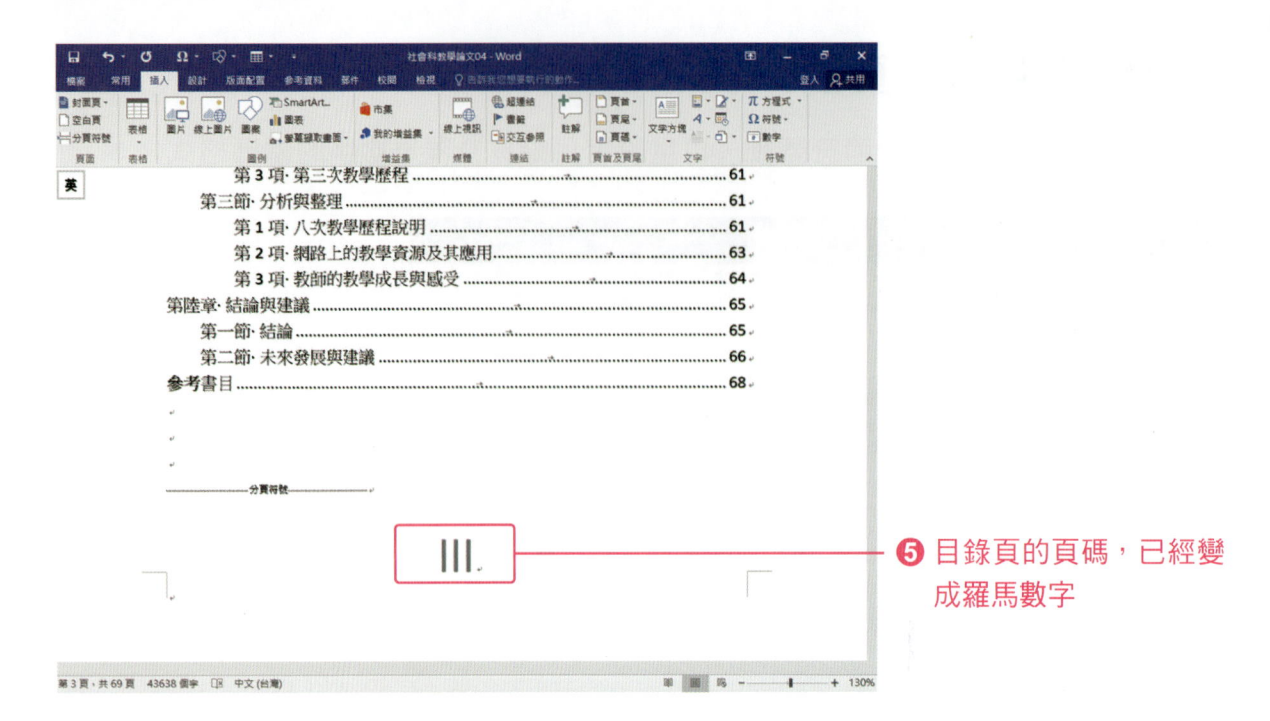

❺ 目錄頁的頁碼，已經變成羅馬數字

4-5-3 阿拉伯數字頁碼

論文的本文第壹章緒論開始的頁碼，必須使用阿拉伯數字進行編碼，因此，先將游標移至第壹章緒論本文所在位置，再進行設定工作。

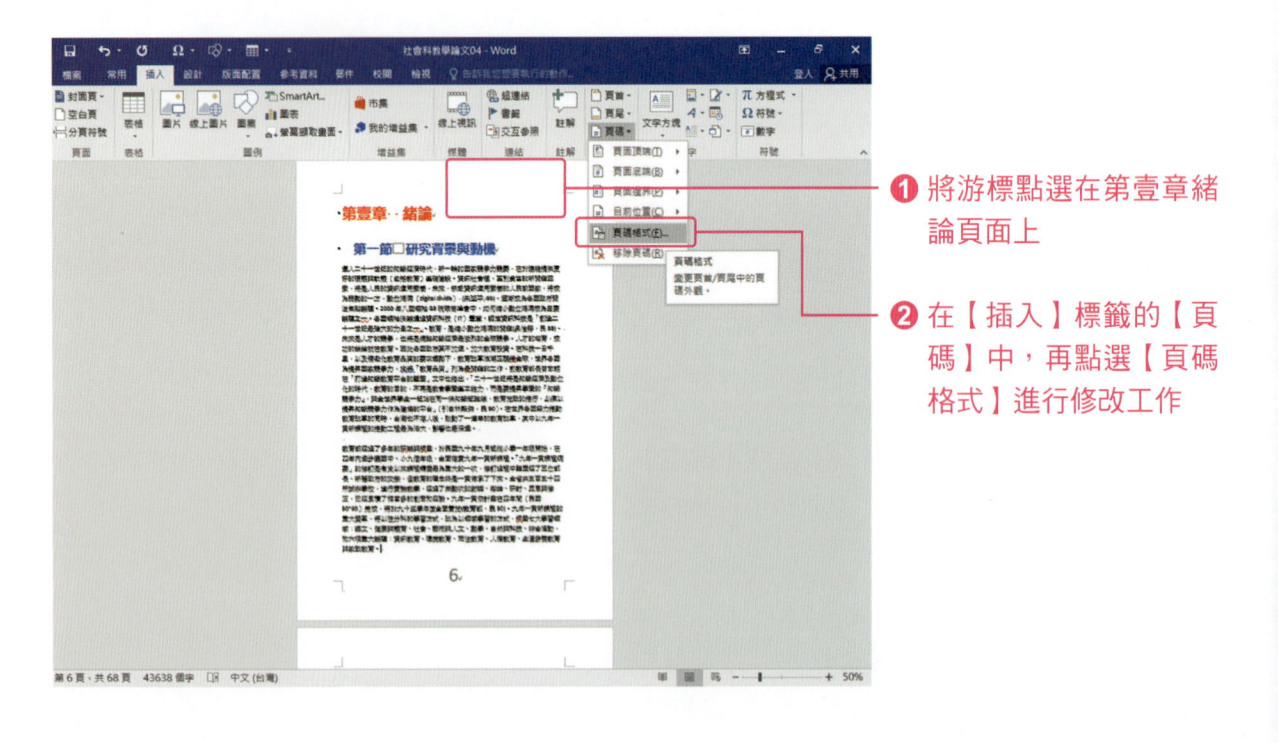

❶ 將游標點選在第壹章緒論頁面上

❷ 在【插入】標籤的【頁碼】中，再點選【頁碼格式】進行修改工作

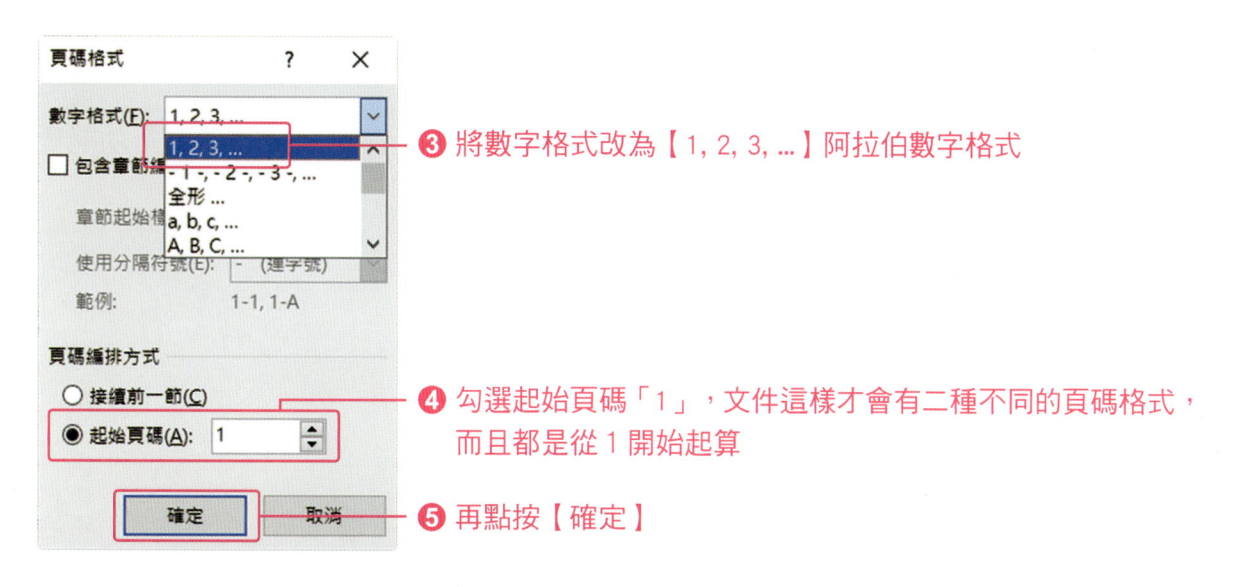

❸ 將數字格式改為【1, 2, 3, ...】阿拉伯數字格式

❹ 勾選起始頁碼「1」，文件這樣才會有二種不同的頁碼格式，而且都是從1開始起算

❺ 再點按【確定】

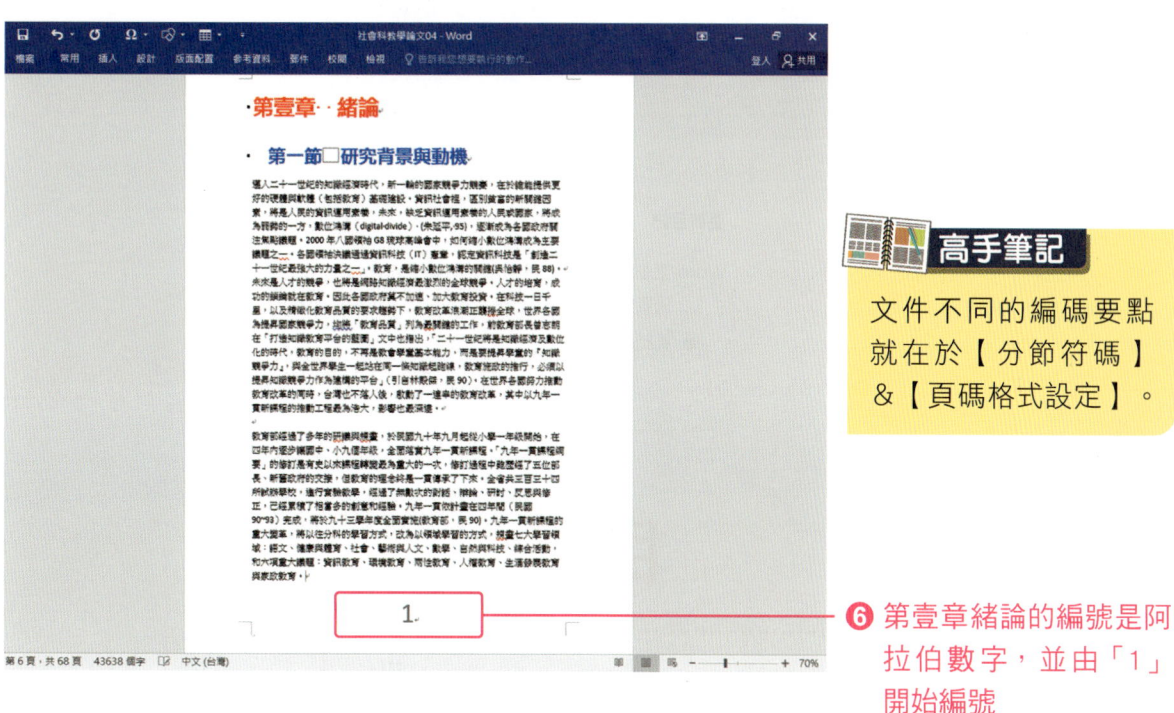

高手筆記

文件不同的編碼要點就在於【分節符碼】&【頁碼格式設定】。

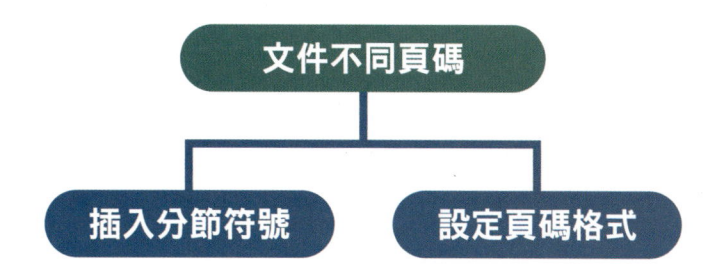

❻ 第壹章緒論的編號是阿拉伯數字，並由「1」開始編號

```
文件不同頁碼
├── 插入分節符號
└── 設定頁碼格式
```

4-5-4 更新目錄 2 種編碼

論文篇前部分是羅馬數字，而本文區是阿拉伯數字，在目錄按右鍵更新功能變數即可。

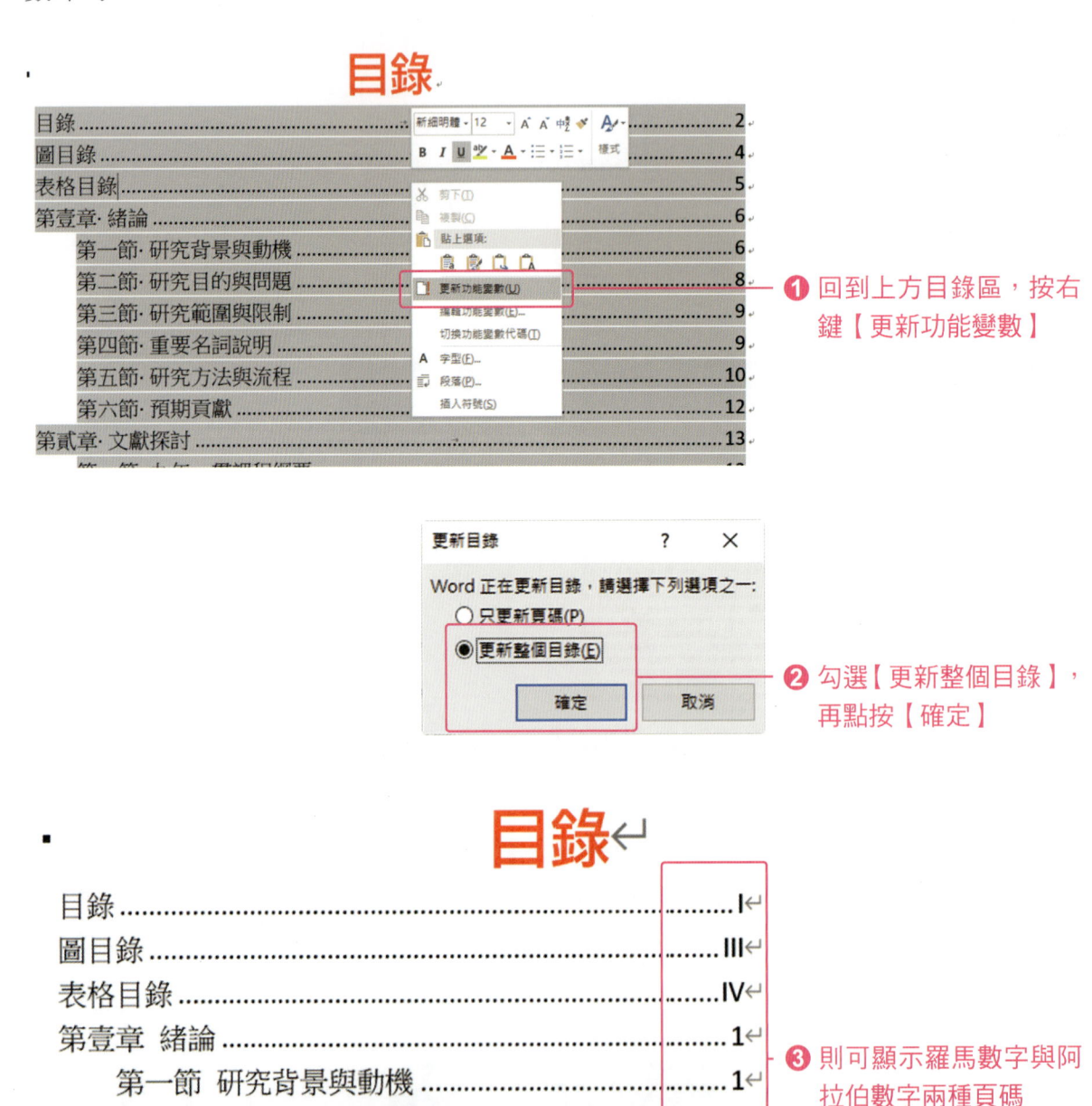

❶ 回到上方目錄區，按右鍵【更新功能變數】

❷ 勾選【更新整個目錄】，再點按【確定】

❸ 則可顯示羅馬數字與阿拉伯數字兩種頁碼

Chapter 4 課後習題

_____ 1. 下列何者為自訂標題樣式的功能按鈕？
   (A) ▨ (B) ▨ (C) ▨ (D) ▨ 。

_____ 2. 修改目錄的階層樣式連結時，應該修改下列哪個設定？
   (A) 格式   (B) 顯示階層   (C) 選項   (D) 顯示頁碼。

_____ 3. 長篇文件中，需設定有羅馬及阿拉伯數字二種頁碼時必須使用下列哪種功能？
   (A) 首頁設定   (B) 分節符號   (C) 縮排   (D) 新細明字體。

_____ 4. 下列何者是若要顯示分頁符號、分節符號的功能按鈕？
   (A) ▨ (B) ▨ (C) ▨ (D) ▨ 。

_____ 5. 下列何者是設定文件羅馬數字頁碼的功能？
   (A) 頁面頂端   (B) 編輯頁尾   (C) 頁碼格式   (D) 移除頁碼。

_____ 6. 圖形及表格的目錄功能，必須先插入標題，則是在下列哪個標籤中？
   (A) 常用   (B) 插入   (C) 參考資料   (D) 郵件。

_____ 7. 下列何者為插入圖片的標號時，加上章節編號的按鈕功能？
   (A) 新增標籤   (B) 標號自動設定   (C) 刪除標籤   (D) 編號方式。

_____ 8. 加入表格目錄時，在圖表目錄對話方塊視窗中必須修改下列哪項功能？
   (A) 標題標籤   (B) 格式   (C) 顯示頁碼   (D) 修改。

_____ 9. 目錄區若要顯示標題一、標題二、01章的頁碼，應選用下列哪個按鈕？
   (A) 編輯   (B) 設定   (C) 修改   (D) 選項。

_____ 10. 表格目錄在製作時，必須先將每個表格加上哪種功能？
   (A) 插入標號   (B) 繪製虛線   (C) 網底填色   (D) 合併儲存格。

Chapter 5 論文時程圖與問卷

學習重點

- 學習研究時程圖的製作
- 學習框線與網底的運用
- 學習問卷表格的製作技巧
- 學習儲存格直書的設定

第六節 研究時程圖

時間月份 工作項目	3月	4月	5月	6月	7月
問題探討	■■■	■■■			
文獻分析整理		■■■	■■■	■■■	
專題製作			■■■	■■■	■■■

專題實作 書面報告呈現技巧

5-1 時程圖製作

時程圖是專案製作時，進度掌控的工作表，給參考研究進度及時間的安排，在 Word 運用表格完成這項工作。

5-1-1 新增小節

新增小節套用標題 2 樣式，目錄頁才能更新。

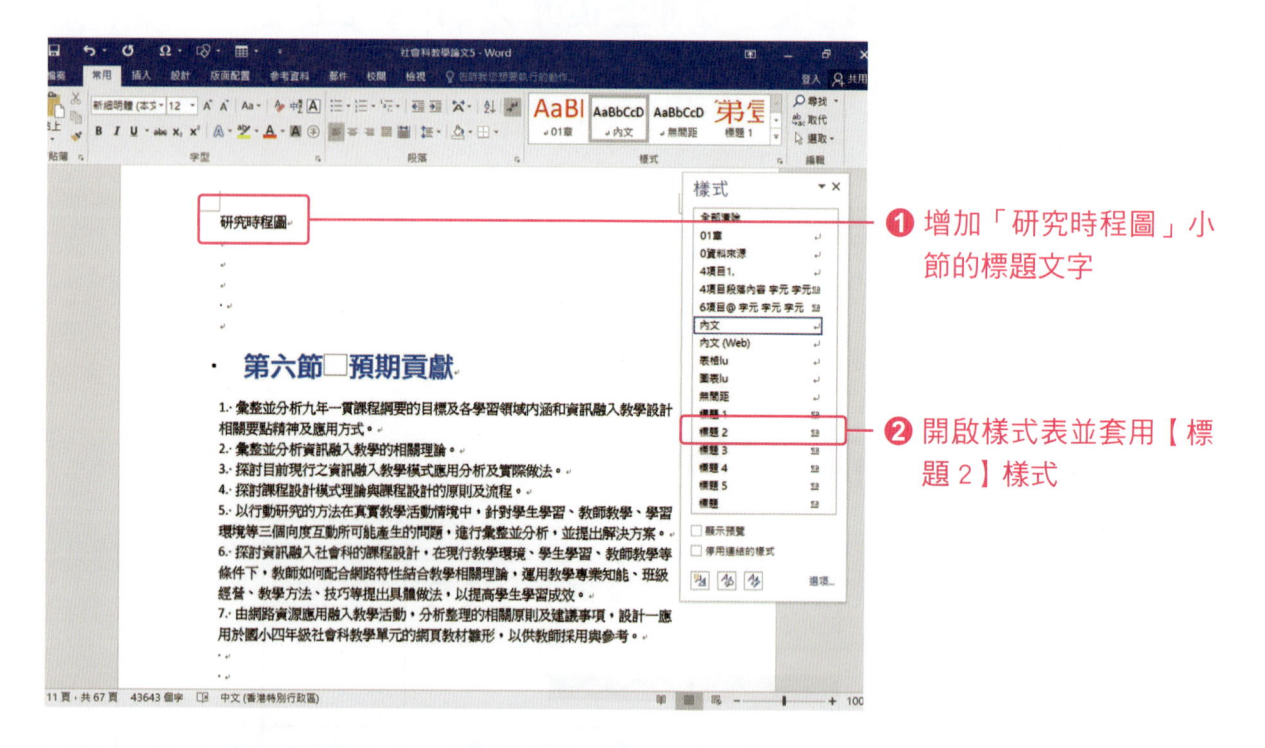

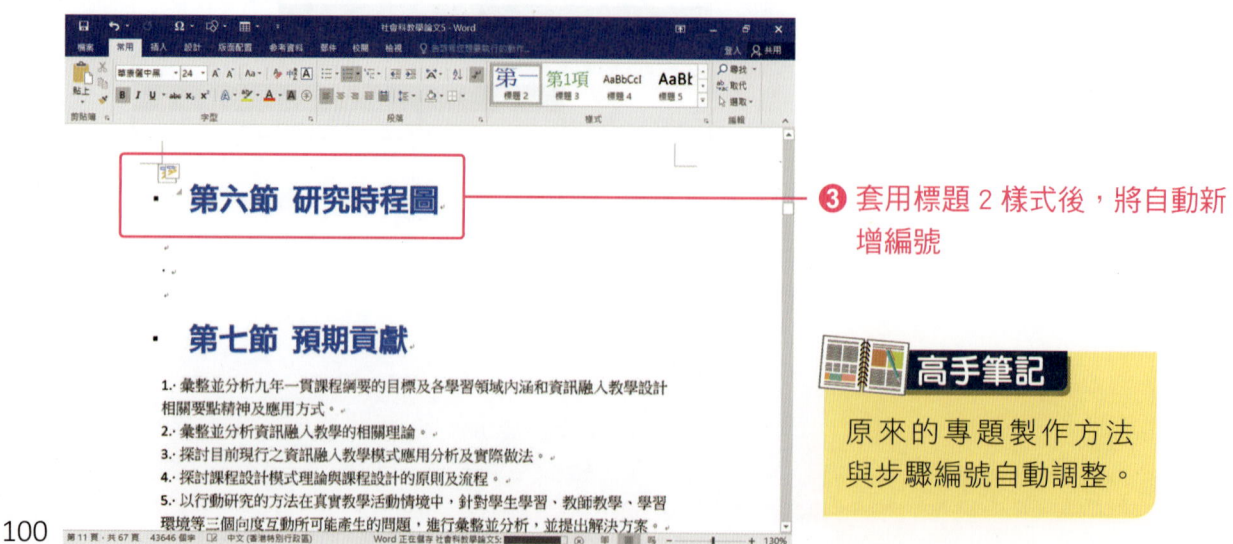

❶ 增加「研究時程圖」小節的標題文字

❷ 開啟樣式表並套用【標題 2】樣式

❸ 套用標題 2 樣式後，將自動新增編號

高手筆記

原來的專題製作方法與步驟編號自動調整。

100

5-1-2 插入表格

運用表格讓資料排列更加整齊。

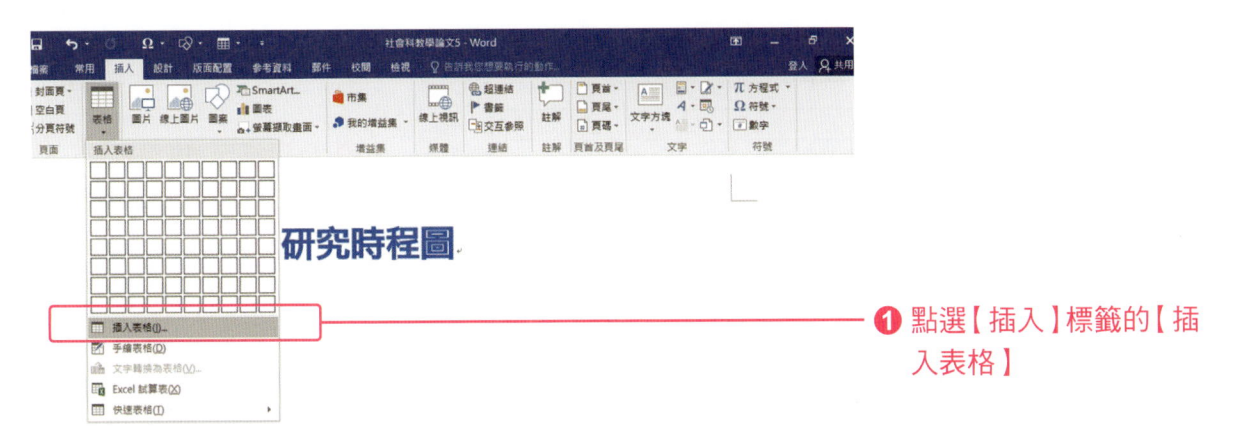

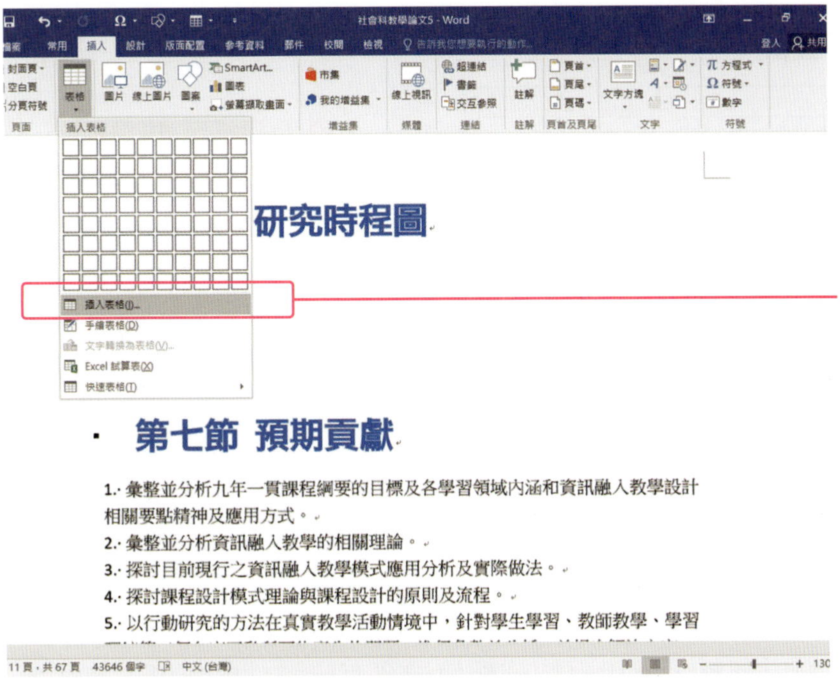

❶ 點選【插入】標籤的【插入表格】

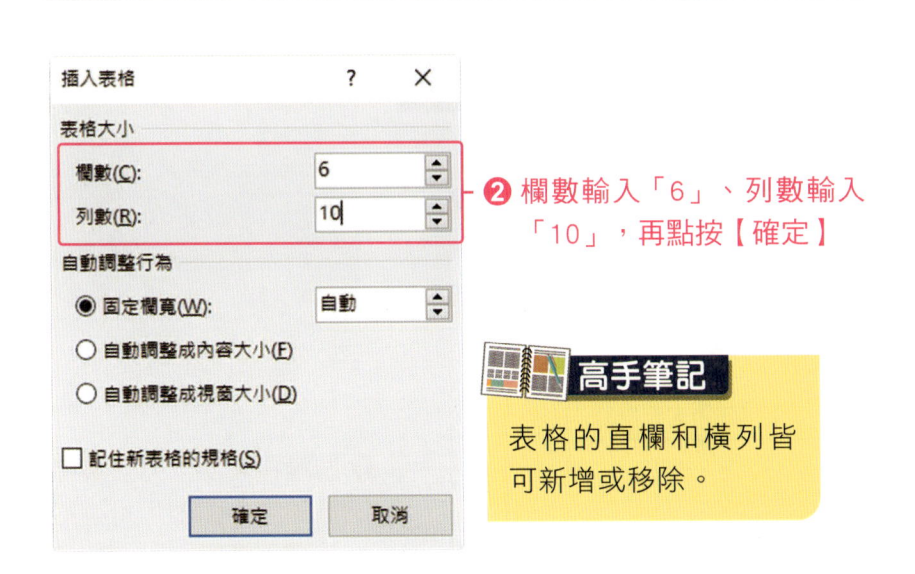

❷ 欄數輸入「6」、列數輸入「10」，再點按【確定】

高手筆記

表格的直欄和橫列皆可新增或移除。

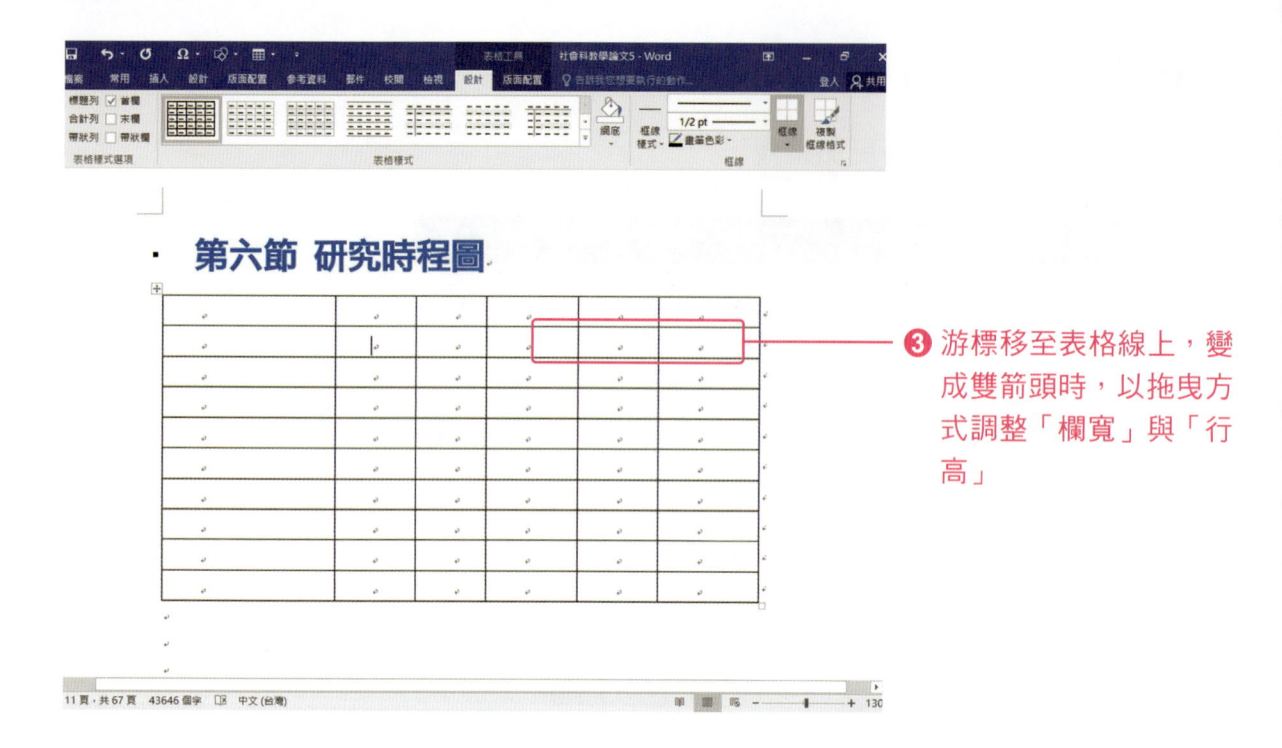

❸ 游標移至表格線上，變成雙箭頭時，以拖曳方式調整「欄寬」與「行高」

5-1-3 平均分配欄寬

表格的欄列寬度都能拖曳調整，運用平均分配使欄寬有一致性的寬度。

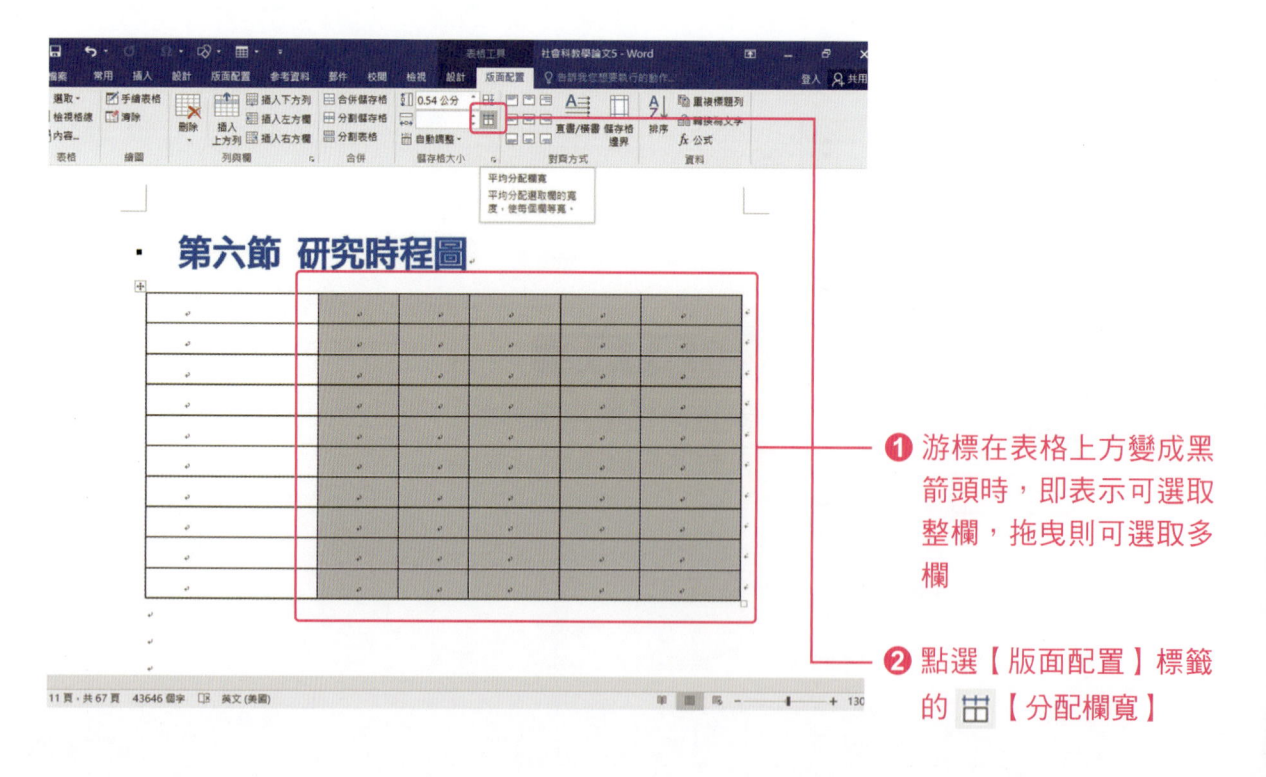

❶ 游標在表格上方變成黑箭頭時，即表示可選取整欄，拖曳則可選取多欄

❷ 點選【版面配置】標籤的 ⊞【分配欄寬】

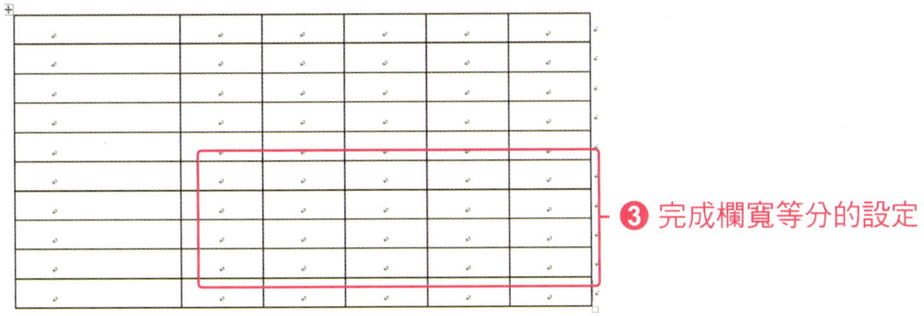

第六節 研究時程圖

❸ 完成欄寬等分的設定

5-1-4 儲存格對角線

運用儲存格對角線功能,就能在一個儲存格中填入二項資料。

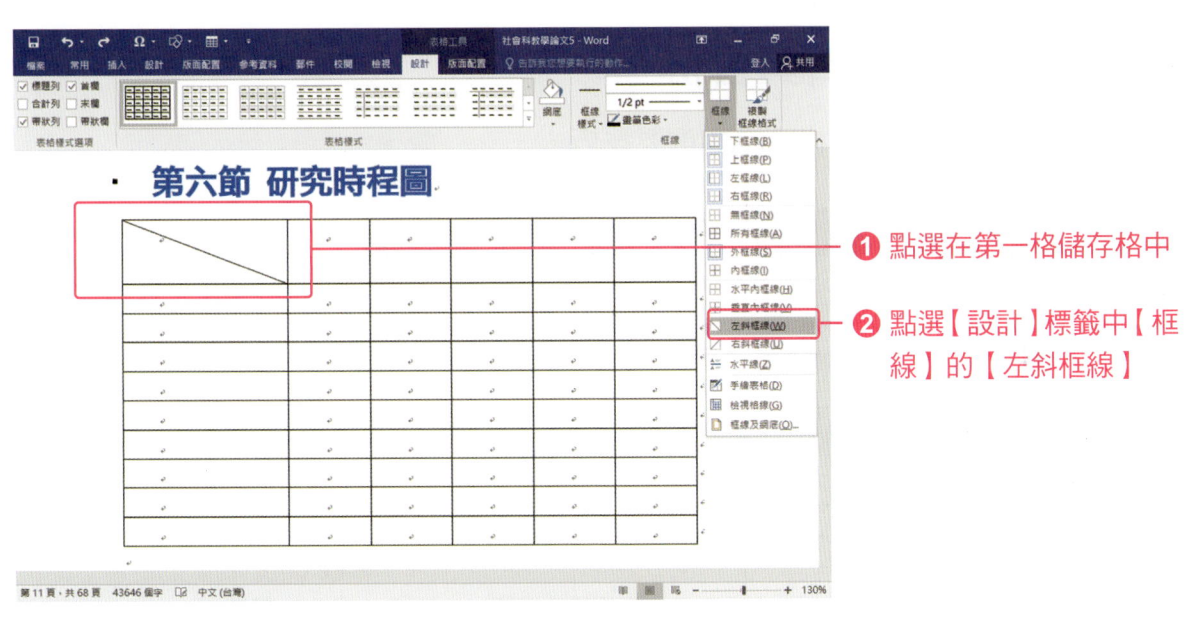

❶ 點選在第一格儲存格中

❷ 點選【設計】標籤中【框線】的【左斜框線】

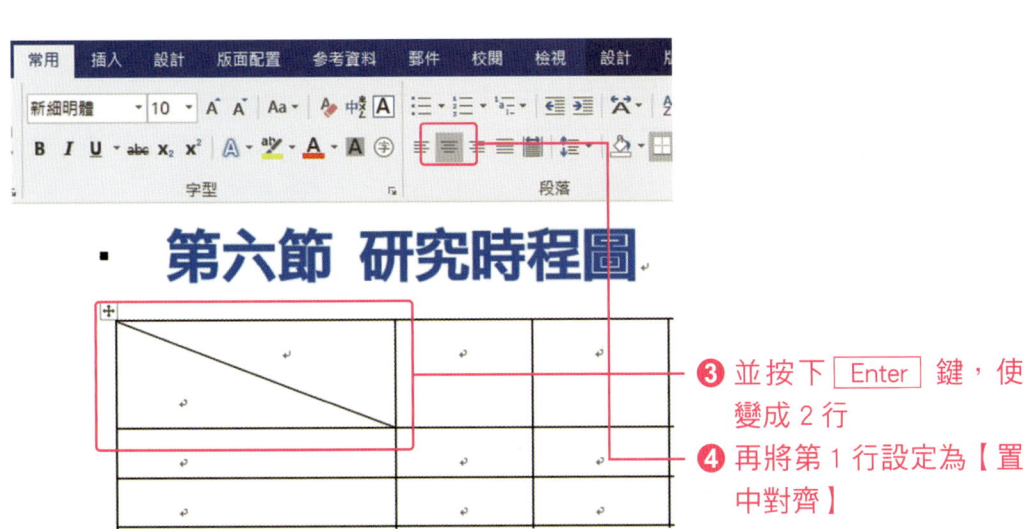

❸ 並按下 Enter 鍵,使變成 2 行

❹ 再將第 1 行設定為【置中對齊】

Chapter 5 論文時程圖與問卷

103

專題實作 書面報告呈現技巧

- ## 第六節 研究時程圖

❺ 在第一列儲存格輸入「月份」

❻ 在第一欄填入「工作項目」

5-1-5 儲存格對齊與合併

儲存格合併功能是表格設定的重要技巧。

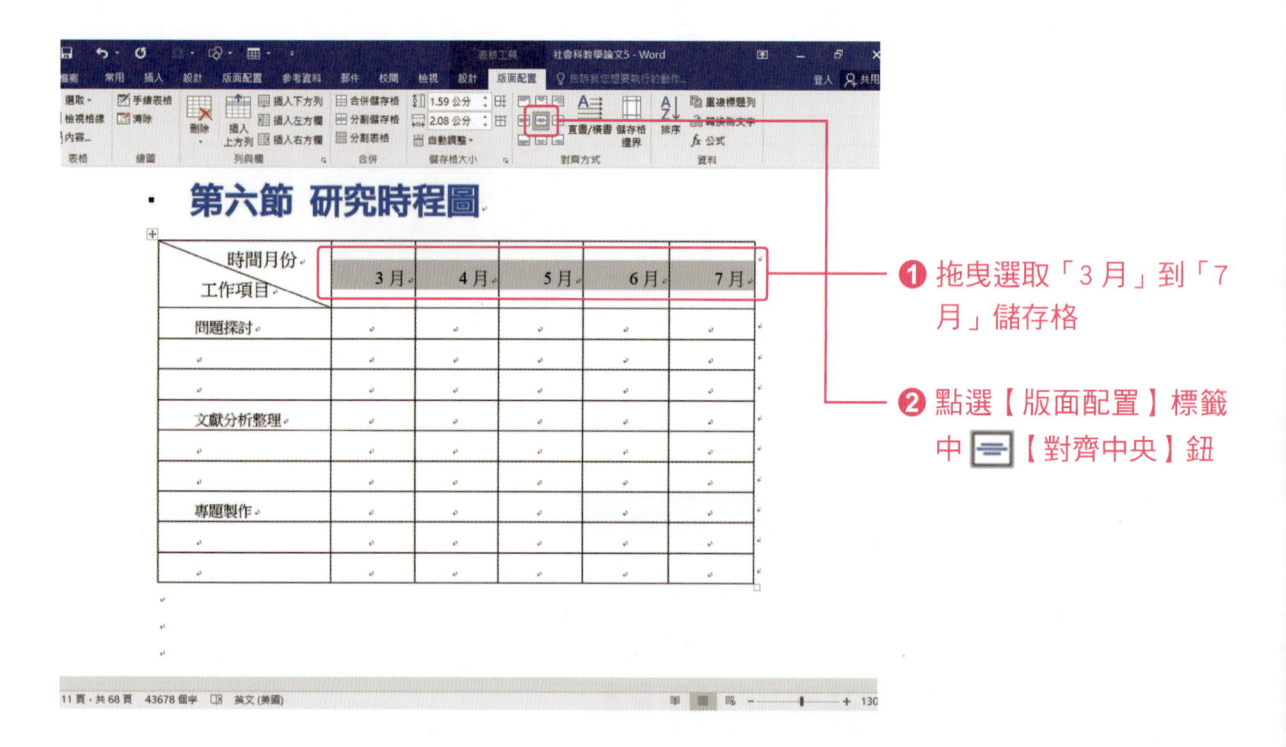

❶ 拖曳選取「3月」到「7月」儲存格

❷ 點選【版面配置】標籤中【對齊中央】鈕

104

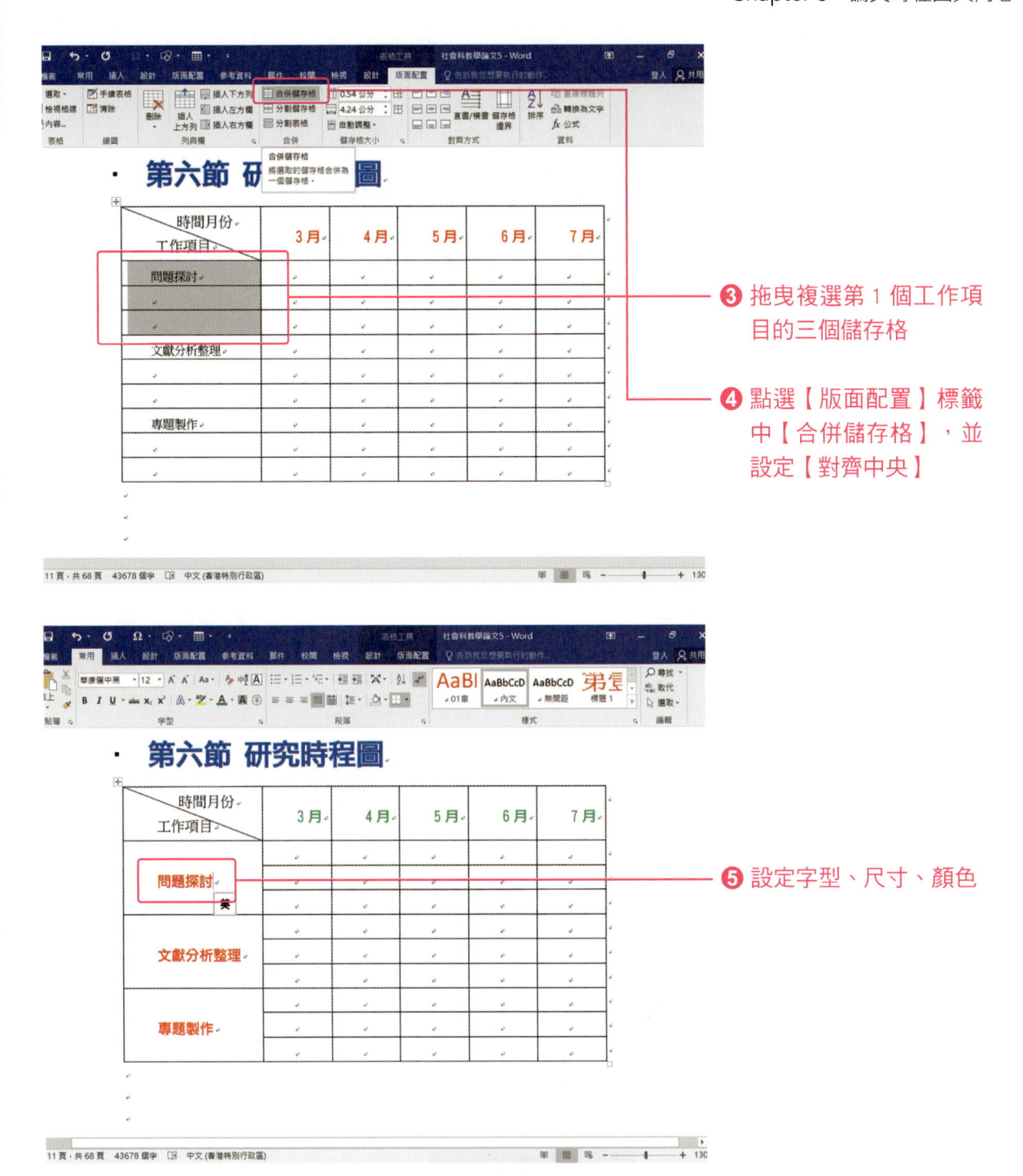

第六節 研究時程圖

❸ 拖曳複選第 1 個工作項目的三個儲存格

❹ 點選【版面配置】標籤中【合併儲存格】,並設定【對齊中央】

❺ 設定字型、尺寸、顏色

105

Chapter 5　論文時程圖與問卷

5-1-6 研究時程圖黑線設定

設定儲存格背景填入黑色功能,應用在研究時程圖的時間軸表示。

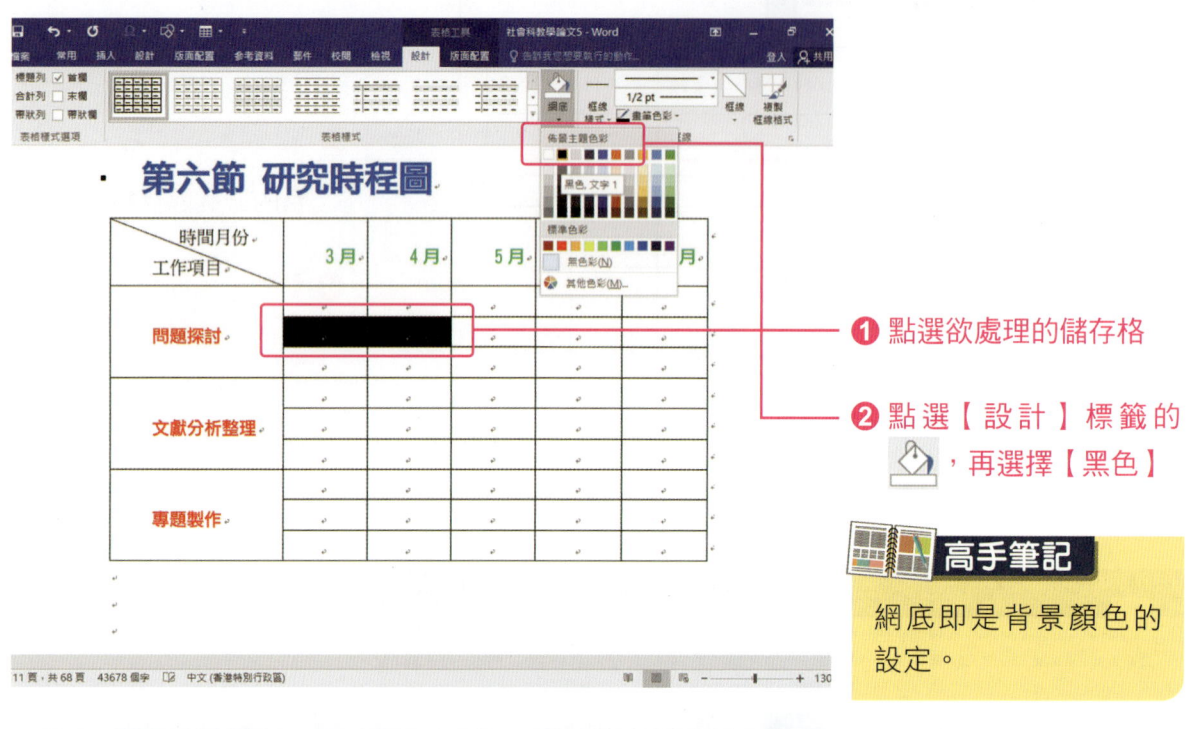

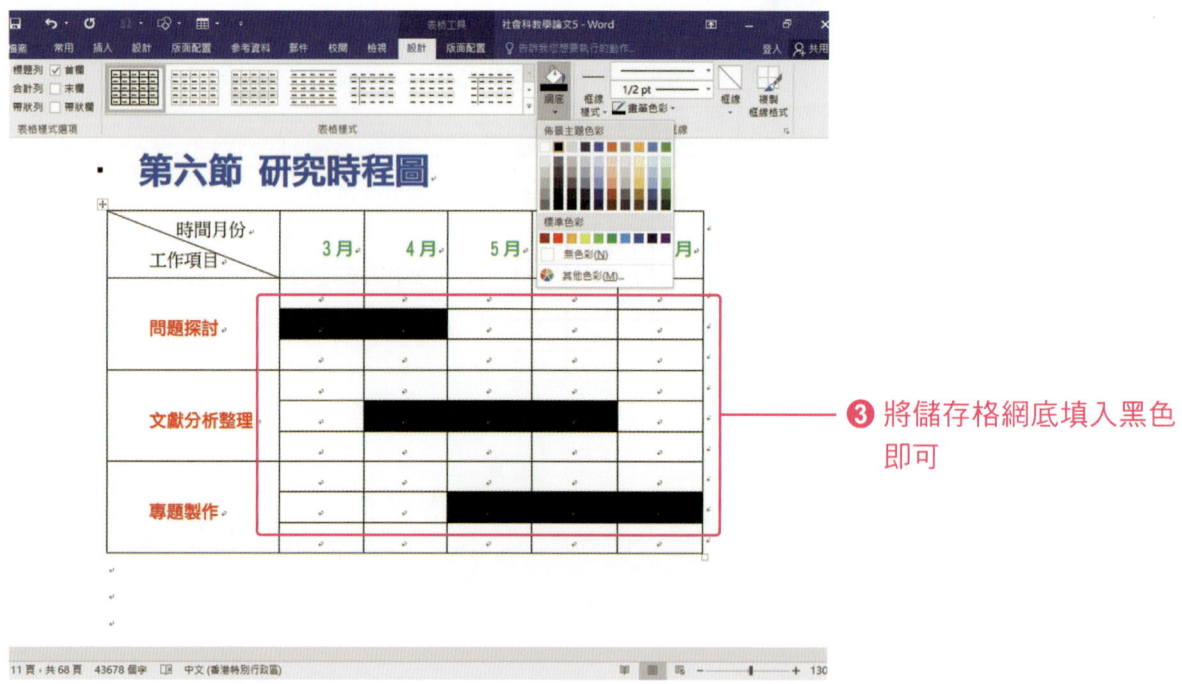

❶ 點選欲處理的儲存格

❷ 點選【設計】標籤的 ◇ ,再選擇【黑色】

高手筆記

網底即是背景顏色的設定。

❸ 將儲存格網底填入黑色即可

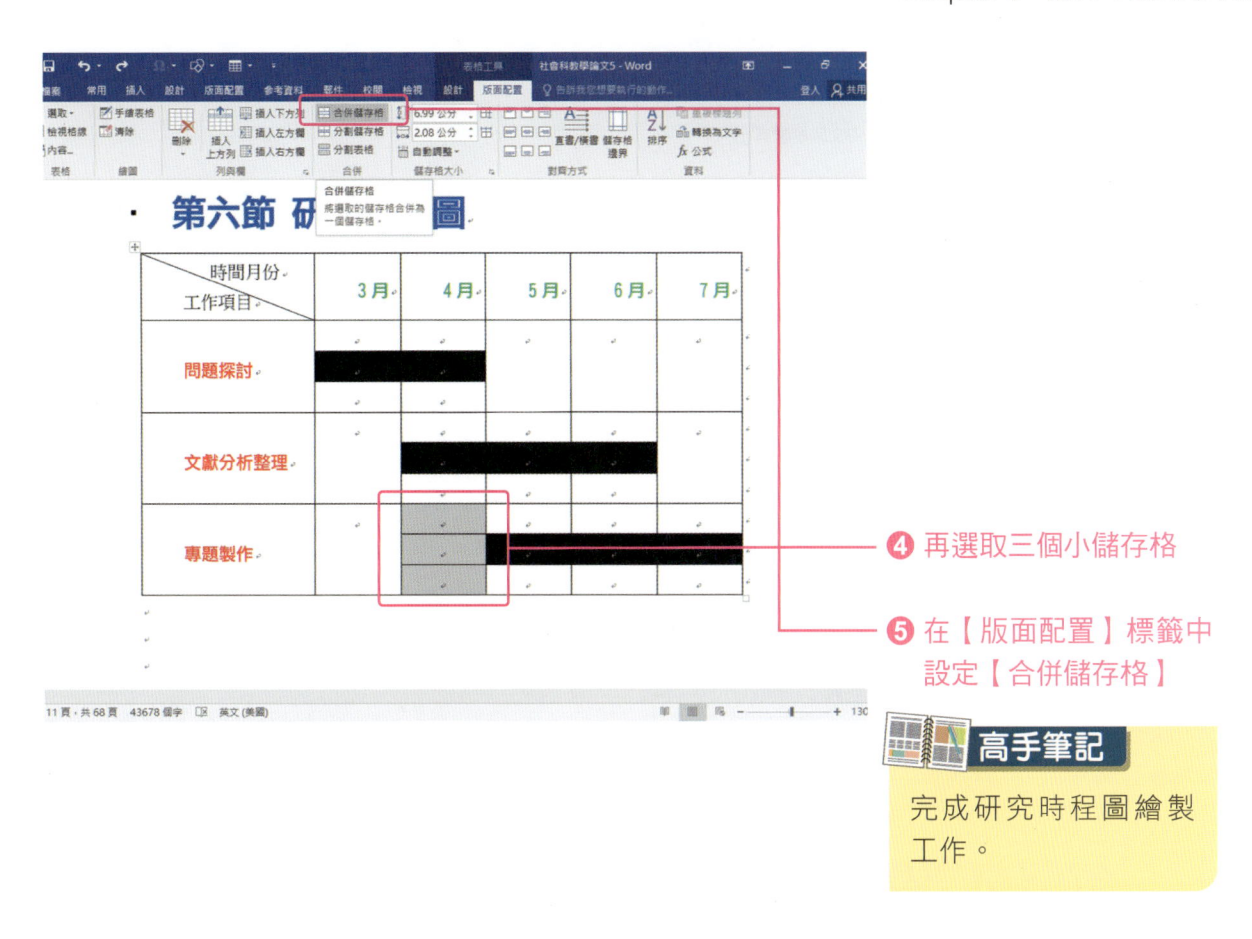

Chapter 5 論文時程圖與問卷

❹ 再選取三個小儲存格

❺ 在【版面配置】標籤中設定【合併儲存格】

高手筆記
完成研究時程圖繪製工作。

5-1-7 工作項目高度調整

表格預設的列高必須在段落中設定固定列高。

❶ 拖曳選取時程的所有列

❷ 點選【常用】標籤的【段落設定】鈕

107

❸ 設定【固定行高】、【10pt】

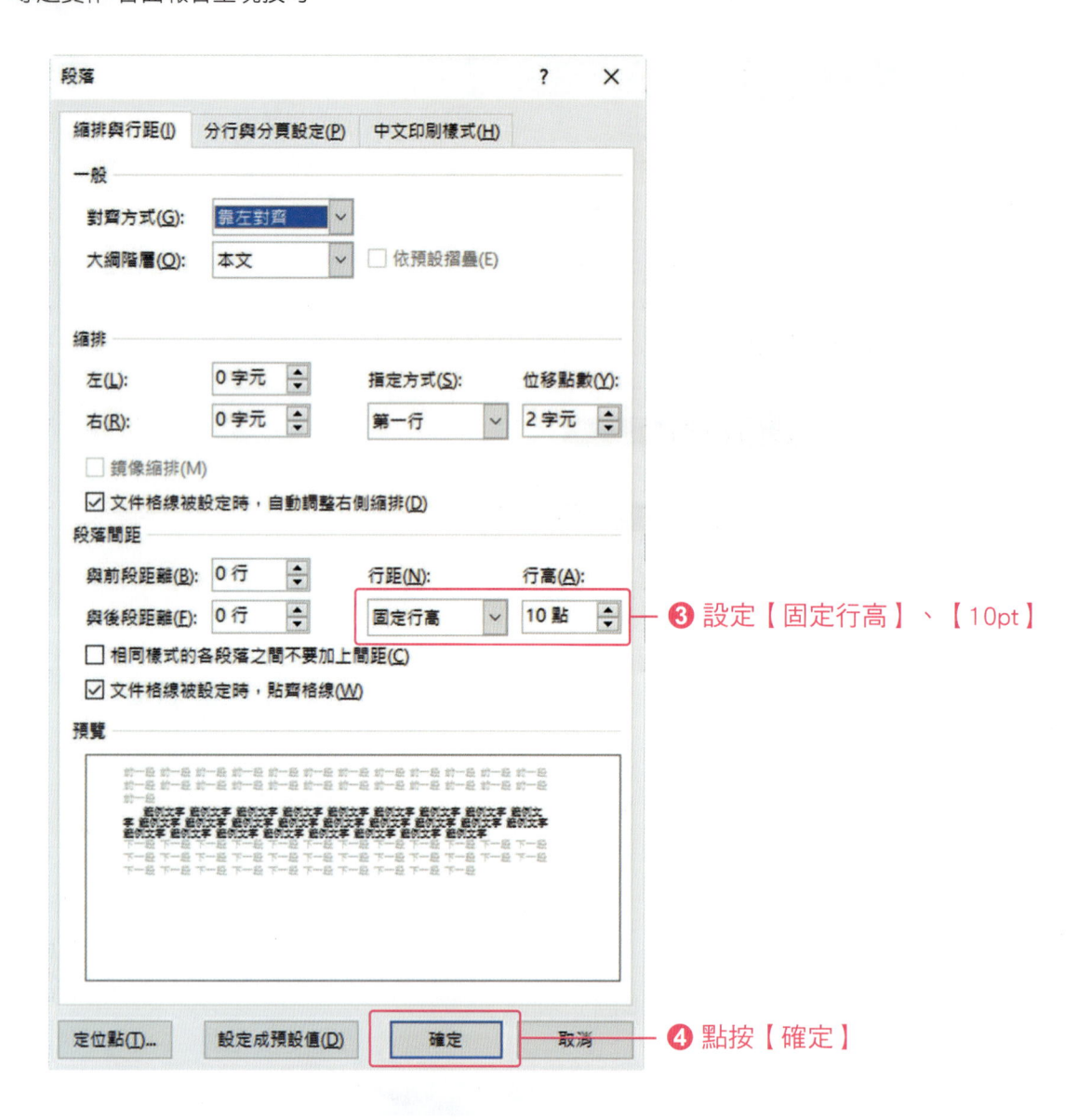

❹ 點按【確定】

第六節 研究時程圖

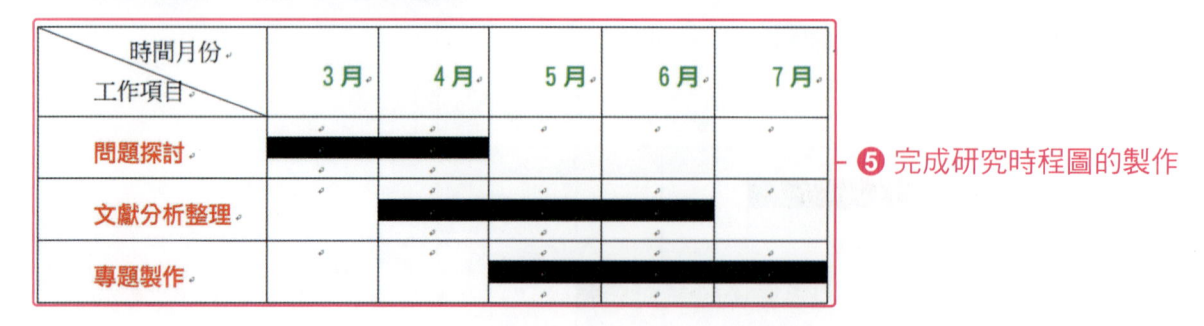

❺ 完成研究時程圖的製作

5-2 問卷製作

設計問卷調查統計表時，會使用到表格設計的進階功能，讓問卷的呈現較淺顯易懂。

5-2-1 方框符號製作

先開啟符號功能，並將字型切換為 wingdings，即可找到問卷的方框、打勾等符號。

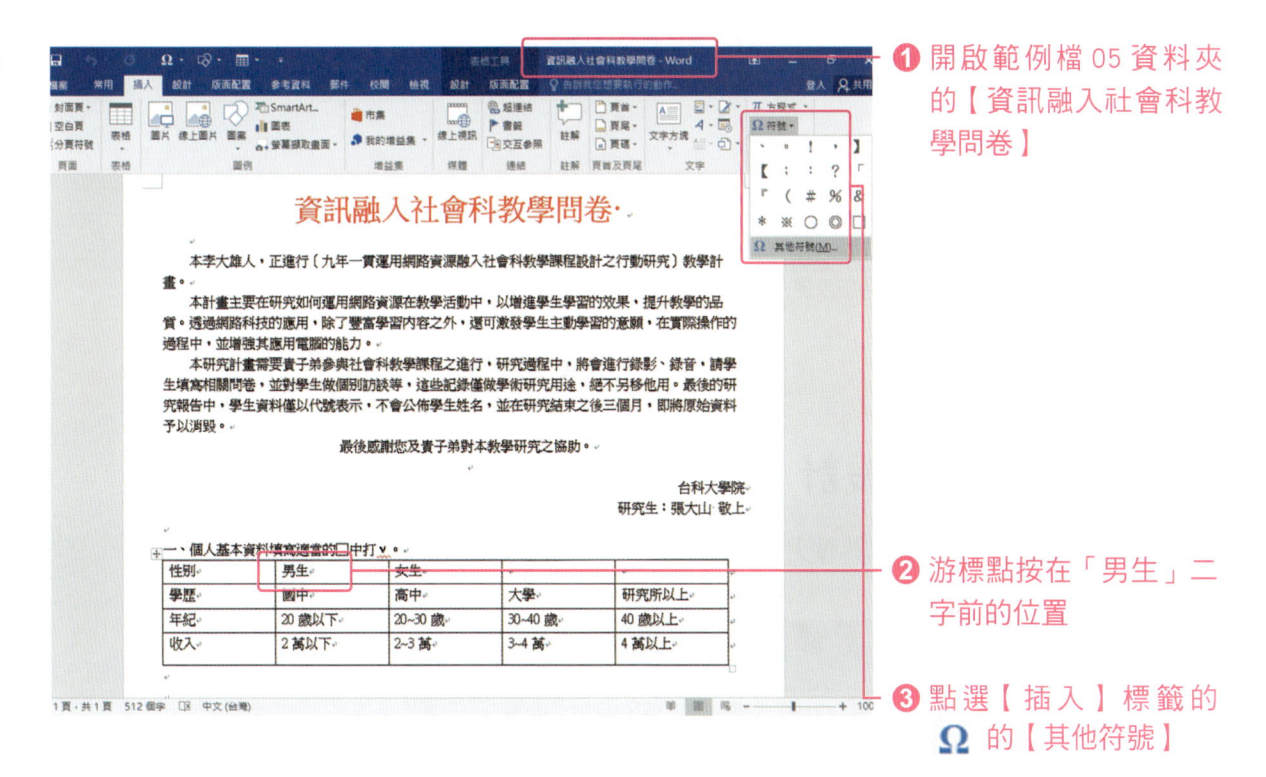

❶ 開啟範例檔 05 資料夾的【資訊融入社會科教學問卷】

❷ 游標點按在「男生」二字前的位置

❸ 點選【插入】標籤的 Ω 的【其他符號】

109

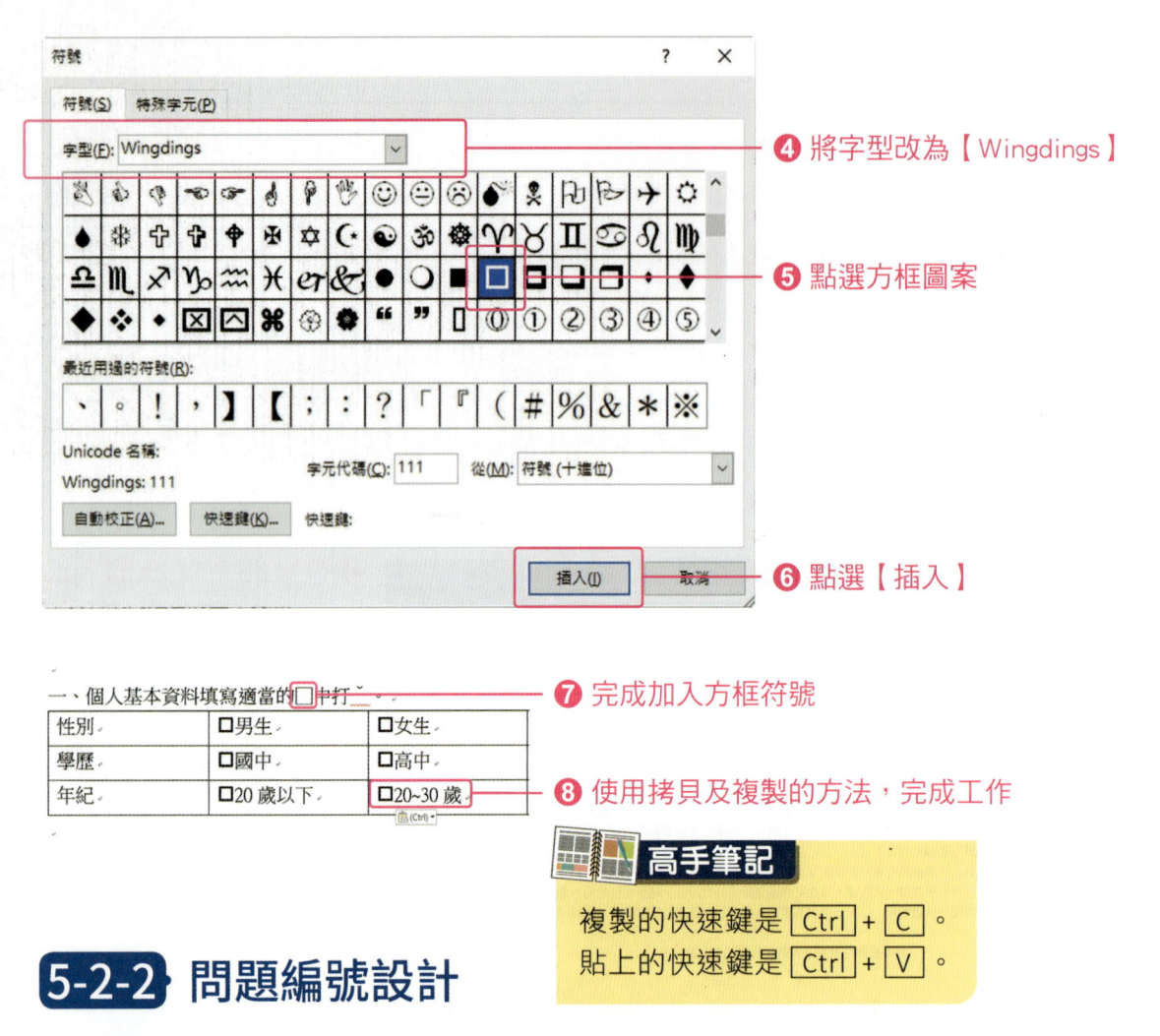

專題實作 書面報告呈現技巧

❹ 將字型改為【Wingdings】

❺ 點選方框圖案

❻ 點選【插入】

❼ 完成加入方框符號

❽ 使用拷貝及複製的方法，完成工作

高手筆記

複製的快速鍵是 Ctrl + C。
貼上的快速鍵是 Ctrl + V。

5-2-2 問題編號設計

問卷的題目流水號，其使用編號功能最為方便。

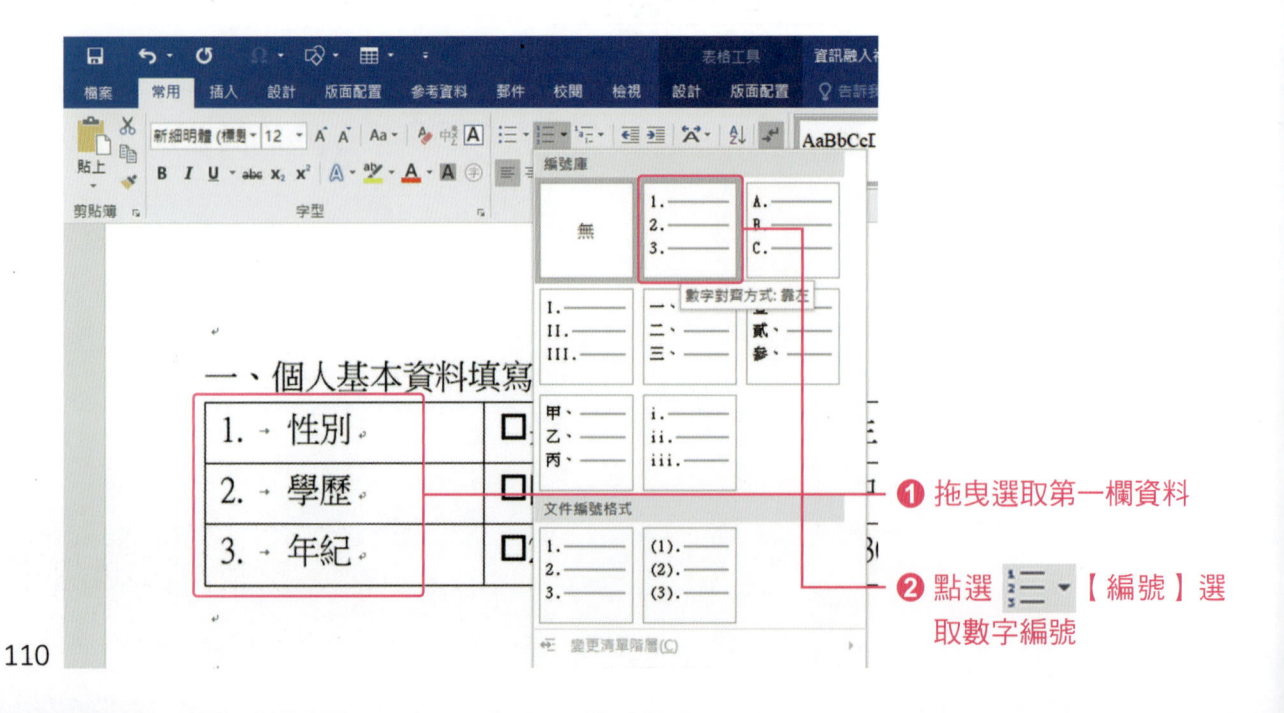

❶ 拖曳選取第一欄資料

❷ 點選 【編號】選取數字編號

Chapter 5　論文時程圖與問卷

一、個人基本資料填寫適當的□中打✓

1.	性別	□男生
2.	學歷	□國中
3.	年紀	□20 歲以下

❸ 完成自動編號工作

5-2-3 編號接續

自動編號功能在下個主題時，須修改為【從 1 開始編號】才會由 1 開始起算。

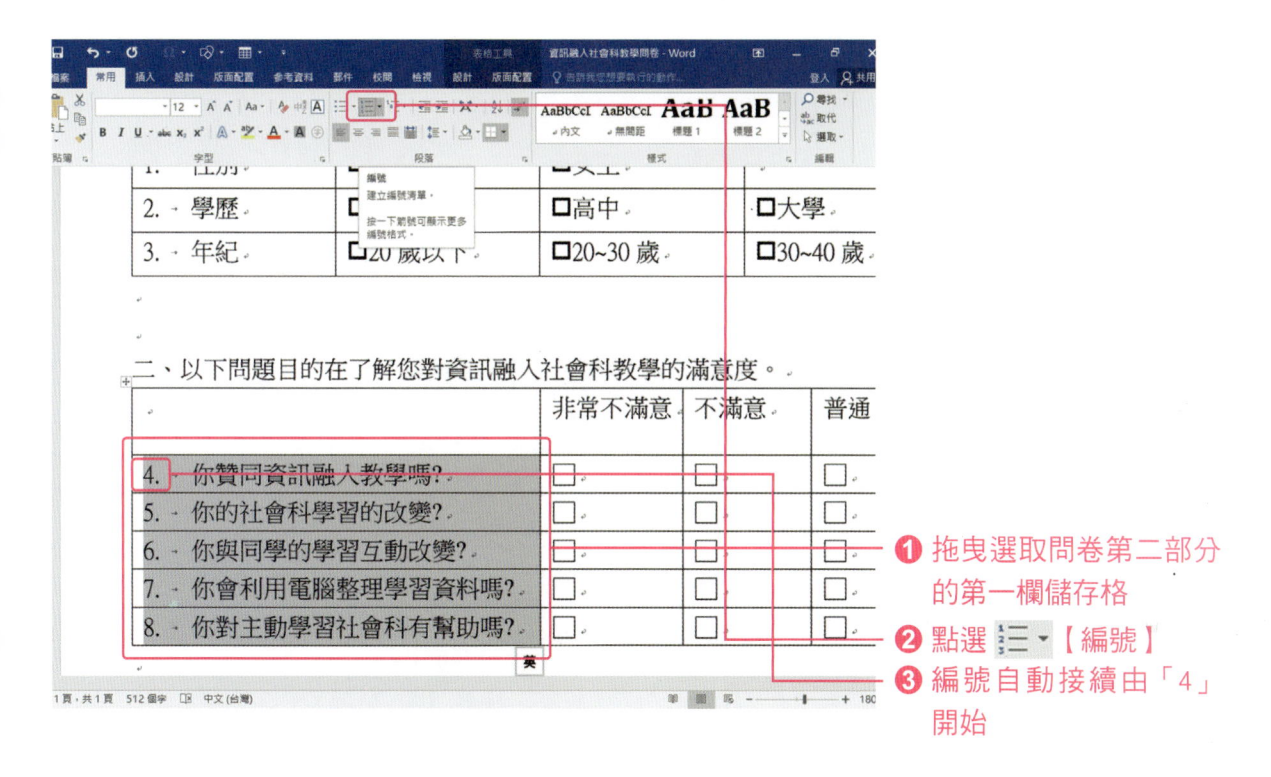

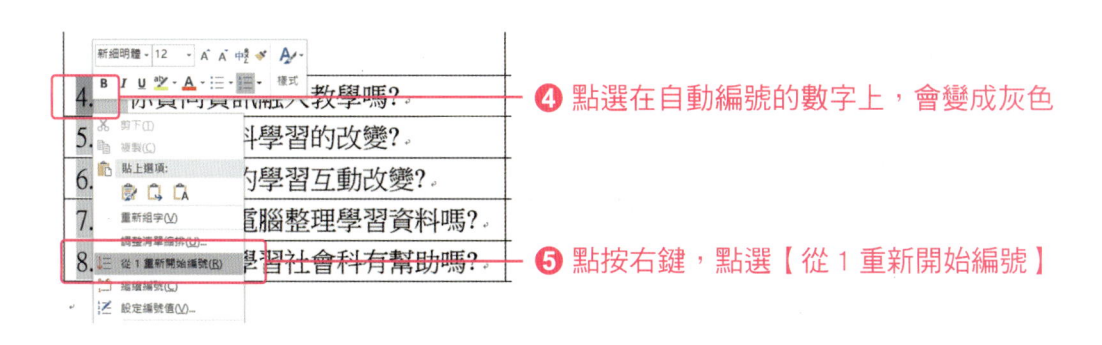

❶ 拖曳選取問卷第二部分的第一欄儲存格
❷ 點選 【編號】
❸ 編號自動接續由「4」開始

❹ 點選在自動編號的數字上，會變成灰色

❺ 點按右鍵，點選【從 1 重新開始編號】

111

一、個人基本資料填寫適當的□中打✓。

1.	性別	□男生	□女生	
2.	學歷	□國中	□高中	
3.	年紀	□20歲以下	□20~30歲	

二、以下問題目的在了解您對資訊融入社會科教學的滿意度

	非常不滿意	不滿意
1. 你贊同資訊融入教學嗎?	□	□
2. 你的社會科學習的改變?	□	□
3. 你與同學的學習互動改變?	□	□
4. 你會利用電腦整理學習資料嗎?	□	□
5. 你對主動學習社會科有幫助嗎?	□	□

❻ 表格二的編號才會由「1」開始起算

5-2-4 表格列高等分設定

表格列高等分，記得選取時要進行等分的所有列。

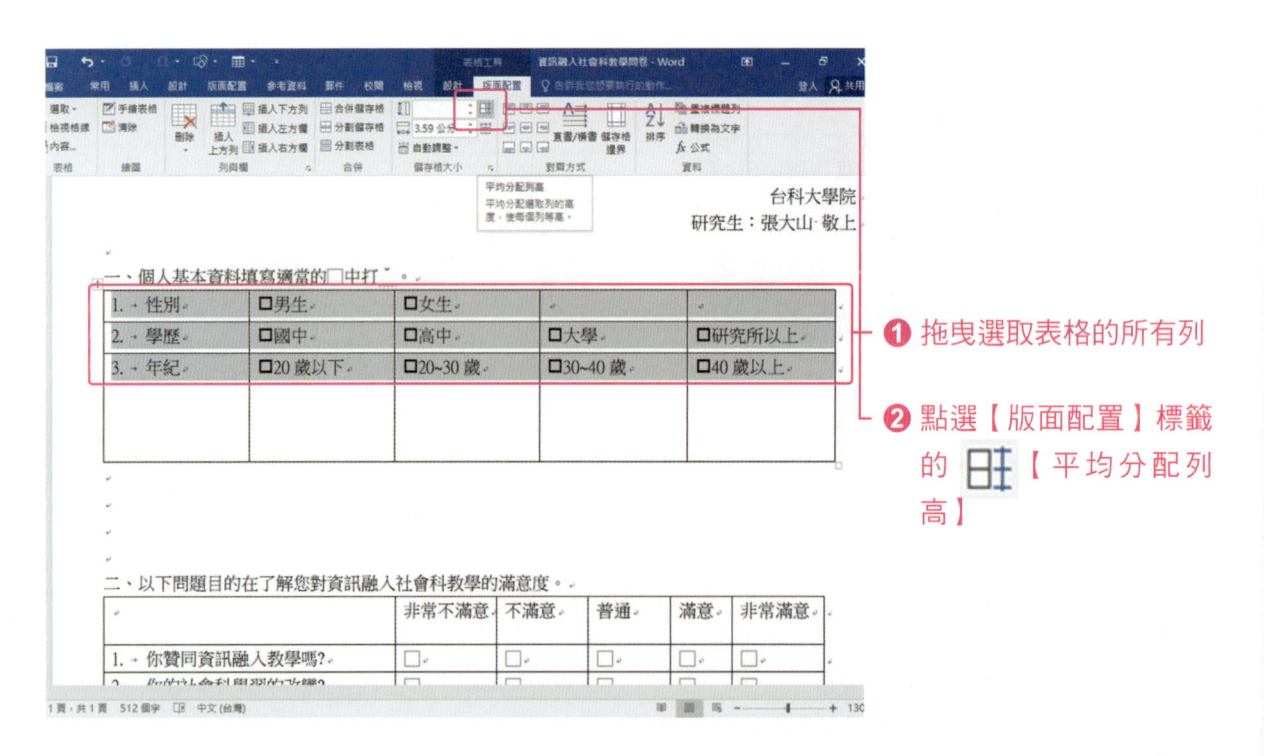

❶ 拖曳選取表格的所有列

❷ 點選【版面配置】標籤的 【平均分配列高】

❸ 完成列高的等分工作

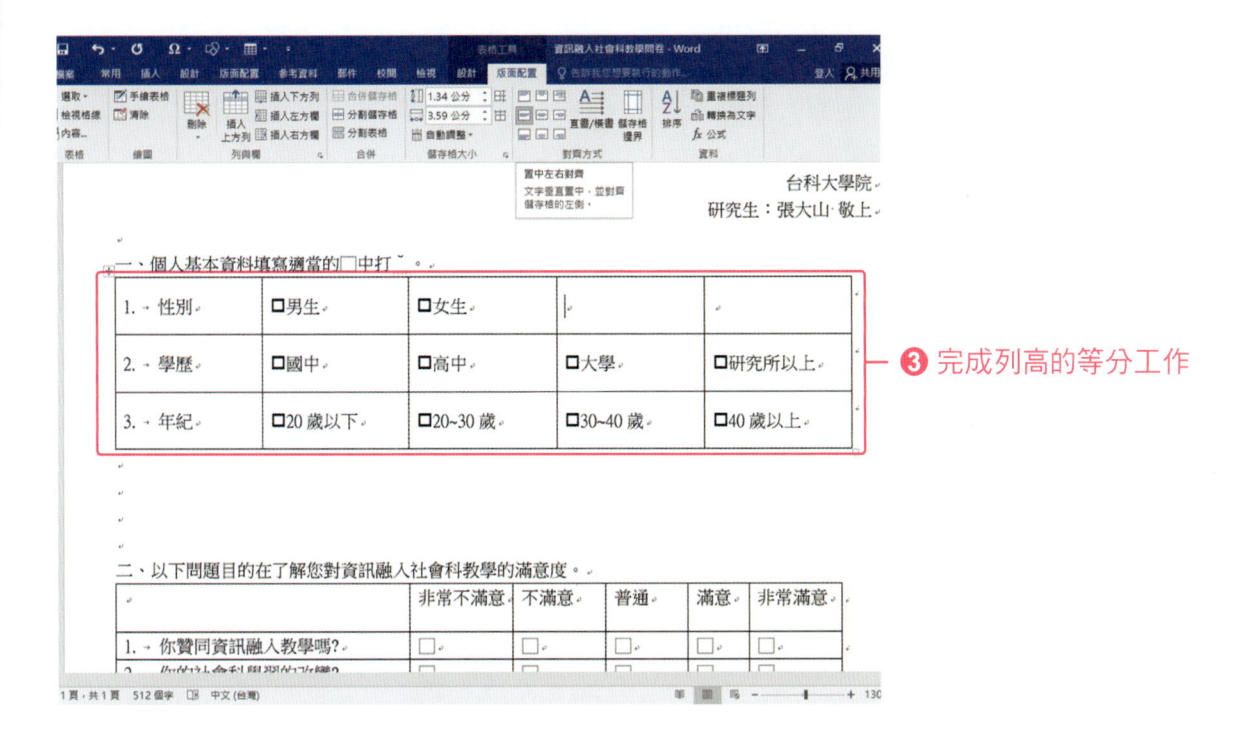

5-2-5 表格格線設定

表格格線有許多設定技巧,可讓文件呈現更有變化性。

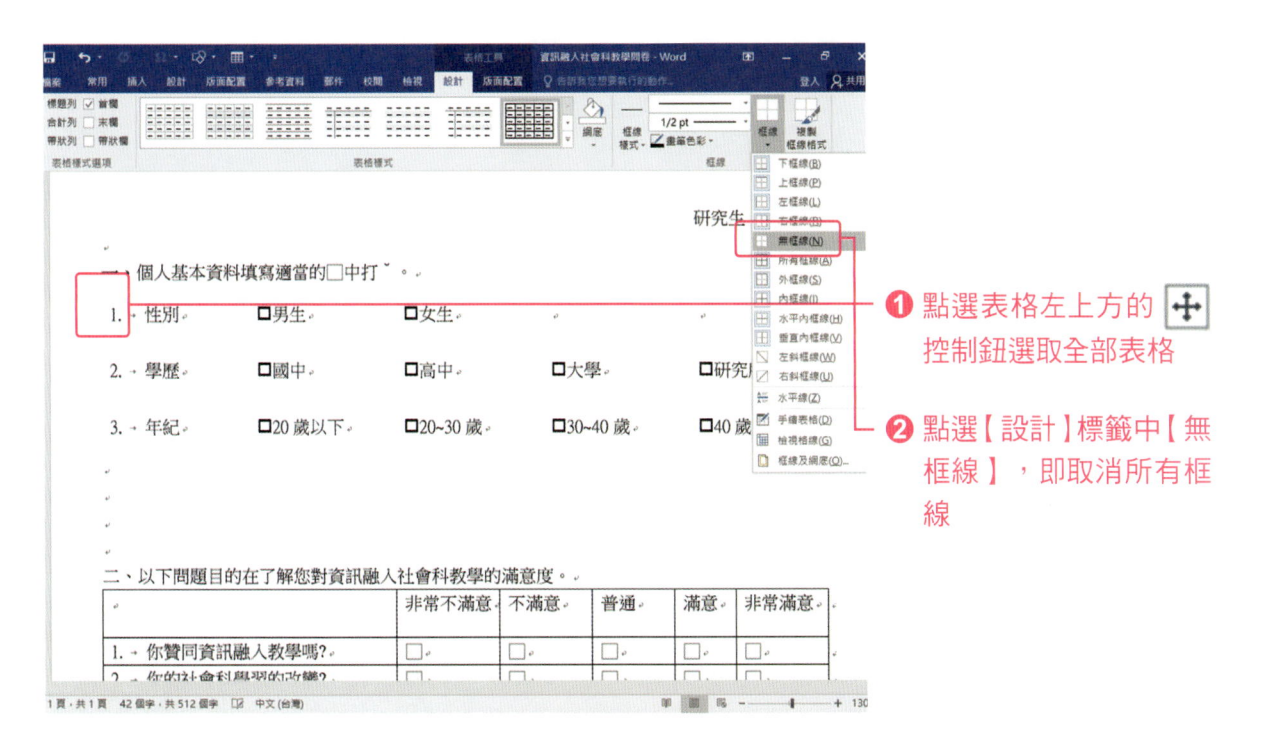

❶ 點選表格左上方的 ⊕ 控制鈕選取全部表格

❷ 點選【設計】標籤中【無框線】,即取消所有框線

專題實作 書面報告呈現技巧

❸ 再點選【外框線】，即僅保留表格周圍框線

❹ 表格只有外框線的效果

5-2-6 自訂框線樣式

透過自訂框線樣式，讓表格中間格式隱藏，也是特別的設計。

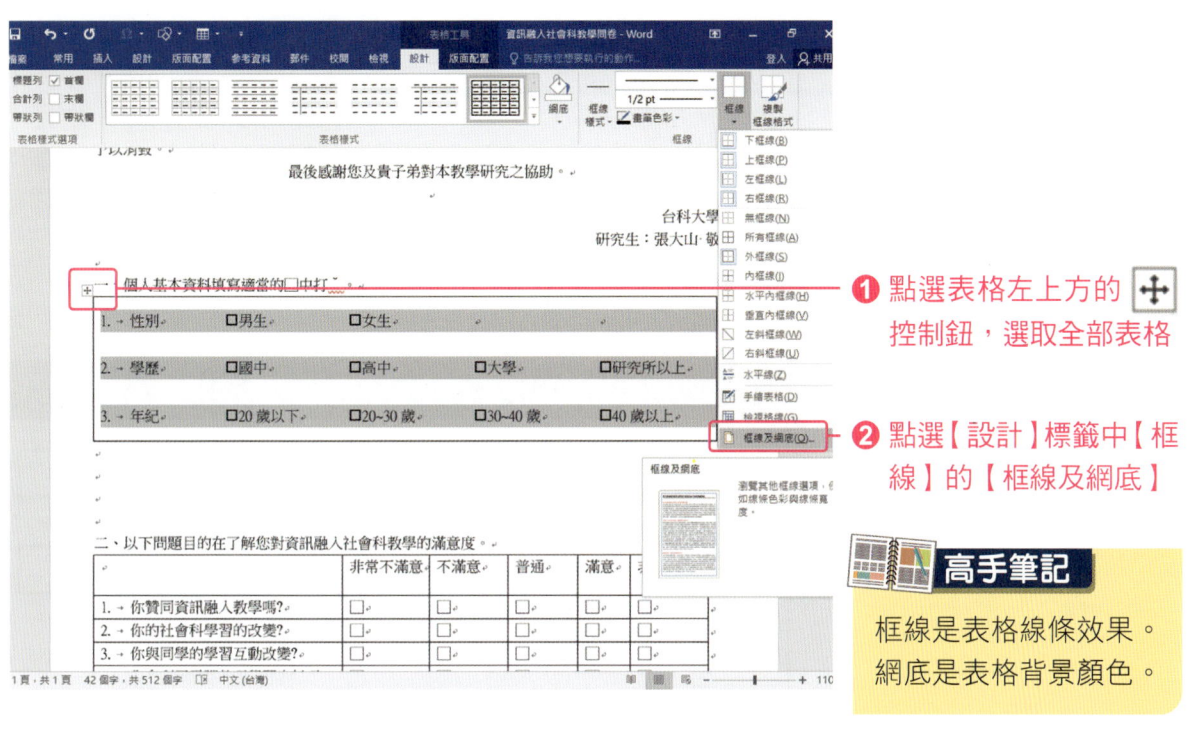

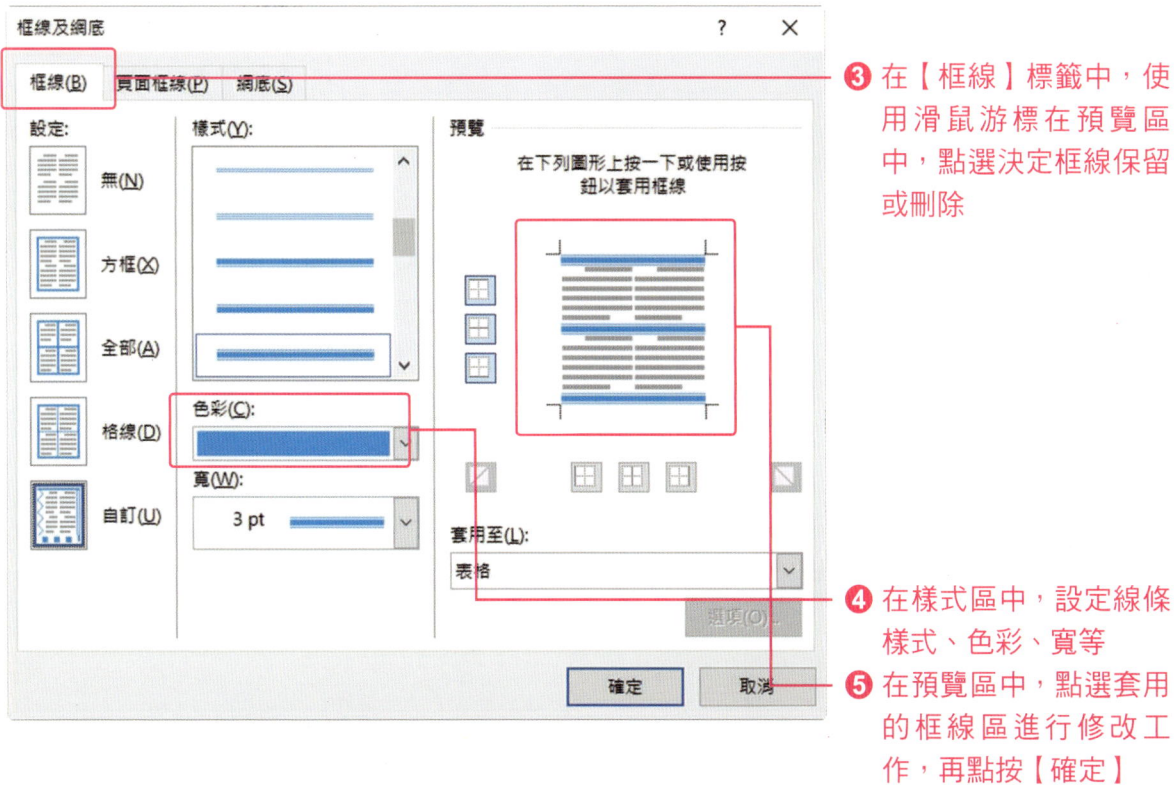

❶ 點選表格左上方的控制鈕，選取全部表格

❷ 點選【設計】標籤中【框線】的【框線及網底】

高手筆記

框線是表格線條效果。
網底是表格背景顏色。

❸ 在【框線】標籤中，使用滑鼠游標在預覽區中，點選決定框線保留或刪除

❹ 在樣式區中，設定線條樣式、色彩、寬等

❺ 在預覽區中，點選套用的框線區進行修改工作，再點按【確定】

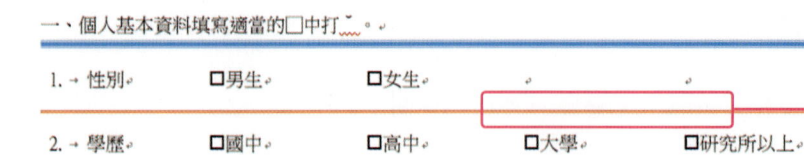

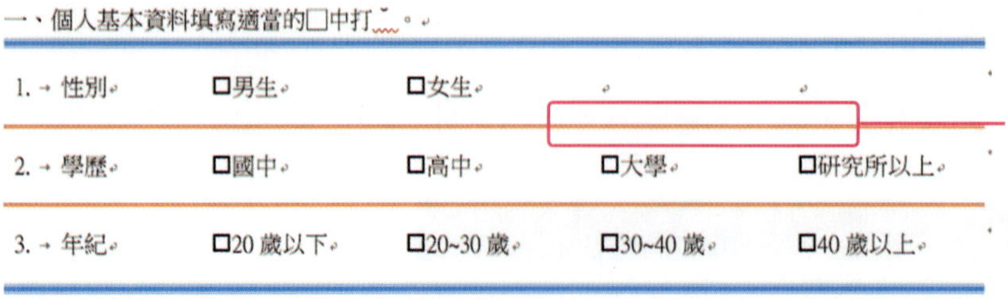

專題實作 書面報告呈現技巧

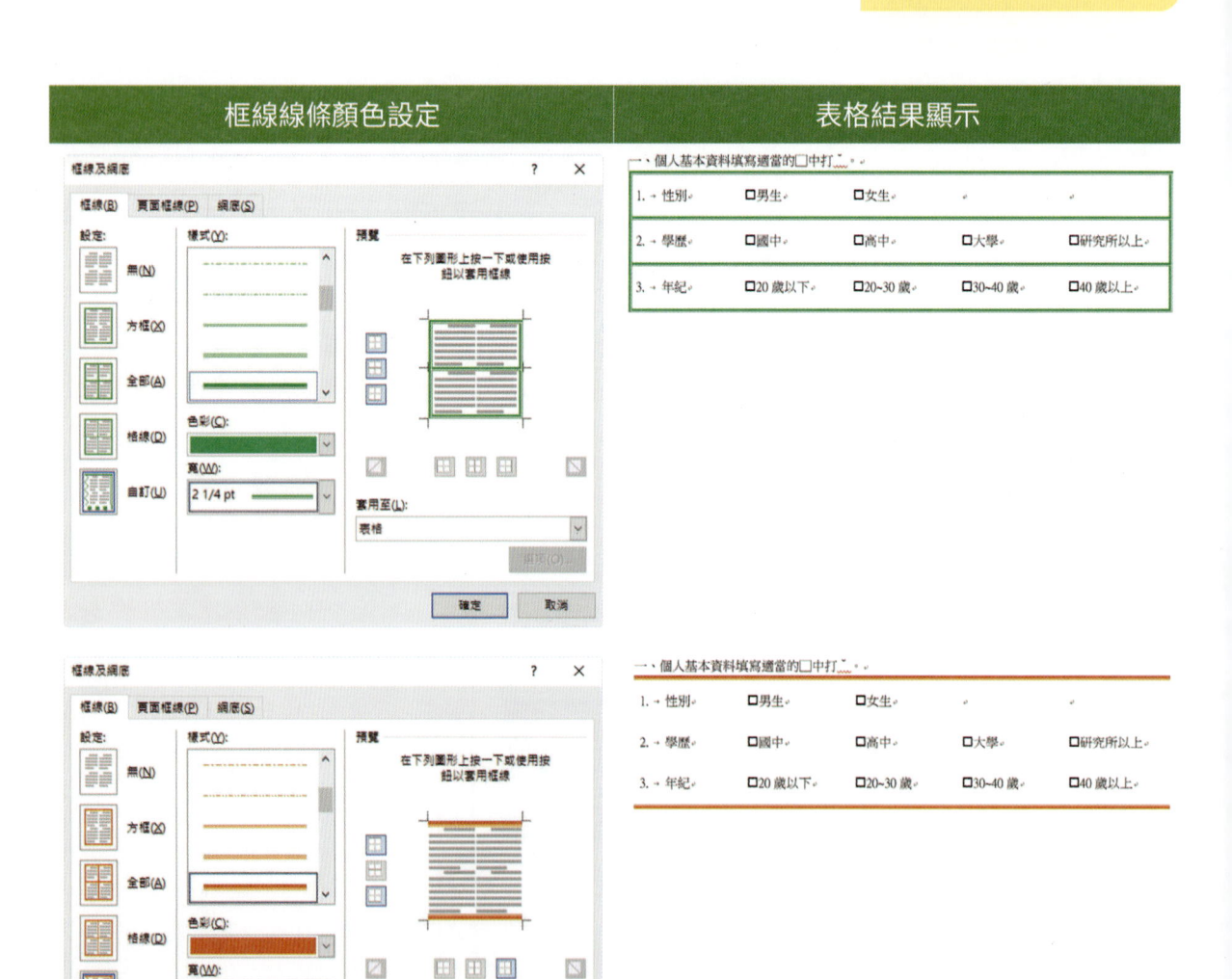

一、個人基本資料填寫適當的□中打✓。

1. → 性別   □男生   □女生

2. → 學歷   □國中   □高中   □大學   □研究所以上

3. → 年紀   □20 歲以下 □20~30 歲 □30~40 歲 □40 歲以上

❻ 完成問卷框線設定

高手筆記

運用表格可以有效且整齊的排版，在文書處理實務上，是經常使用到的技巧之一。

框線線條顏色設定	表格結果顯示

5-2-7 滿意度直書排列

文字在表格中可以設定排列方式為直書。

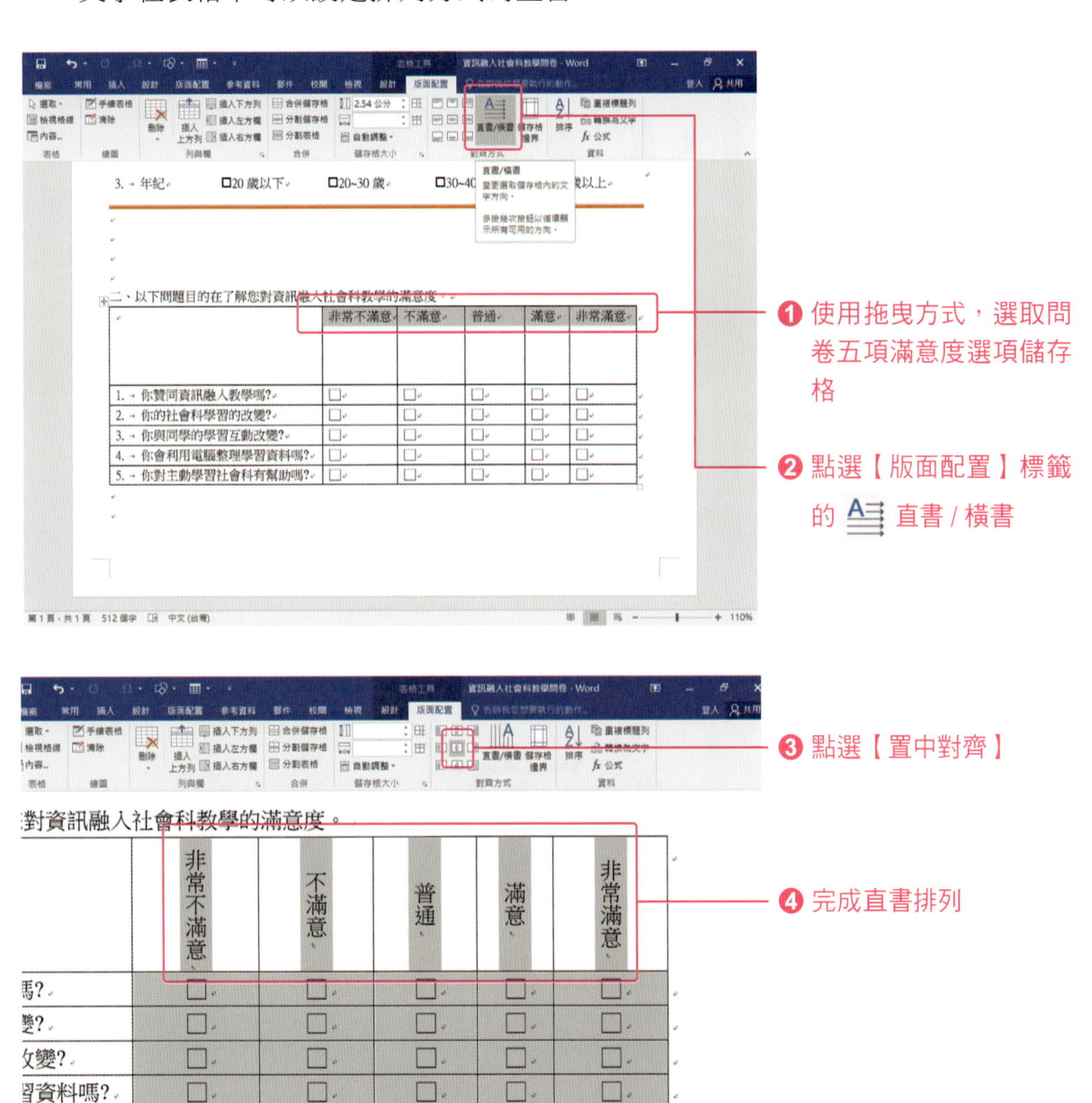

❶ 使用拖曳方式,選取問卷五項滿意度選項儲存格

❷ 點選【版面配置】標籤的 直書/橫書

❸ 點選【置中對齊】

❹ 完成直書排列

117

專題實作 書面報告呈現技巧

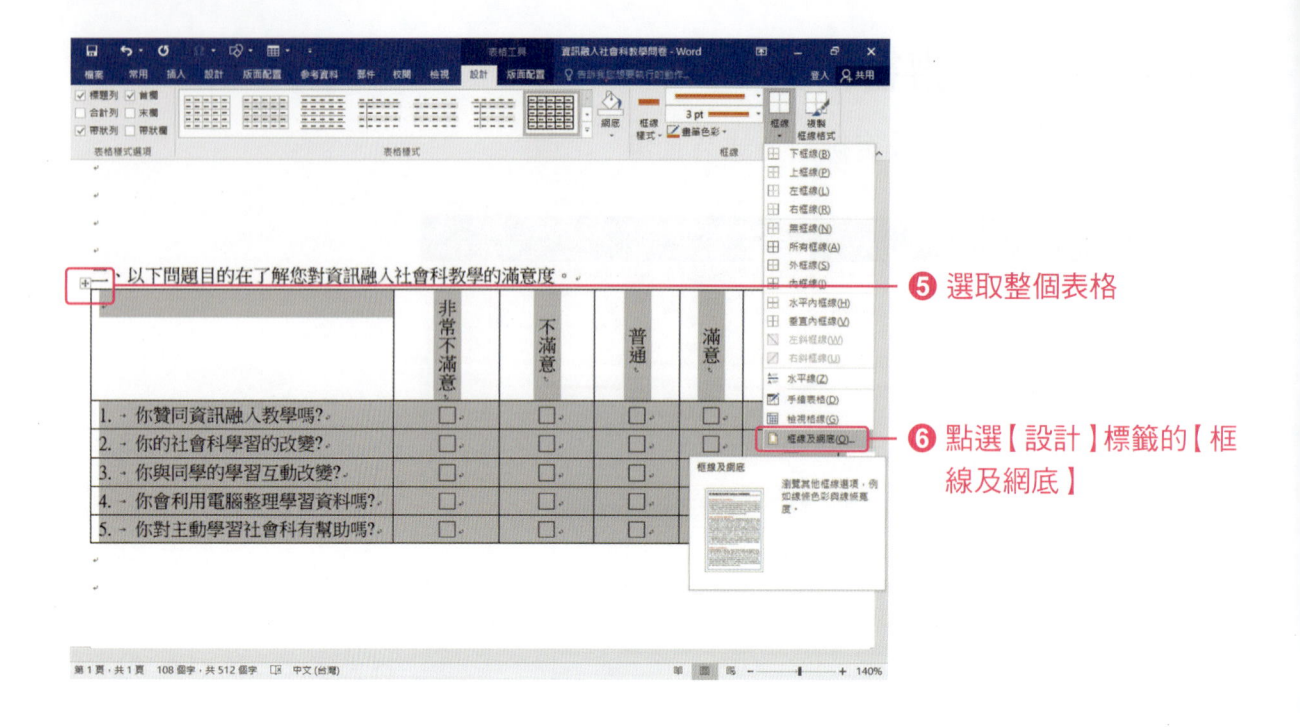

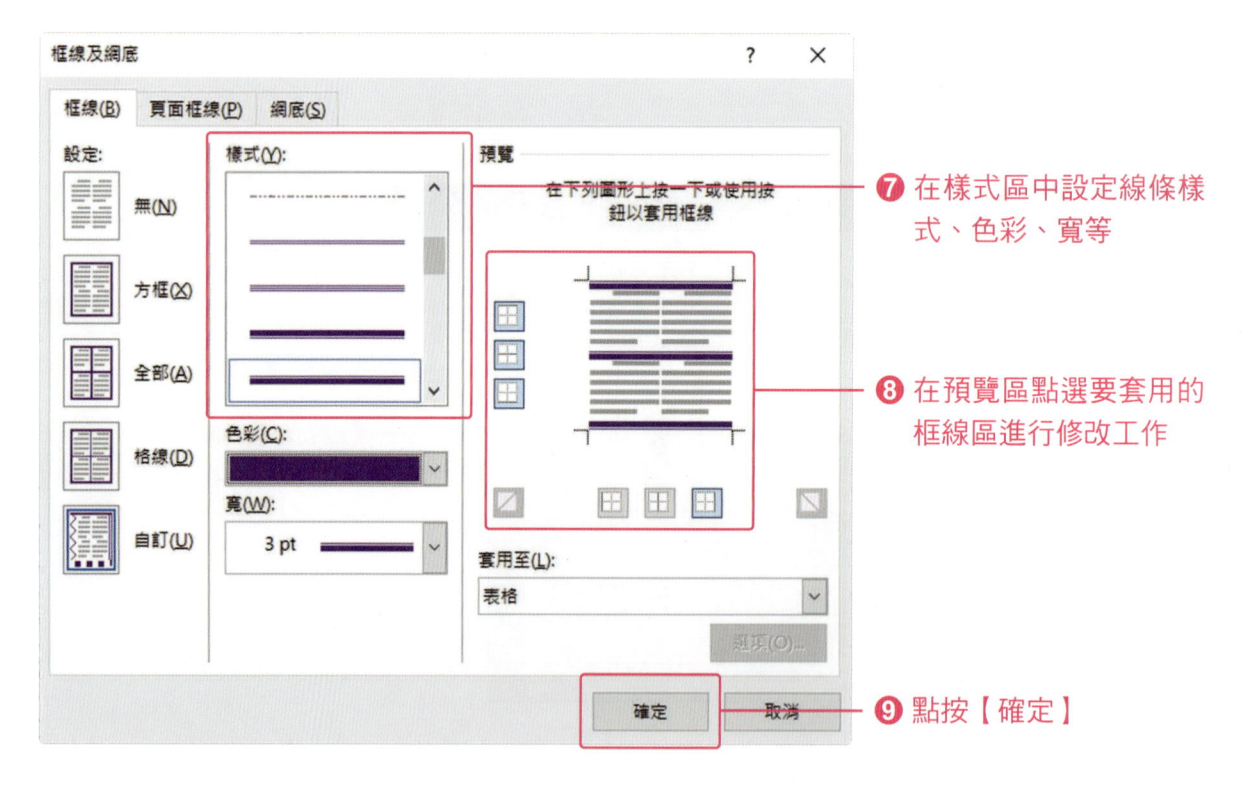

❺ 選取整個表格

❻ 點選【設計】標籤的【框線及網底】

❼ 在樣式區中設定線條樣式、色彩、寬等

❽ 在預覽區點選要套用的框線區進行修改工作

❾ 點按【確定】

118

Chapter 5 論文時程圖與問卷

二、以下問題目的在了解您對資訊融入社會科教學的滿意度。

	非常不滿意	不滿意	普通	滿意	非常滿意
1. 你贊同資訊融入教學嗎?	☐	☐	☐	☐	☐
2. 你的社會科學習的改變?	☐	☐	☐	☐	☐
3. 你與同學的學習互動改變?	☐	☐	☐	☐	☐
4. 你會利用電腦整理學習資料嗎?	☐	☐	☐	☐	☐
5. 你對主動學習社會科有幫助嗎?	☐	☐	☐	☐	☐

❿ 完成設定框線格線樣式

高手筆記

透過表格的排版，框線樣式的設定，即可完成專業的問卷表單製作。

二、以下問題目的在了解您對資訊融入社會科教學的滿意度。

	非常不滿意	不滿意	普通	滿意	非常滿意
1. 你贊同資訊融入教學嗎?	☐	☐	☐	☐	☐
2. 你的社會科學習的改變?	☐	☐	☐	☐	☐
3. 你與同學的學習互動改變?	☐	☐	☐	☐	☐
4. 你會利用電腦整理學習資料嗎?	☐	☐	☐	☐	☐
5. 你對主動學習社會科有幫助嗎?	☐	☐	☐	☐	☐

二、以下問題目的在了解您對資訊融入社會科教學的滿意度。

	非常不滿意	不滿意	普通	滿意	非常滿意
1. 你贊同資訊融入教學嗎?	☐	☐	☐	☐	☐
2. 你的社會科學習的改變?	☐	☐	☐	☐	☐
3. 你與同學的學習互動改變?	☐	☐	☐	☐	☐
4. 你會利用電腦整理學習資料嗎?	☐	☐	☐	☐	☐
5. 你對主動學習社會科有幫助嗎?	☐	☐	☐	☐	☐

Chapter 5 課後習題

_____ 1. 論文新增加研究時程圖小節時，應該套用哪個樣式？
   (A) 標題一　(B) 標題二　(C) 標題三　(D) 標題四。

_____ 2. 表格需進行平均分配欄寬時，所使用的功能按鈕為何？
   (A)　(B)　(C)　(D)　。

_____ 3. 製作研究時程圖的表格，一般建議使用哪種方式產生表格？
   (A) 插入表格　(A) 手繪表格　(C) 參考樣式　(D) 頁面框線。

_____ 4. 下列何者是選取整個表格的功能控制鈕？
   (A)　(B)　(C)　(D)　。

_____ 5. 下列哪個標籤可使表格的直欄，設定平均分配欄寬等分效果？
   (A) 檢　(B) 校閱　(C) 版面配置　(D) 設計

_____ 6. 儲存格中繪製斜線效果時，應點選哪個功能按鈕？
   (A)　(B)　(C)　(D)　。

_____ 7. 製作研究時程表時，將儲存檔改為黑色效果功能為何？
   (A) 框線　(B) 首欄　(C) 網底　(D) 帶狀列。

_____ 8. 問卷所使用到的特殊符號，應點選下列哪一按鈕加入？
   (A) π　(B) A　(C) Ω　(D)　。

_____ 9. 下列哪一功能按鈕是在問卷的題目中可以自動編號？
   (A)　(B)　(C)　(D)　。

_____ 10. 問卷中不同的表格，下列哪個功能選項可使題號設定為連續？
   (A) 繼續編號　(B) 從 1 重新開始編號　(C) 填色　(D) 等分。

Chapter 6 設計線上表單問卷

學習重點

- 學習雲端硬碟使用
- 學習表單製作問卷
- 學習製作測驗卷
- 學習查看填答統計圖
- 學習建立 Excel 試算表

Google 雲端硬碟

6-1 線上問卷設計

網路發達的世代，在 Google 雲端硬碟可建立 Google 表單，可用來設計線上問卷，且有自動統計結果的功能。

6-1-1 雲端硬碟操作介面

雲端硬碟功能非常豐富，現在就來看看有哪些功能唷～

▼ 雲端硬碟主要功能說明

功能	說明
新增	建立資料夾、上傳檔案、上傳資料夾等。
我的雲端硬碟	個人上傳的所有檔案。
與我共用	別人分享給你的共用資料夾。
近期存取	最近使用過的檔案。
已加星號	檔案標示星號時，會在這裏顯示。
垃圾桶	刪除的檔案都會先移至垃圾桶。
備份	手機備份檔案。
儲存空間	顯示雲端硬碟使用情形【雲端硬碟、Gmail、相簿】的使用容量。
搜尋檔案	輸入關鍵字快速尋找檔案。
取得連結	設定共用檔案或資料夾，分享給其他使用者。
共用文件	設定文件共用連結網址。
預覽	觀看檔案內容。
移除	刪除檔案時，會先移至垃圾桶，30 天後就會完全清除。
更多動作	包括【移至、加上星號、重新命名、管理副本、下載】等。
顯示模式	切換為【格狀顯示、清單檢視】。
詳細資訊	可以檢視檔案更詳細的資料，如圖片類型、大小、位置等。
支援	顯示雲端硬碟使用說明。
進階搜尋鈕	可設定只搜尋文件、簡報等的指定格式檔案。
升級儲存空間	顯示雲端硬碟使用情形【雲端硬碟、Gmail、相簿】的使用容量。
設定	雲端硬碟的【設定、下載雲端硬碟、鍵盤快速鍵、說明】。

專題實作 書面報告呈現技巧

6-1-2 Google 表單

雲端硬碟可建立 Google 表單，方便在線上設計問卷。

❶ 在雲端硬碟點選【新增】，再選取【Google 表單】

高手筆記

雲端硬碟中可以建立各式檔案，例如：文件、簡報、試算表、表單、繪圖、我的地圖、協作平台等。

❷ 開啟 Google 表單設計畫面

❸ 輸入問卷名稱「資訊融入社會科教學問卷」

❹ 點選左上角【無標題表單】即會將問卷名稱取代【無標題表單】做為檔案名稱

6-1-3 姓名 - 簡答

【簡答】可運用在姓名、身分證等。

❶ 題目填入【姓名】
❷ 題型設為【簡答】
❸ 切換為【必填】

取消必填	設定必填

6-1-4 性別 - 選擇題

【選擇題】只能單選用於性別：男女，活動參與：參加或不參加等。

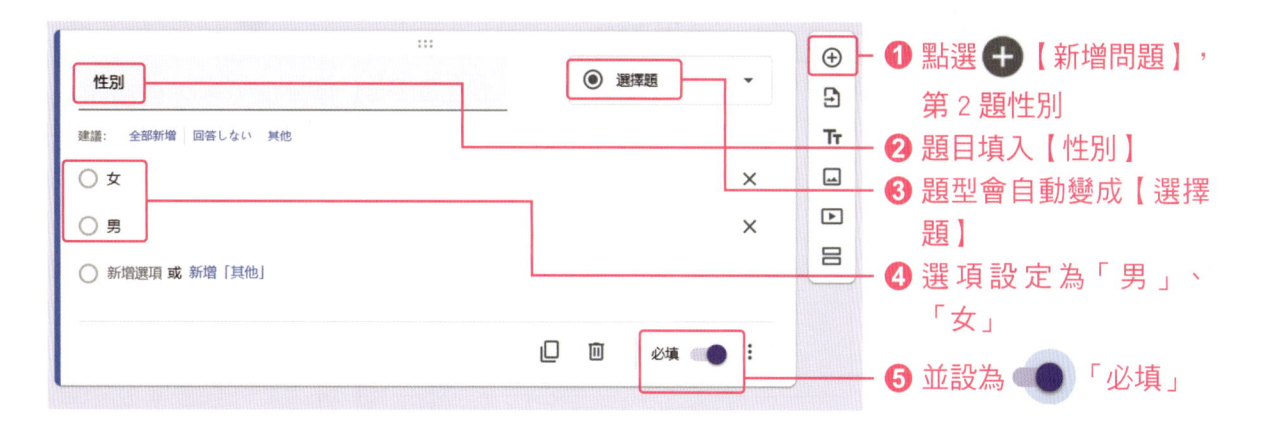

❶ 點選 ➕【新增問題】，第 2 題性別
❷ 題目填入【性別】
❸ 題型會自動變成【選擇題】
❹ 選項設定為「男」、「女」
❺ 並設為「必填」

6-1-5 學歷 - 下拉式選單

【學歷】當選項太多時，可使用下拉式選單，只能單選。

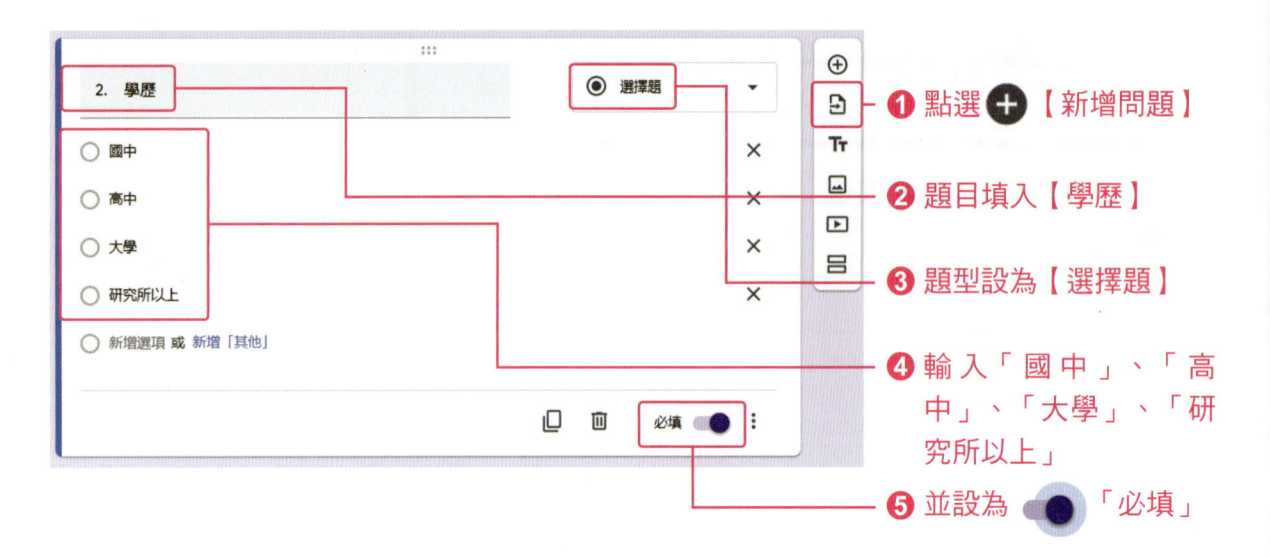

❶ 點選 ➕ 【新增問題】
❷ 題目填入【學歷】
❸ 題型設為【選擇題】
❹ 輸入「國中」、「高中」、「大學」、「研究所以上」
❺ 並設為 ⬤ 「必填」

6-1-6 滿意度 - 單選方格

【對資訊融入社會科教學的滿意度】，有 5 個題目和 4 個選項，可使用單選方格題型。

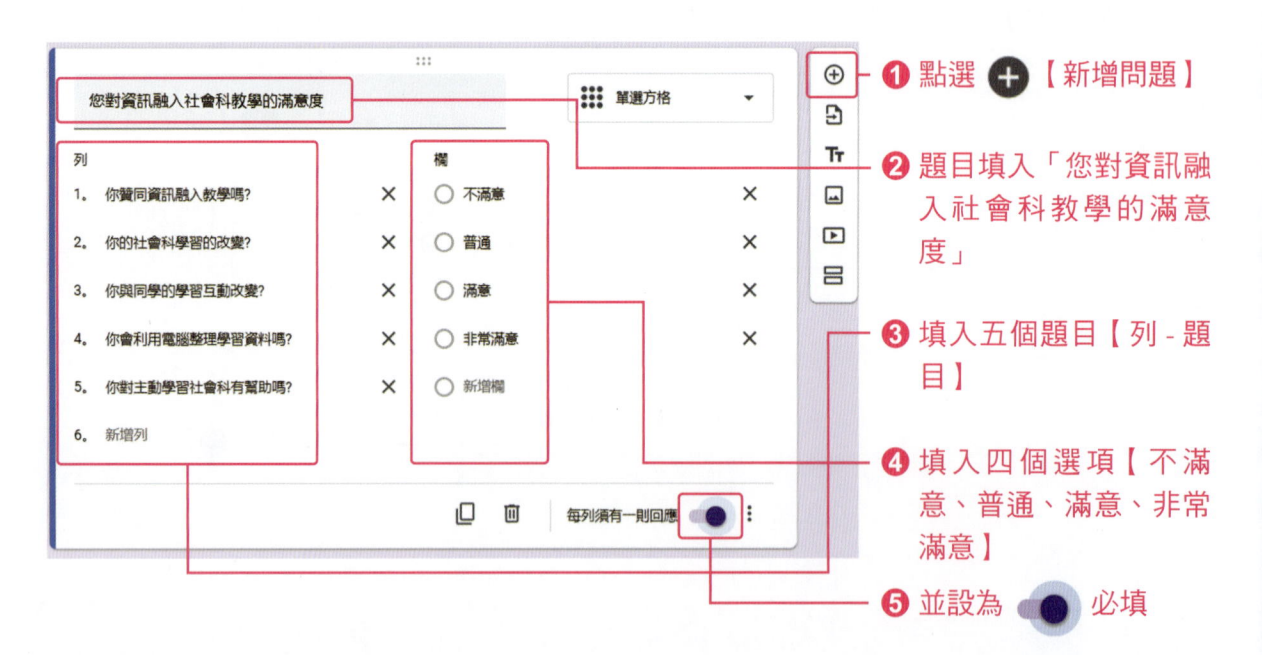

❶ 點選 ➕ 【新增問題】
❷ 題目填入「您對資訊融入社會科教學的滿意度」
❸ 填入五個題目【列 - 題目】
❹ 填入四個選項【不滿意、普通、滿意、非常滿意】
❺ 並設為 ⬤ 必填

6-1-7 建議事項 - 段落

建議事項或是意見留言，題型使用【段落】讓填答者可以填寫完整的意見。

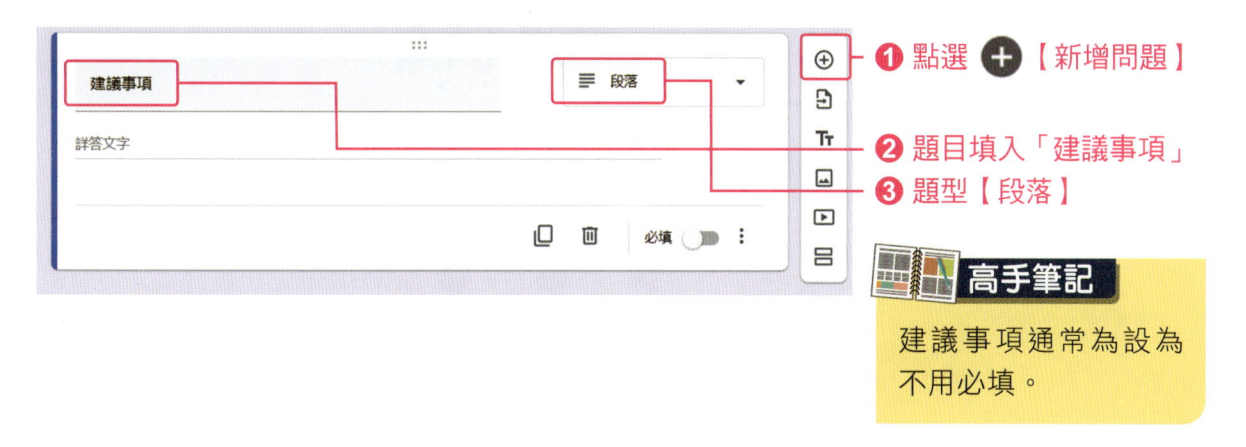

❶ 點選 ➕【新增問題】

❷ 題目填入「建議事項」

❸ 題型【段落】

高手筆記
建議事項通常為設為不用必填。

6-1-8 主題圖片

Google 提供各式主題圖片，可以套用在問卷上，也可以自行上傳相片檔。

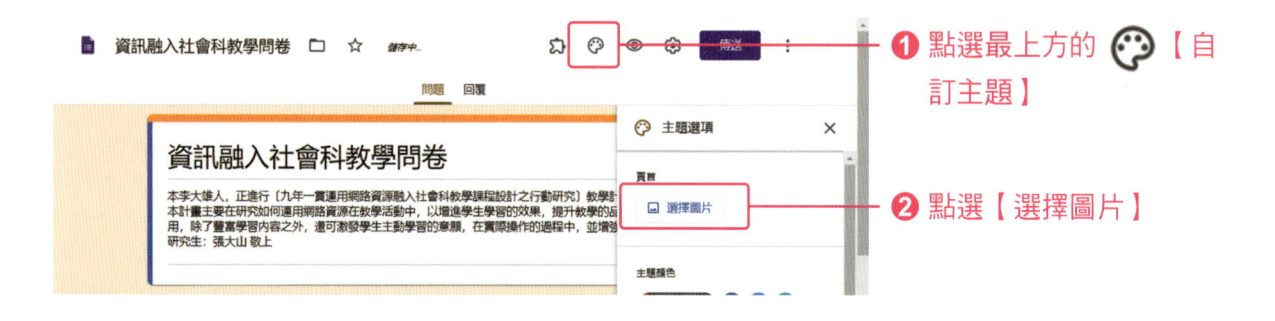

❶ 點選最上方的 🎨【自訂主題】

❷ 點選【選擇圖片】

❸ 挑選【兒童專屬】主題

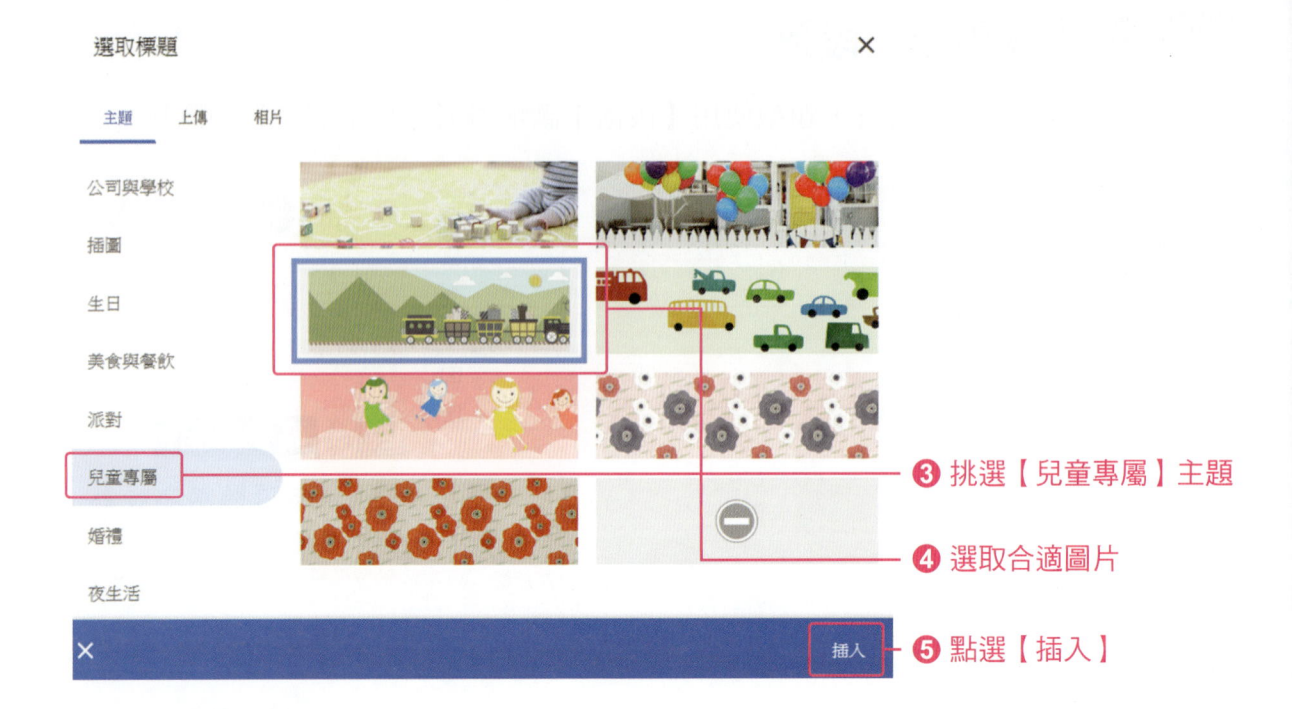

❹ 選取合適圖片

❺ 點選【插入】

高手筆記

左下方的【上傳相片】可使用自己的圖片做為問卷標題圖片。

❻ 完成套用主題圖片效果

6-2 傳送問卷

6-2-1 設定傳送問卷

製作完成的表單問卷，可使用【電子郵件、Facebook、Line】等各種傳送方式，以傳送給填答者填寫。

❶ 問卷設定完成後，點選右上角的【傳送】

❷ 點選 🔗 超連結圖示

❸ 點選【複製】即複製超連結網址

專題實作 書面報告呈現技巧

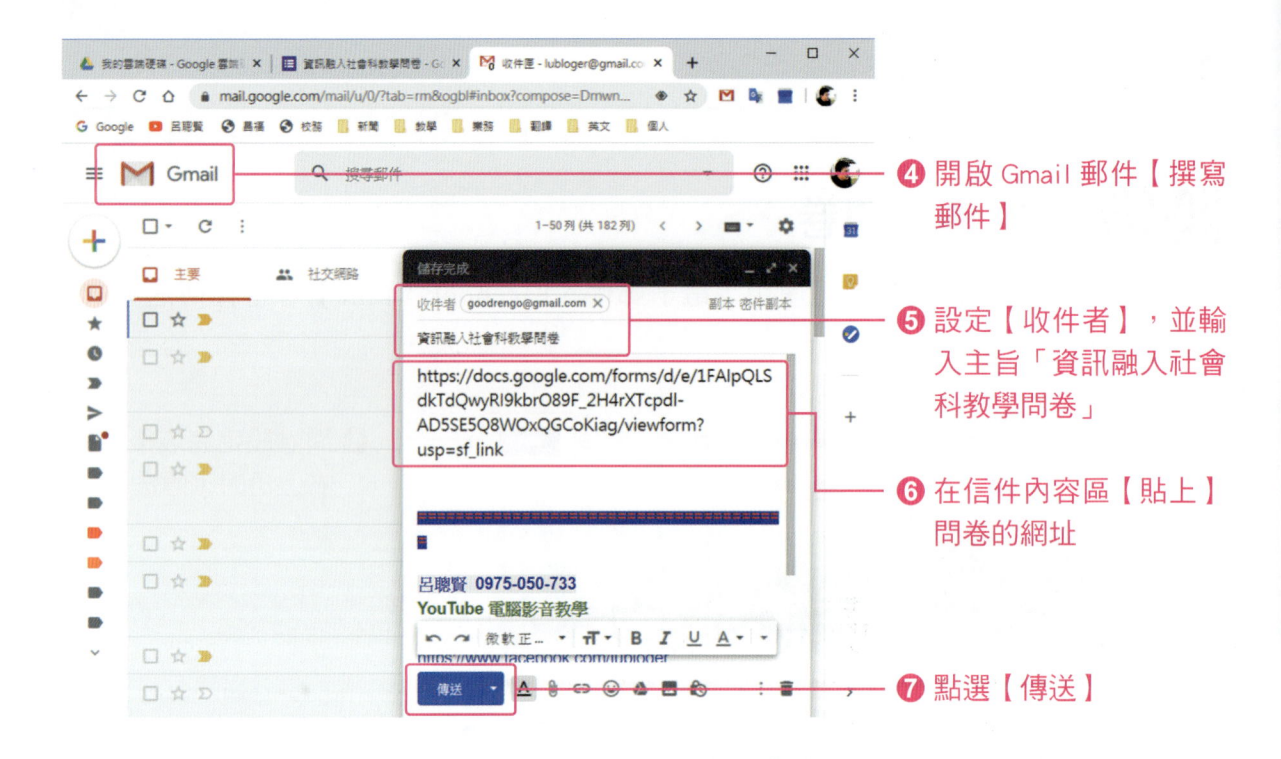

❹ 開啟 Gmail 郵件【撰寫郵件】

❺ 設定【收件者】,並輸入主旨「資訊融入社會科教學問卷」

❻ 在信件內容區【貼上】問卷的網址

❼ 點選【傳送】

❽ 另外,可將表單問卷超連結連結網址分享在社群網站,如 Facebook 等

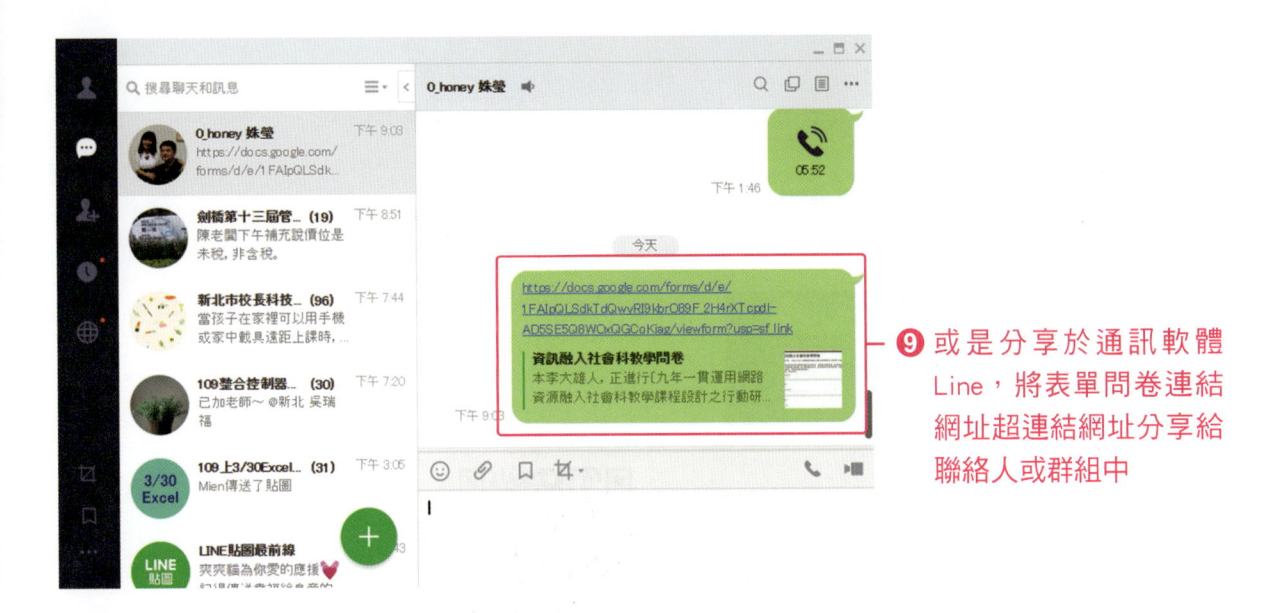

❾ 或是分享於通訊軟體 Line，將表單問卷連結網址超連結網址分享給聯絡人或群組中

6-2-2 問卷轉為 QR-Code

QR-Code 是二維條碼的一種圖形形式，可以印刷於文宣品等，提供使用者運用手機 APP 掃描後快速進入網頁。

❶ 到 Google 搜尋輸入關鍵字「qr code」

❷ 點選開啟【QuickMark】網站

131

❸ 點選【網頁網址】

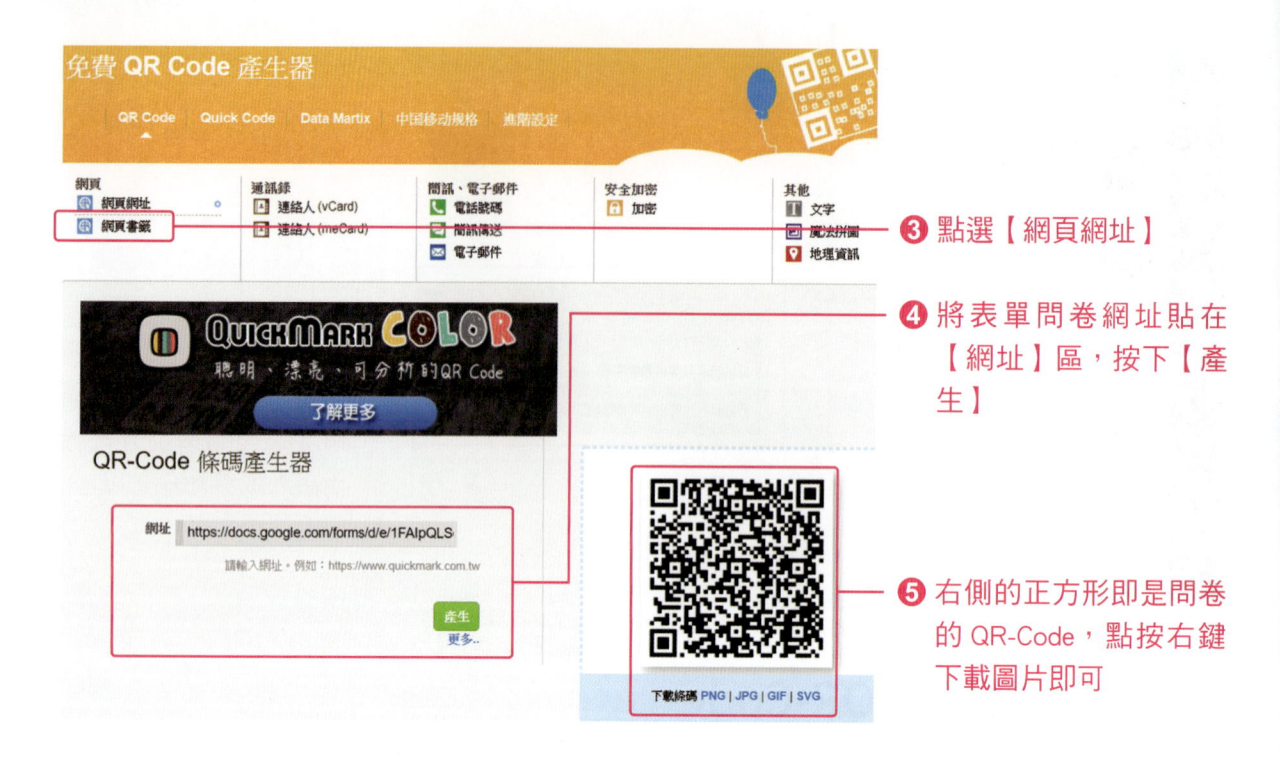

❹ 將表單問卷網址貼在【網址】區，按下【產生】

❺ 右側的正方形即是問卷的 QR-Code，點按右鍵下載圖片即可

6-2-3 預覽填寫問卷

Google 表單的預覽功能按鈕，可進行試填表單功能。

❶ 開啟問卷檔案，點選 👁

Chapter 6　設計線上表單問卷

❷ 會開啟新分頁視窗

❸ 進行填寫問卷，移到最下方進行【提交】

❹ 點選【提交其他回應】，可以繼續再填問卷

高手筆記

請至少填寫 10 筆資料，再進行統計結果分析。

133

6-3 問卷回覆結果

6-3-1 整體摘要統計圖

Google 表單在使用者填答的結果後,會自動建立統計圖表。

❶ 開啟「資訊融入社會科教學問卷」問卷,點選【回覆】可顯示填答問卷的人數

❷ 此時顯示 17 則回應的【摘要】資訊

高手筆記

而【個別】會顯示每個人的填答內容。

性別 - 統計圖

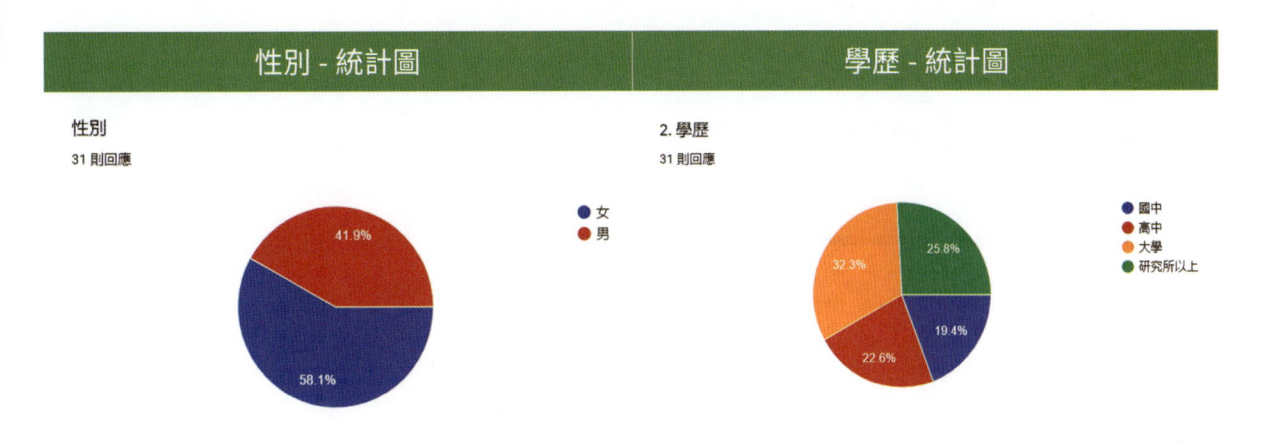

性別
31 則回應

- 女 58.1%
- 男 41.9%

學歷 - 統計圖

2.學歷
31 則回應

- 國中 19.4%
- 高中 22.6%
- 大學 32.3%
- 研究所以上 25.8%

您對資訊融入社會科教學的滿意度 - 統計圖

您對資訊融入社會科教學的滿意度

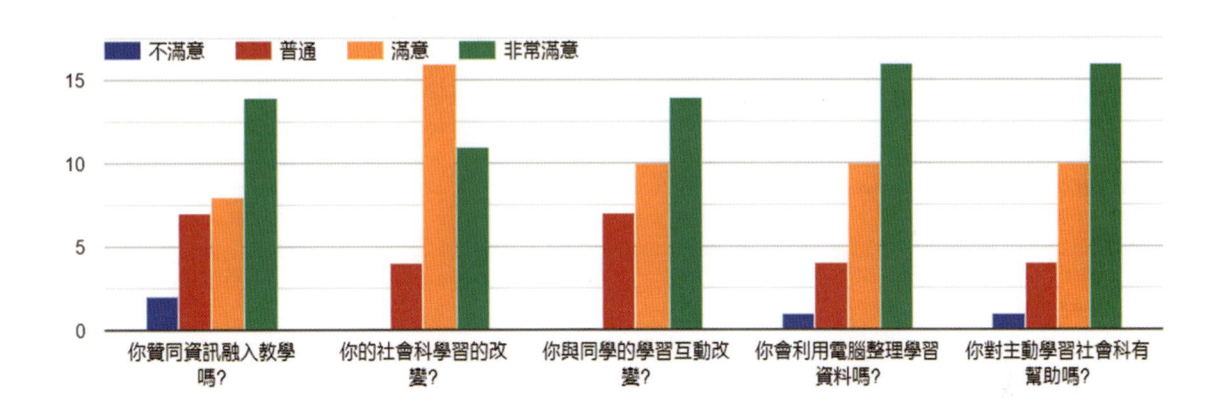

圖例：不滿意、普通、滿意、非常滿意

題目	不滿意	普通	滿意	非常滿意
你贊同資訊融入教學嗎？	2	7	8	14
你的社會科學習的改變？	0	4	16	11
你與同學的學習互動改變？	0	7	10	14
你會利用電腦整理學習資料嗎？	1	4	10	16
你對主動學習社會科有幫助嗎？	1	4	10	16

6-3-2 個別填答資訊

Google 表單可以顯示個別填答資訊。

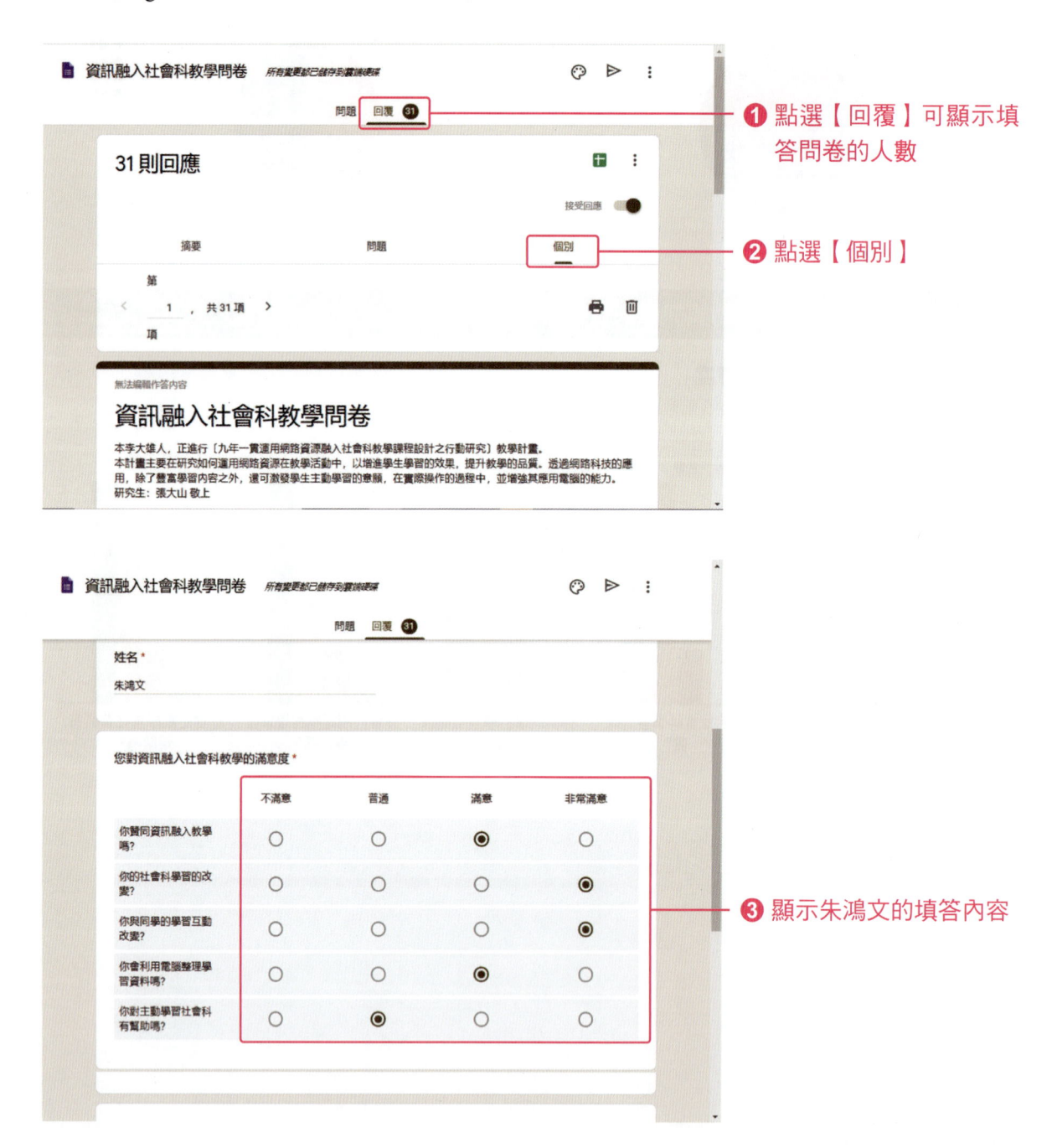

❶ 點選【回覆】可顯示填答問卷的人數

❷ 點選【個別】

❸ 顯示朱鴻文的填答內容

6-3-3 建立試算表

填答的結果可以建立試算表檔案,並可下載為 Excel 的檔案,方便做其他用途。

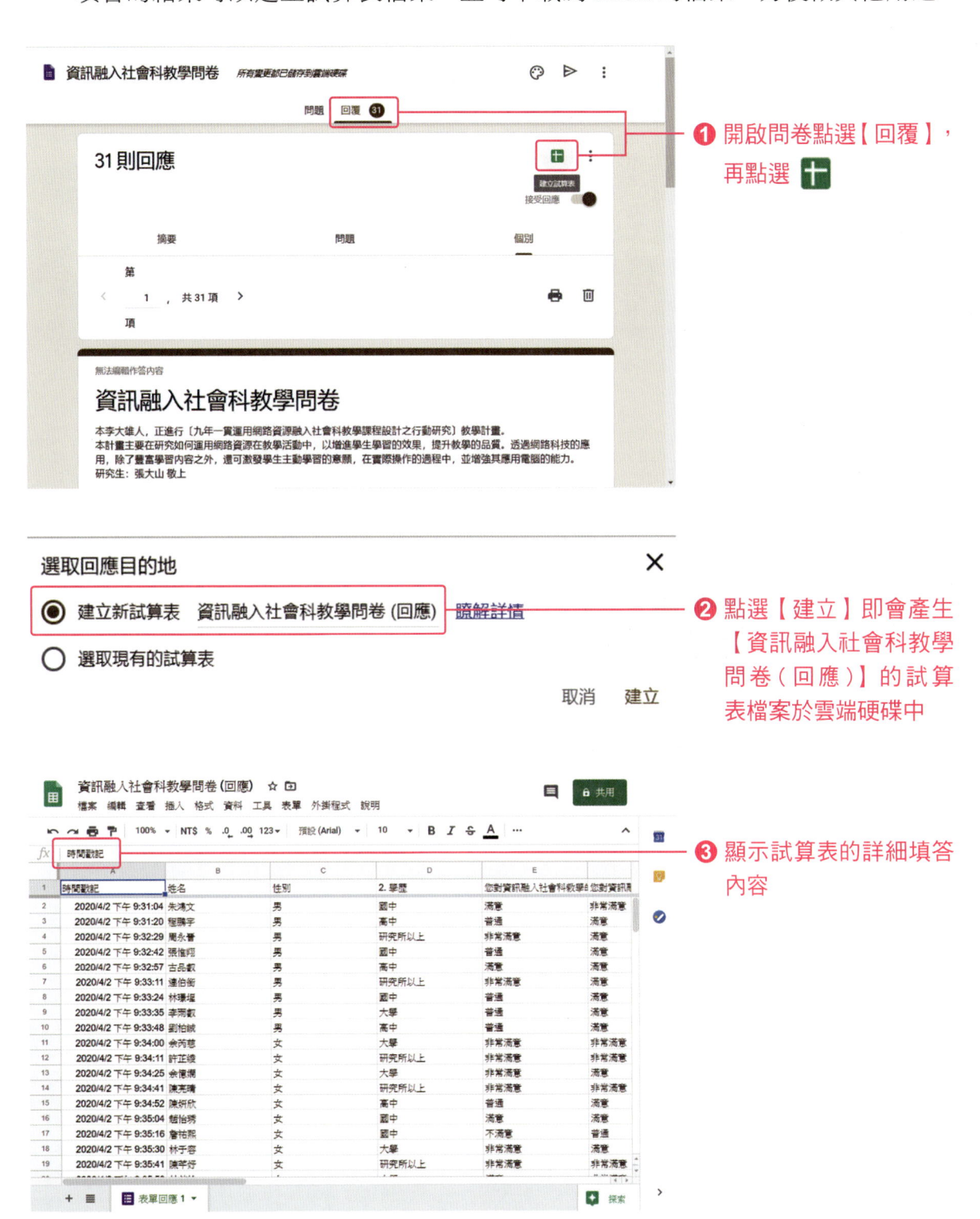

❶ 開啟問卷點選【回覆】,再點選 ➕

❷ 點選【建立】即會產生【資訊融入社會科教學問卷(回應)】的試算表檔案於雲端硬碟中

❸ 顯示試算表的詳細填答內容

137

專題實作 書面報告呈現技巧

❹ 在雲端硬碟就能按右鍵進行【下載】

❺ 下載的檔案會在「檔案總管\下載」

138

6-4 Google 表單測驗卷製作

6-4-1 社會科小考題目

Google 表單可以製作測驗卷，系統會自動批改，也可用來統計成績。

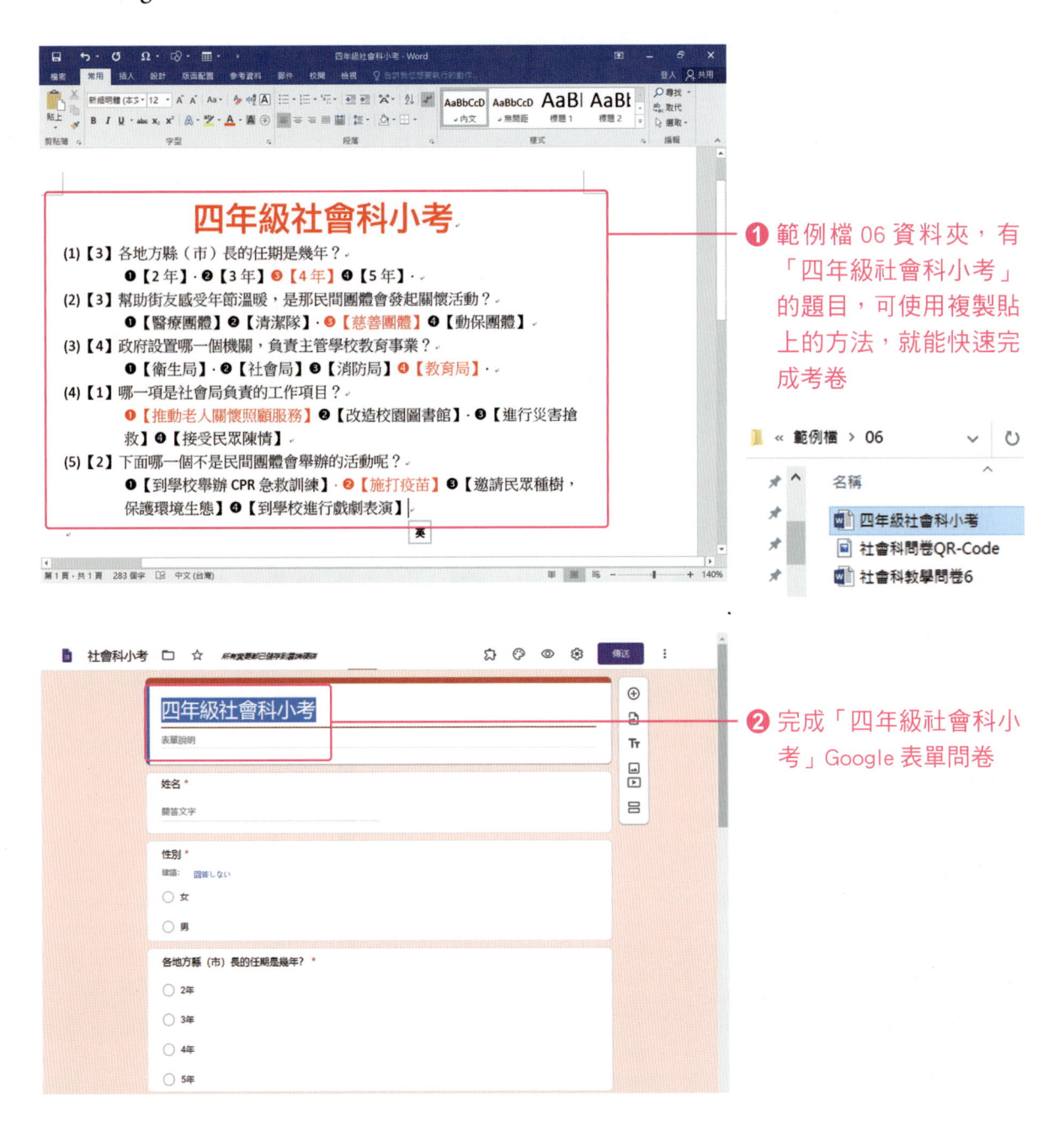

❶ 範例檔 06 資料夾，有「四年級社會科小考」的題目，可使用複製貼上的方法，就能快速完成考卷

❷ 完成「四年級社會科小考」Google 表單問卷

專題實作 書面報告呈現技巧

6-4-2 表單設定為測驗

　　Google 表單設定為測驗卷，每題都能設定分數，當使用者填答後，系統會自動計分。

❶ 點選右上角的 ⚙ 設定

❷ 點選【測驗】標籤

❸ 點選頁面下方的【儲存】設定

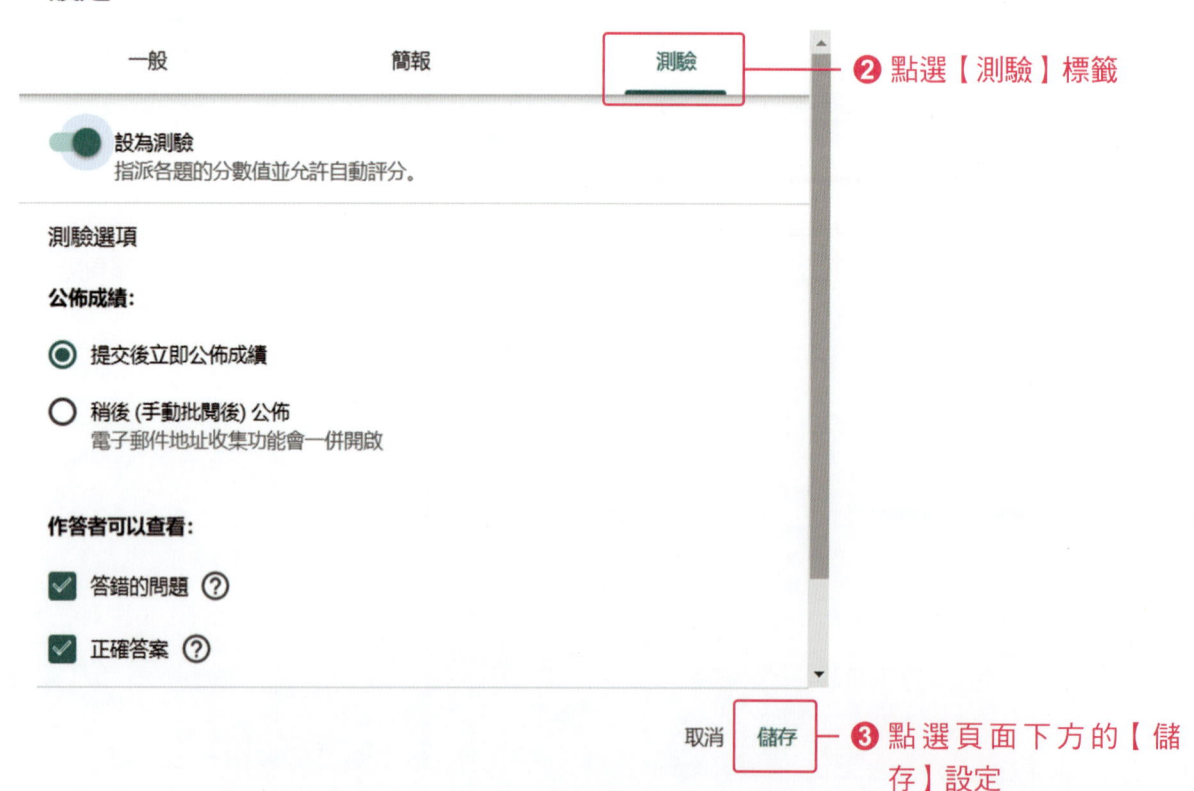

140

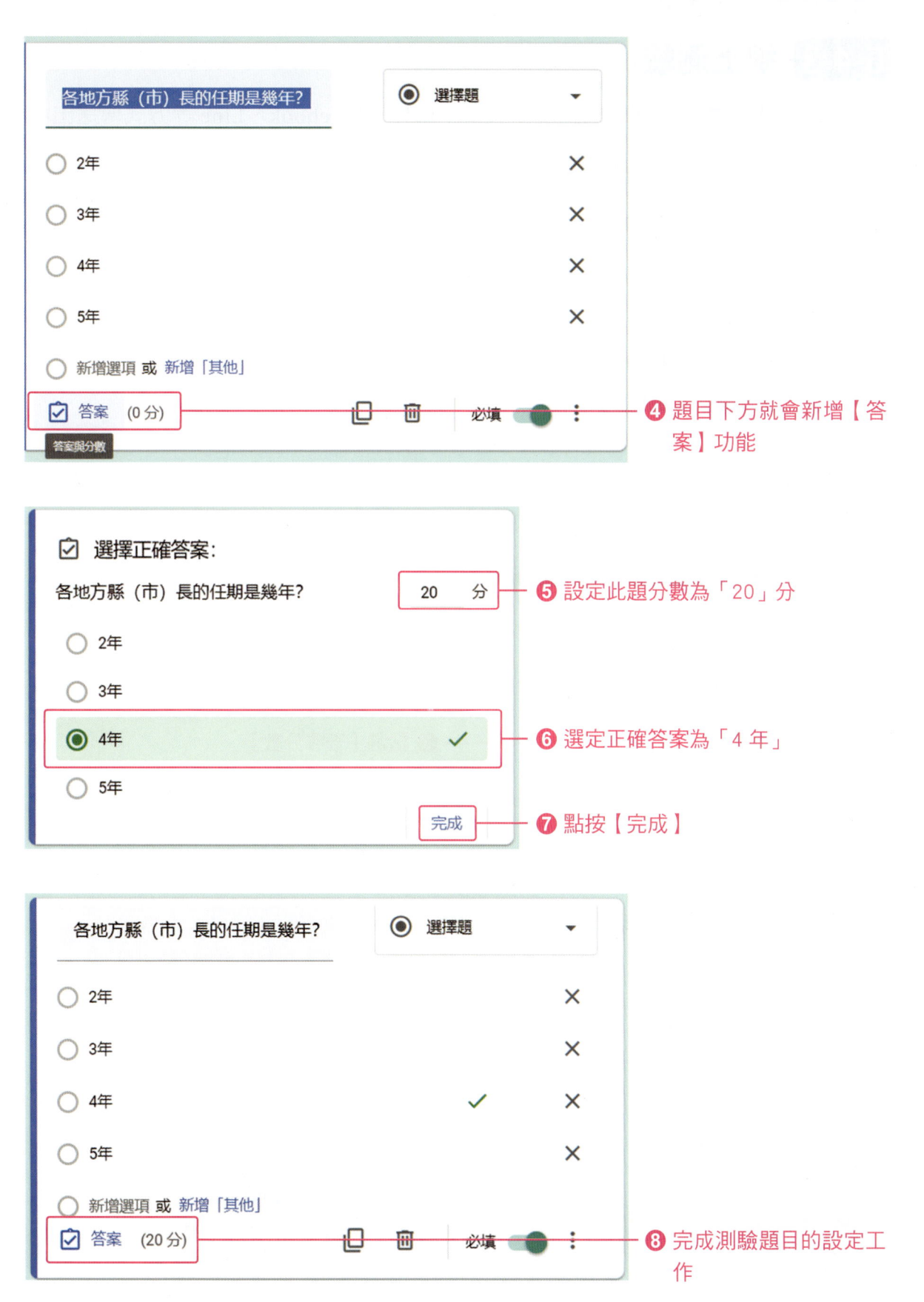

Chapter 6　設計線上表單問卷

❹ 題目下方就會新增【答案】功能

❺ 設定此題分數為「20」分

❻ 選定正確答案為「4 年」

❼ 點按【完成】

❽ 完成測驗題目的設定工作

141

專題實作 書面報告呈現技巧

6-4-3 線上測驗

【傳送】功能可將測驗的網址用於電子郵件、Facebook、Line 等方式傳送出。

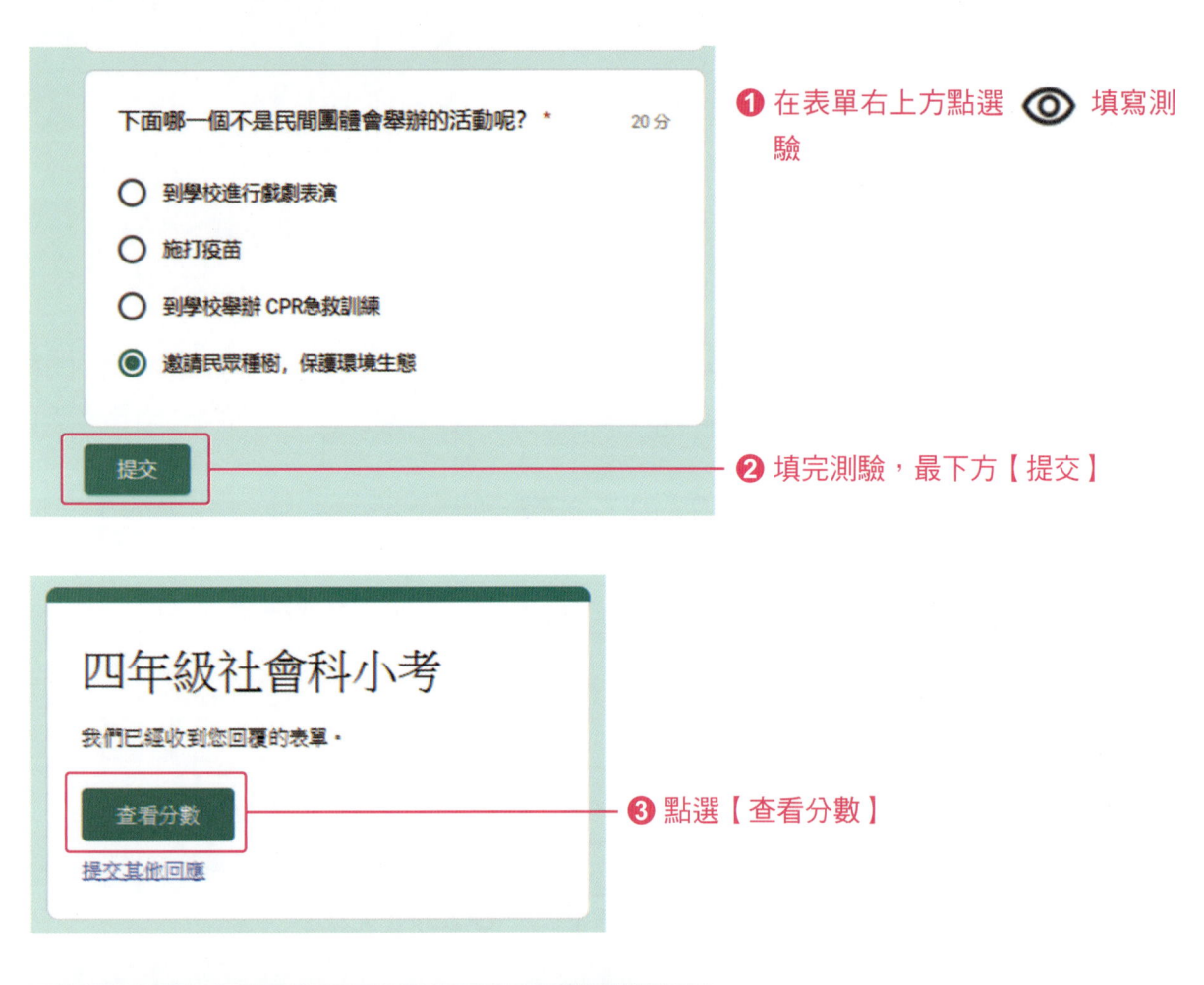

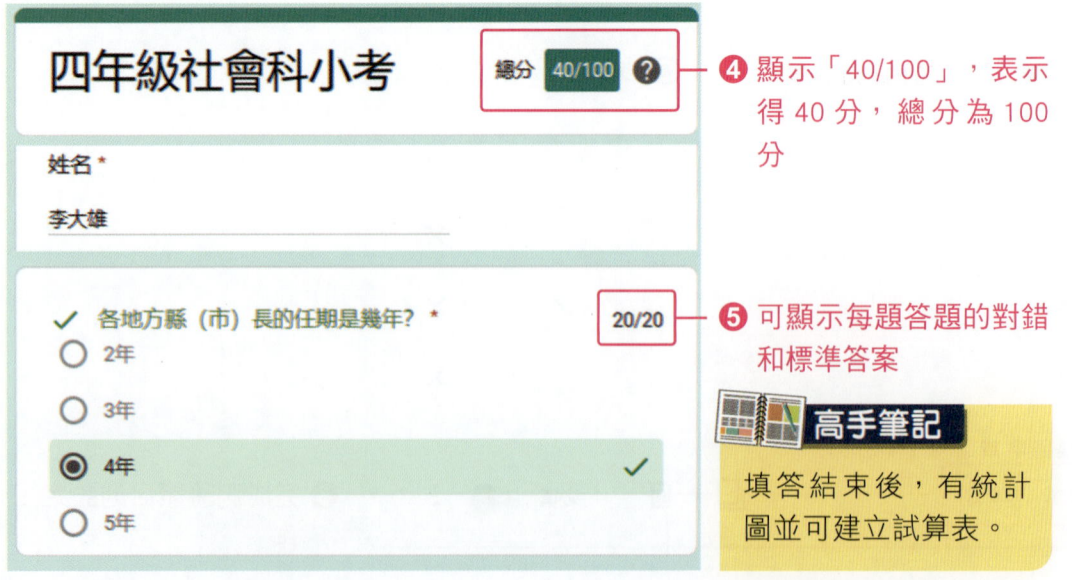

❶ 在表單右上方點選 👁 填寫測驗

❷ 填完測驗，最下方【提交】

❸ 點選【查看分數】

❹ 顯示「40/100」，表示得 40 分，總分為 100 分

❺ 可顯示每題答題的對錯和標準答案

高手筆記

填答結束後，有統計圖並可建立試算表。

6-5 表單問卷統計剪取

6-5-1 開啟表單回覆結果

Google 表單填答結果會自動產生統計圖，圖表使用剪取工具即能取出，並可結合 Word、PowerPoint 等。

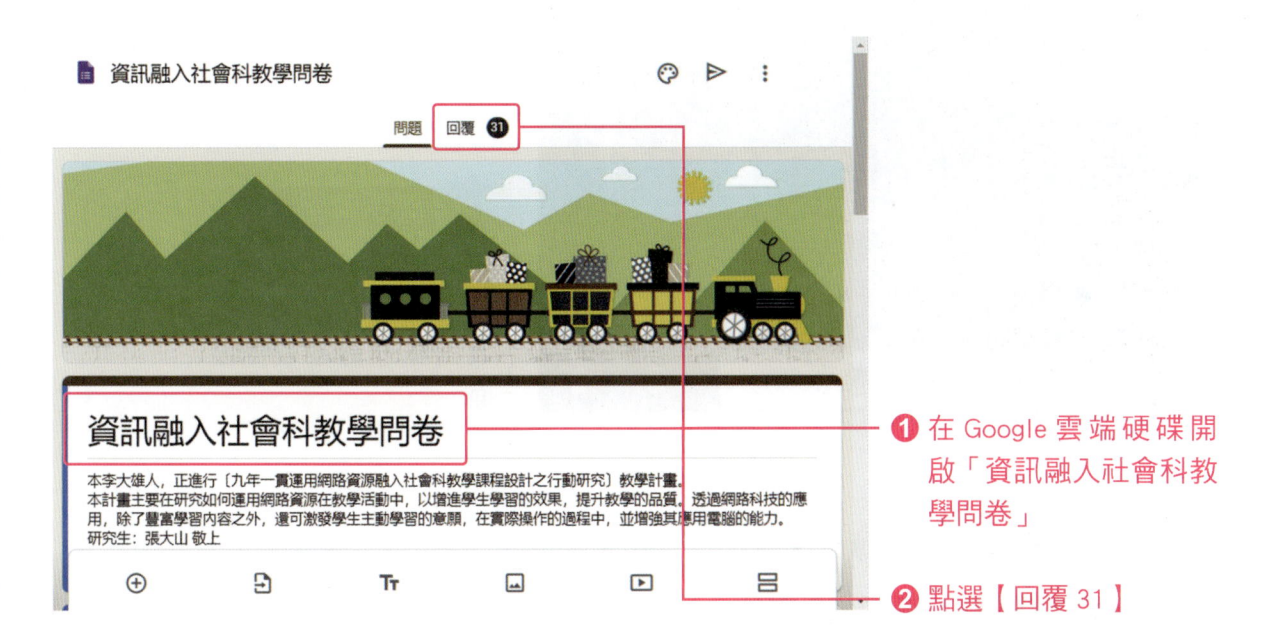

❶ 在 Google 雲端硬碟開啟「資訊融入社會科教學問卷」

❷ 點選【回覆 31】

高手筆記

請開啟前面設計的 Google 表單問卷檔案，雲端硬碟的表單問卷是無法下載給其他人使用，因此書本範例中並沒有這個檔案。

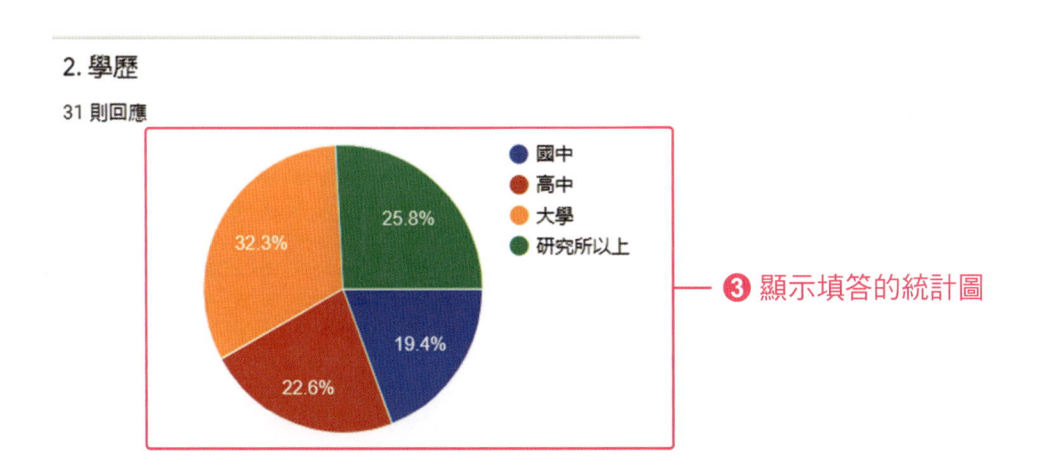

2. 學歷
31 則回應

❸ 顯示填答的統計圖

143

6-5-2 剪取工具

【剪取工具】程式在【Winodws 附屬應用程式】目錄中，可以將電腦螢幕畫面剪取成為圖檔。

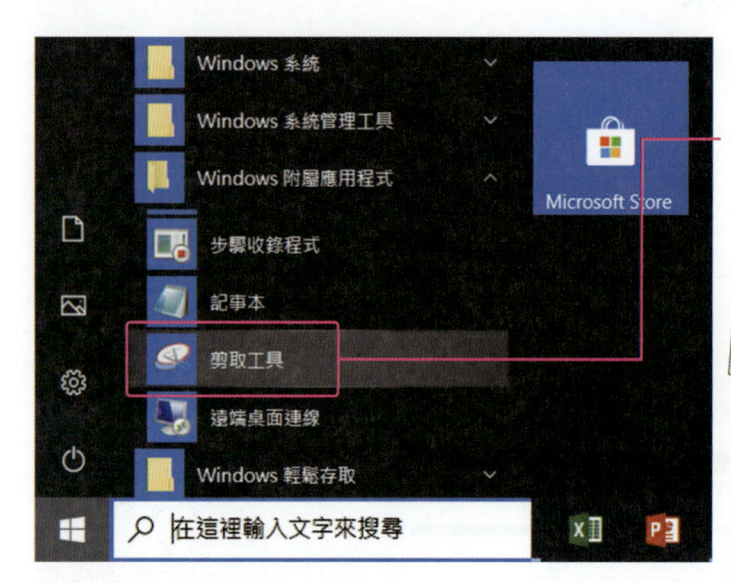

❶ 由視窗鍵啟動，點選【Winodws 附屬應用程式】，再點選【剪取工具】

> **高手筆記**
> 記得將表單回覆結果網頁停留在視窗，剪取工具才能截取到畫面。

❷ 點選【新增】

> **高手筆記**
> 新增剪輯時，視窗畫面會變淡。

❸ 拖曳要剪取的範圍

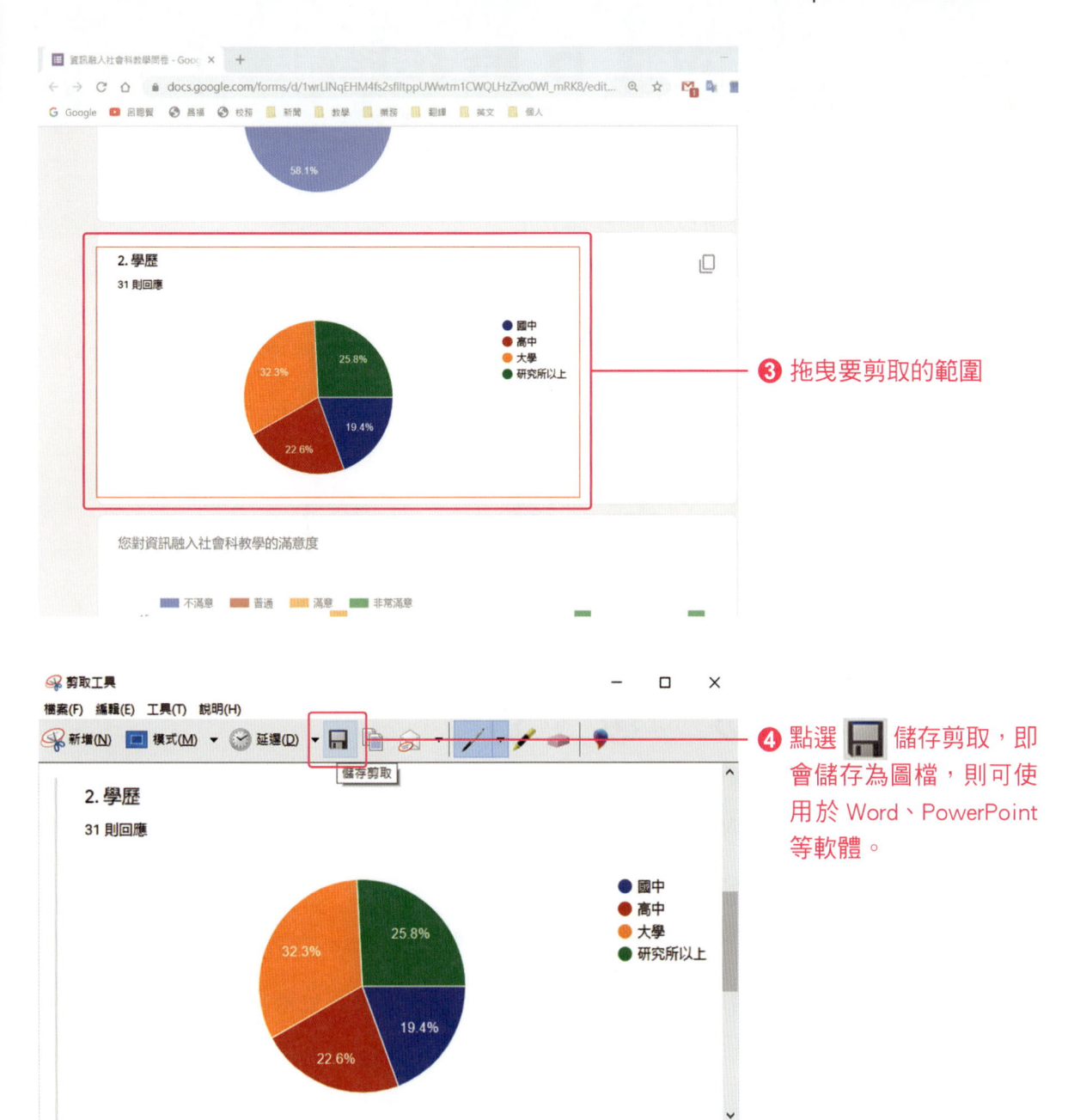

❹ 點選 🖫 儲存剪取，即會儲存為圖檔，則可使用於 Word、PowerPoint 等軟體。

Chapter 6　設計線上表單問卷

145

Chapter 6 課後習題

_____ 1. Google 表單問卷可以從哪裡建立？
(A) 雲端硬碟　(B) 翻譯　(C) 地圖　(D) 相片。

_____ 2. 下列何者為雲端硬碟設定共用的功能按鈕？
(A) 🗑　(B) 👤+　(C) ▦　(D) ⚙ 。

_____ 3. 下列何者為 Google 雲端硬碟應用程式的圖示？
(A) 🌀　(B) G文　(C) △　(D) ▶ 。

_____ 4. Google 雲端硬碟的檔案是存放於何處？
(A) F: 資料碟　(B) C: 文件夾　(C) 桌面　(D) Google 的伺服器。

_____ 5. 下列何者為 Google 表單變更主題圖片的功能按鈕？
(A) 🎨　(B) 👁　(C) ⚙　(D) 🧩 。

_____ 6. Google 雲端硬碟個人版提供的免費空間是多少？
(A) 15GB　(B) 15MB　(C) 15KB　(D) 15TB。

_____ 7. 雲端硬碟不包括下列何項服務？
(A) Gmail　(B) 相簿　(C) 翻譯　(D) 雲端硬碟。

_____ 8. 雲端硬碟刪除檔案後會移至垃圾桶，則幾天後會完全被清除？
(A) 20 天　(B) 30 天　(C) 40 天　(D) 60 天。

_____ 9. Google 表單的題目設定為必填時，必須使用下列哪一功能按鈕？
(A) ●　(B) ⊙　(C) ▢　(D) ◉ 。

_____ 10. Google 表單姓名欄位，應設定為何種題型？
(A) 選擇題　(B) 核取方塊　(C) 下拉式選單　(D) 簡答。

Chapter 7 問卷資料統計分析

學習重點

- 學習 Google 表單填答下載
- 學習 Excel 資料排序方法
- 學習運用函數計算人數
- 學習樞紐分析表統計資料

本課作品

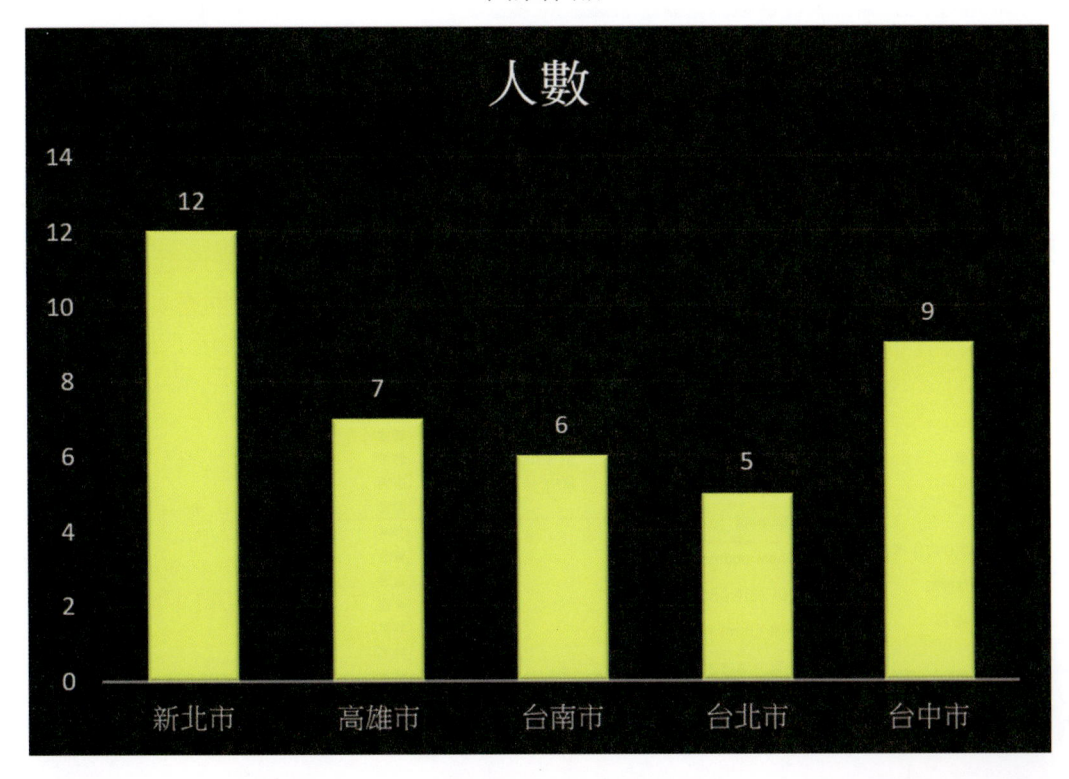

7-1 問卷資料統計分析

7-1-1 下載填答試算表

登入 Google 帳號,進到雲端硬碟中,下載 Google 表單的回覆,所建立的試算表檔案。

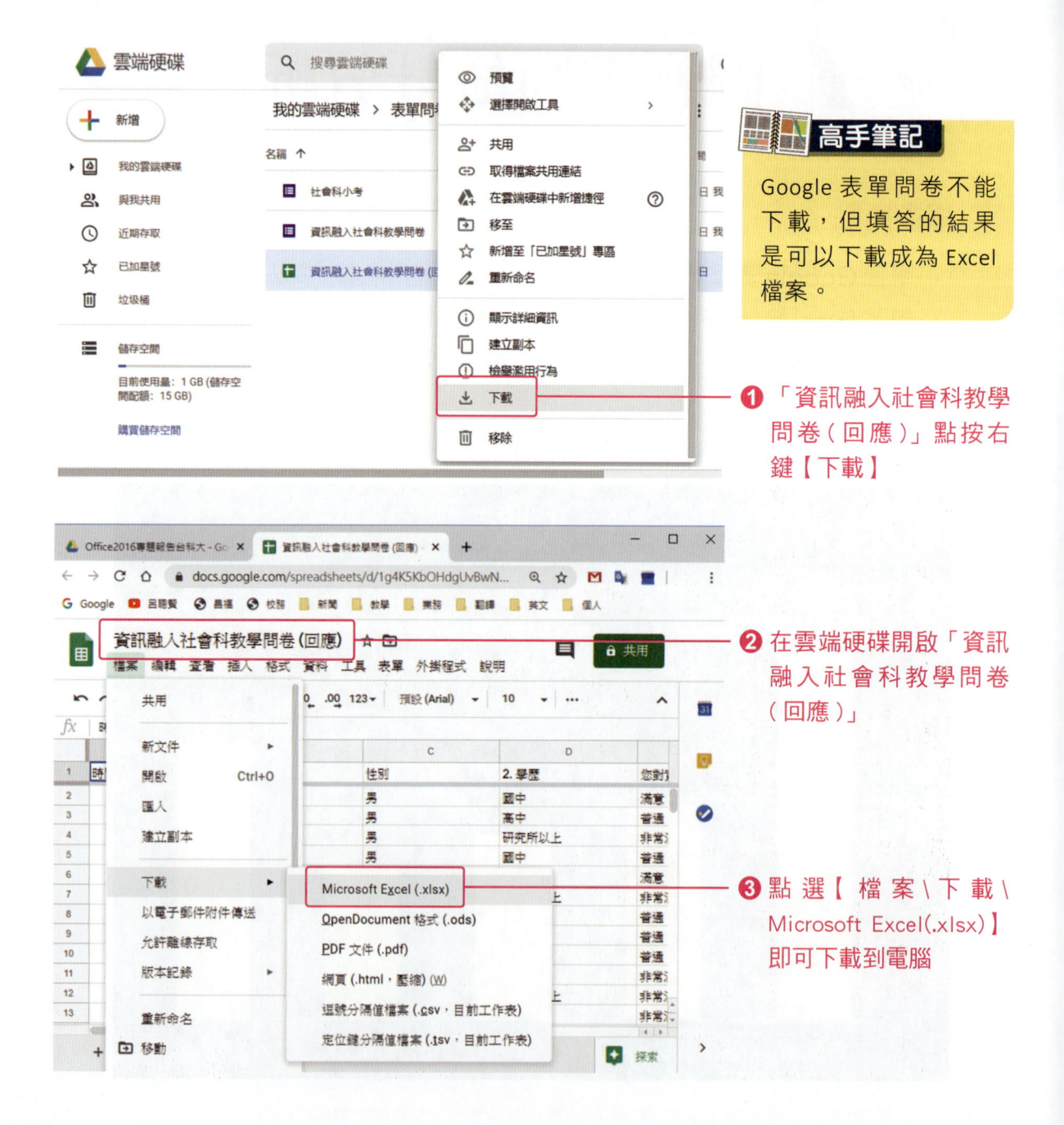

> **高手筆記**
> Google 表單問卷不能下載,但填答的結果是可以下載成為 Excel 檔案。

❶「資訊融入社會科教學問卷(回應)」點按右鍵【下載】

❷ 在雲端硬碟開啟「資訊融入社會科教學問卷(回應)」

❸ 點選【檔案\下載\Microsoft Excel(.xlsx)】即可下載到電腦

7-1-2 排序統計資料

填完的資料透過 Excel 的統計分析，即能轉換為資訊。

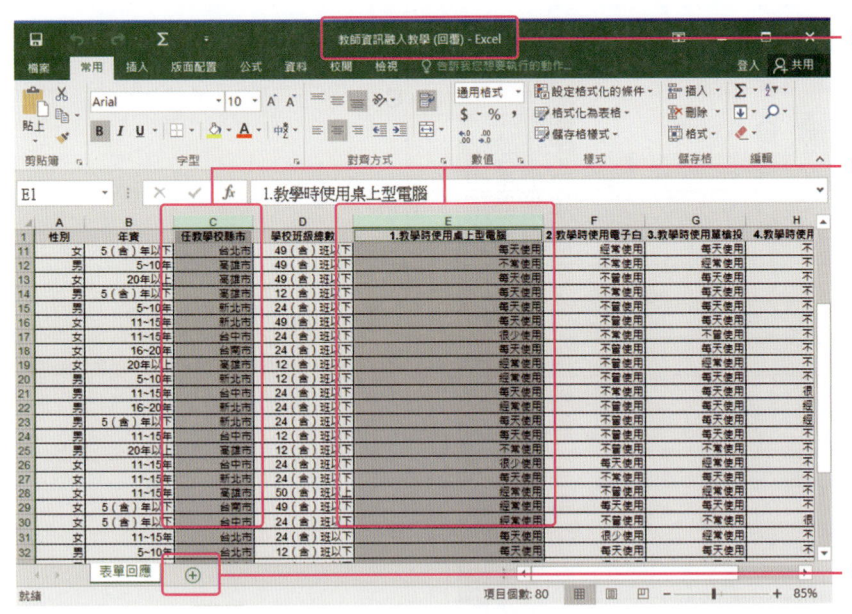

❶ 開啟範例檔 07 資料夾中的「教師資訊融入教學（回覆）」

❷ 按住 Ctrl 鍵，同時點選【C】、【E】二欄，按右鍵【複製】

❸ 點選左下方的 ⊕【新增工作表】

❹ 在新增工作表上貼上二欄資料

❺ 將工作表名稱，快點二下更名為「任教學校縣市」

專題實作 書面報告呈現技巧

❻ 拖曳選取全部資料內容

❼ 在【資料】標籤中點選【排序】

❽ 排序方式選取【任教學校縣市】

❾ 順序改為【Z 到 A】

❿ 次要排序方式為【1. 教學時使用桌機】，順序為【Z 到 A】，再按下【確定】

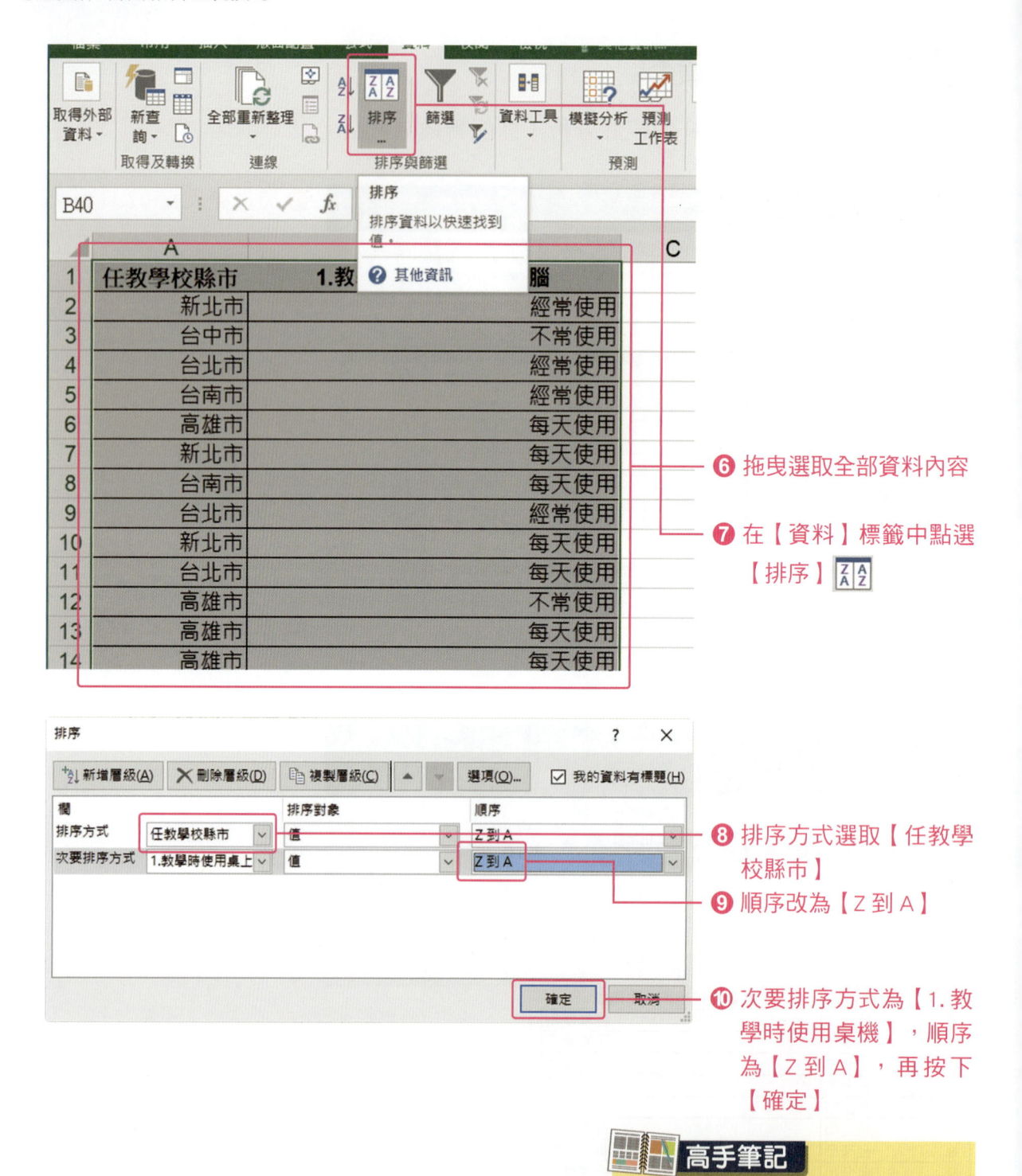

高手筆記

【Z 到 A】筆劃由多到少排序。
【A 到 Z】筆劃由少到多排序。

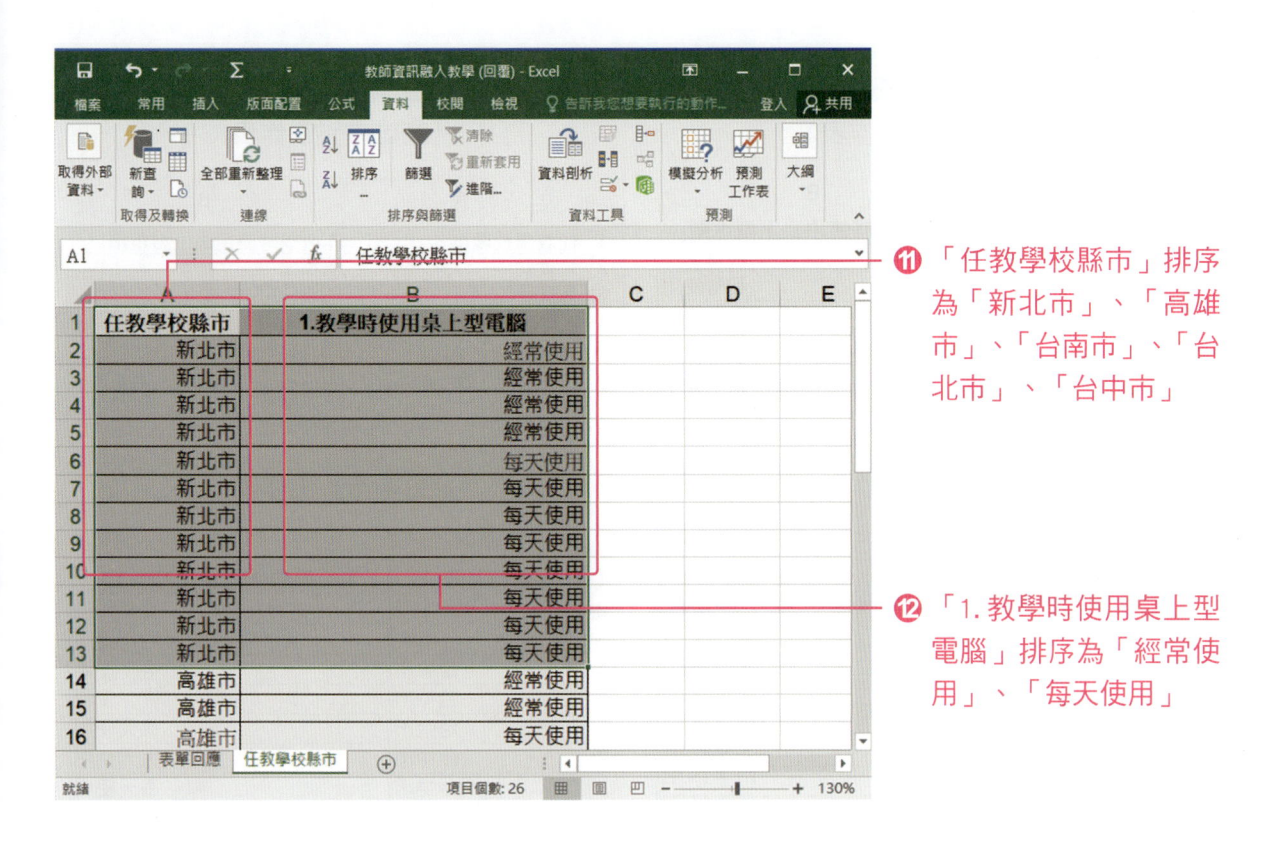

Chapter 7　問卷資料統計分析

⑪「任教學校縣市」排序為「新北市」、「高雄市」、「台南市」、「台北市」、「台中市」

⑫「1.教學時使用桌上型電腦」排序為「經常使用」、「每天使用」

7-1-3 工作表分類整理

學會建立新工作表和資料排序後，即能開始將資料依不同縣市進行分類整理。

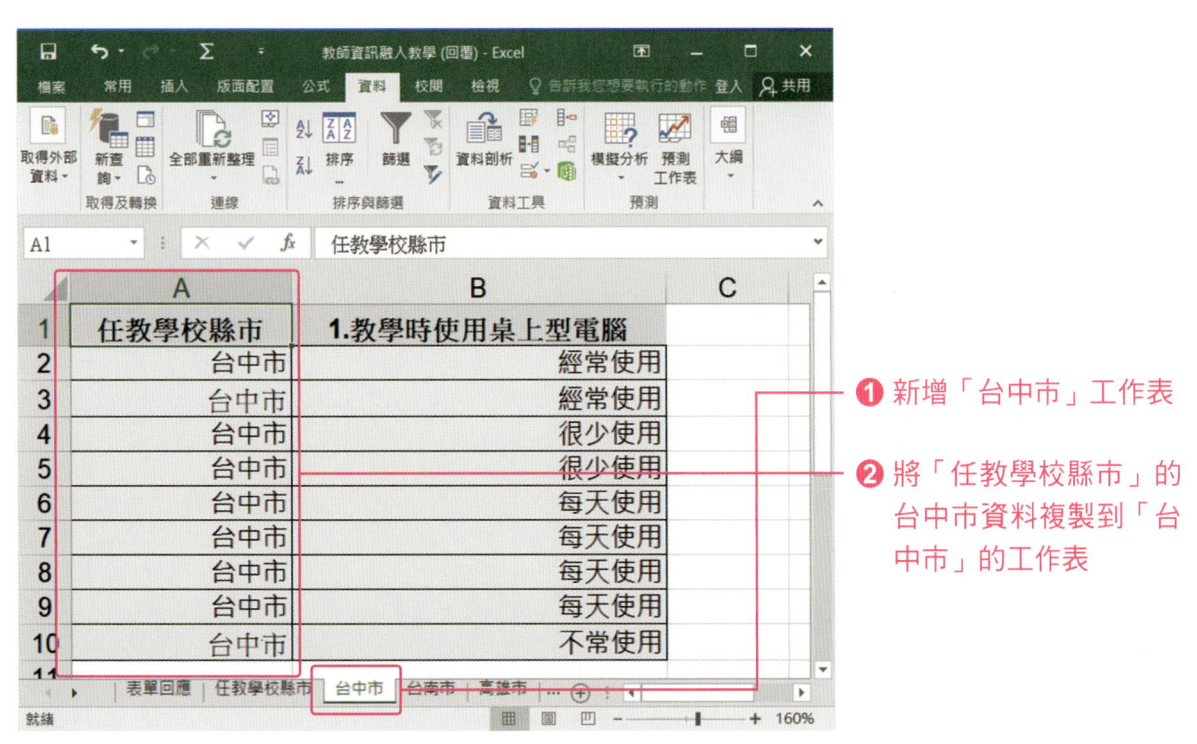

❶ 新增「台中市」工作表

❷ 將「任教學校縣市」的台中市資料複製到「台中市」的工作表

151

將各縣市的資料分類整理在不同工作表

「台南市」工作表

	A	B
1	任教學校縣市	1.教學時使用桌上型電腦
2	台南市	經常使用
3	台南市	經常使用
4	台南市	每天使用
5	台南市	每天使用
6	台南市	每天使用
7	台南市	每天使用

「高雄市」工作表

	A	B
1	任教學校縣市	1.教學時使用桌上型電腦
2	高雄市	經常使用
3	高雄市	經常使用
4	高雄市	每天使用
5	高雄市	每天使用
6	高雄市	每天使用
7	高雄市	不常使用
8	高雄市	不常使用

「新北市」工作表

	A	B
1	任教學校縣市	1.教學時使用桌上型電腦
2	新北市	經常使用
3	新北市	經常使用
4	新北市	經常使用
5	新北市	經常使用
6	新北市	每天使用
7	新北市	每天使用
8	新北市	每天使用
9	新北市	每天使用
10	新北市	每天使用
11	新北市	每天使用
12	新北市	每天使用
13	新北市	每天使用

「台中市」工作表

	A	B
1	任教學校縣市	1.教學時使用桌上型電腦
2	台中市	經常使用
3	台中市	經常使用
4	台中市	很少使用
5	台中市	很少使用
6	台中市	每天使用
7	台中市	每天使用
8	台中市	每天使用
9	台中市	每天使用
10	台中市	不常使用

7-2 運用函數統計資料

7-2-1 Countif 計數函數

Countif 函數可以計算各縣市填答的人數。

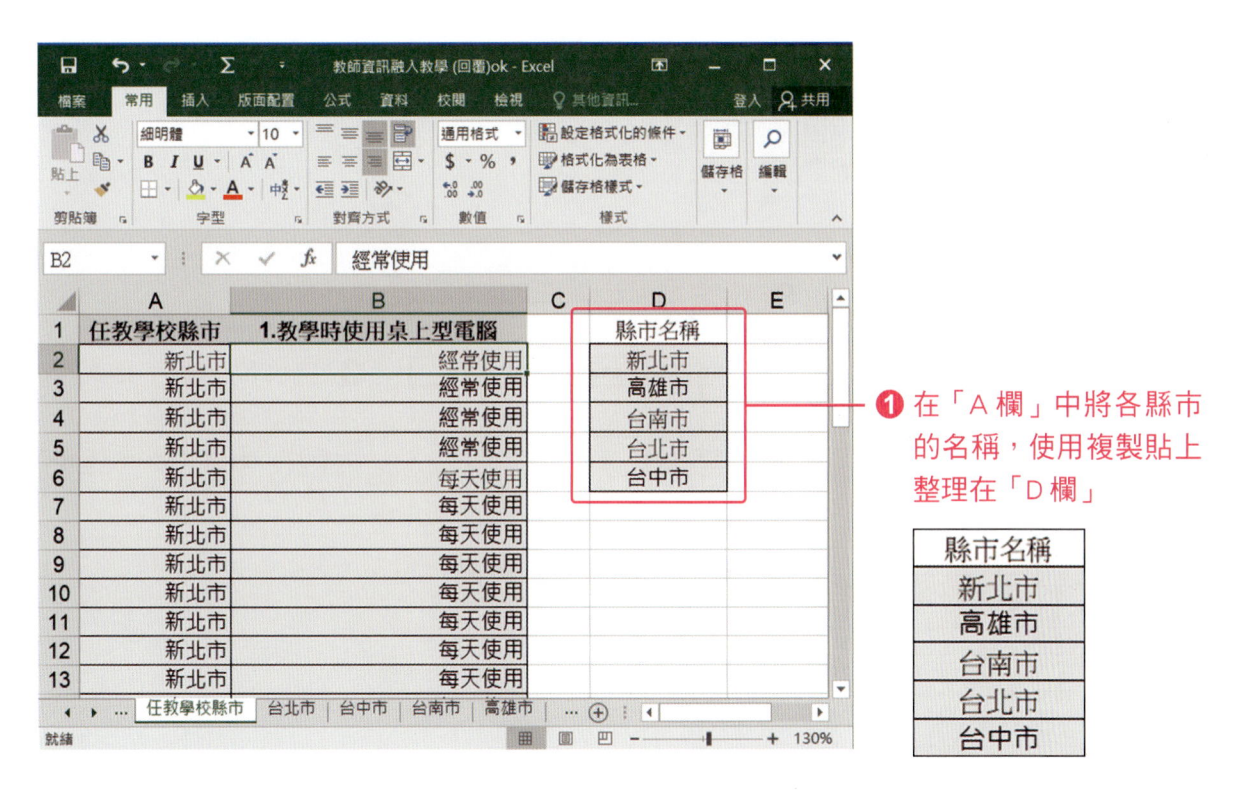

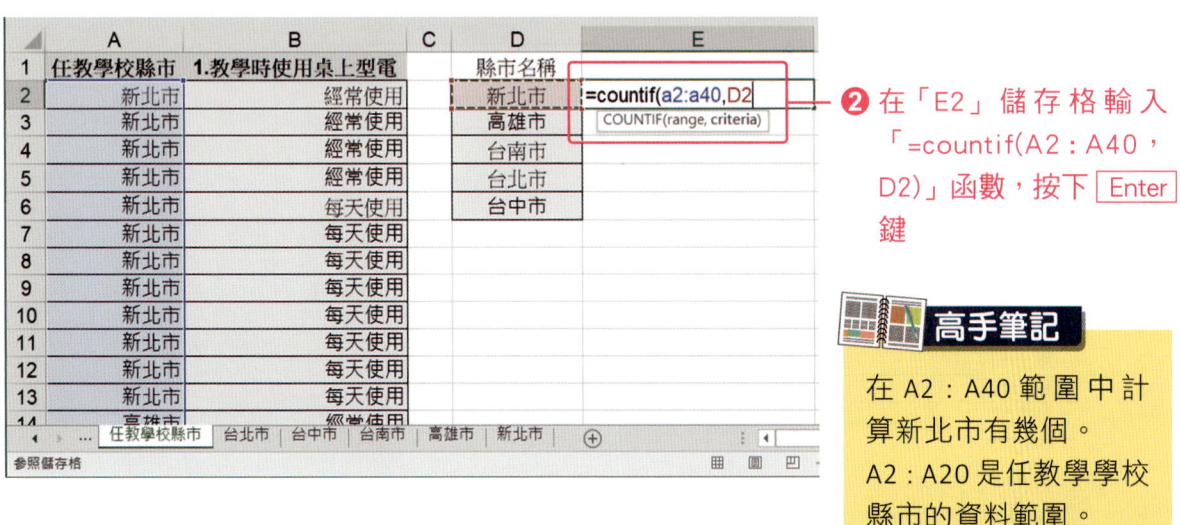

❶ 在「A 欄」中將各縣市的名稱，使用複製貼上整理在「D 欄」

❷ 在「E2」儲存格輸入「=countif(A2：A40，D2)」函數，按下 Enter 鍵

高手筆記

在 A2：A40 範圍中計算新北市有幾個。
A2：A20 是任教學學校縣市的資料範圍。
D2 內容是新北市。

專題實作 書面報告呈現技巧

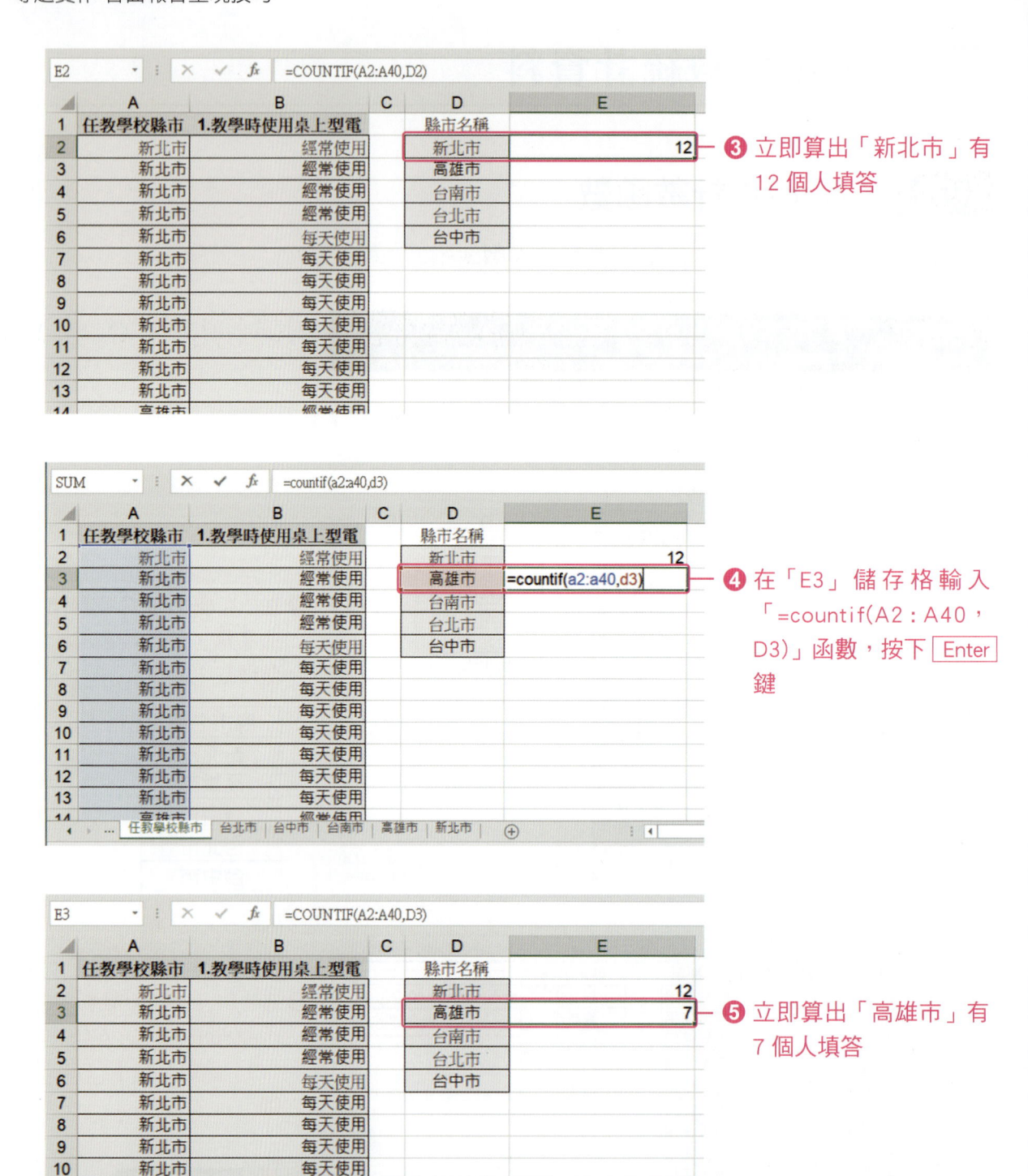

❸ 立即算出「新北市」有 12 個人填答

❹ 在「E3」儲存格輸入「=countif(A2：A40，D3)」函數，按下 Enter 鍵

❺ 立即算出「高雄市」有 7 個人填答

154

7-2-2 絕對位址公式

任教學校縣市的五個縣市其計算範圍都是 A2：A40，在公式輸入時，變更為絕對位址，如此一來，公式就能直接複製。

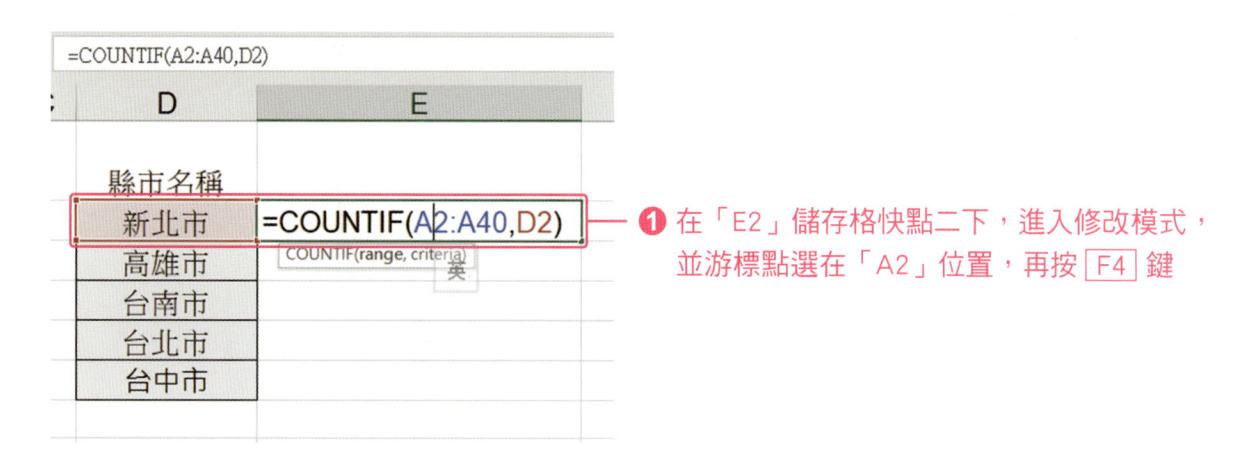

```
=COUNTIF(A2:A40,D2)
```

D	E
縣市名稱	
新北市	=COUNTIF(A2:A40,D2)
高雄市	
台南市	
台北市	
台中市	

❶ 在「E2」儲存格快點二下，進入修改模式，並游標點選在「A2」位置，再按 F4 鍵

> **高手筆記**
> F4 鍵是 Excel 切換相對位址和絕對位址的快速鍵，絕對位址會加上「$」符號。

```
=COUNTIF($A$2:$A$40,D2)
```

D	E
縣市名稱	
新北市	=COUNTIF($A$2:$A$40,D2)
高雄市	
台南市	
台北市	
台中市	

❷ 再將游標移到「A40」按 F4 鍵，變更為絕對位址

> **高手筆記**
> D2 並不變更，保留相對位址，公式在複製時會自動改為 D3、D4、D5、D6。
> D2：新北市　　D3：高雄市
> D4：台南市　　D5：台北市
> D6：台中市

D	E
縣市名稱	
新北市	12
高雄市	
台南市	
台北市	
台中市	

❸ 游標移至「12」，右下方的綠色方塊中，再拖曳到台中市的位置

專題實作 書面報告呈現技巧

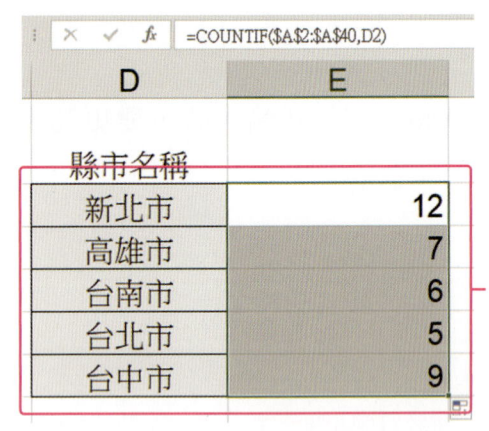

❹ 快速完成各縣市人數的統計資料

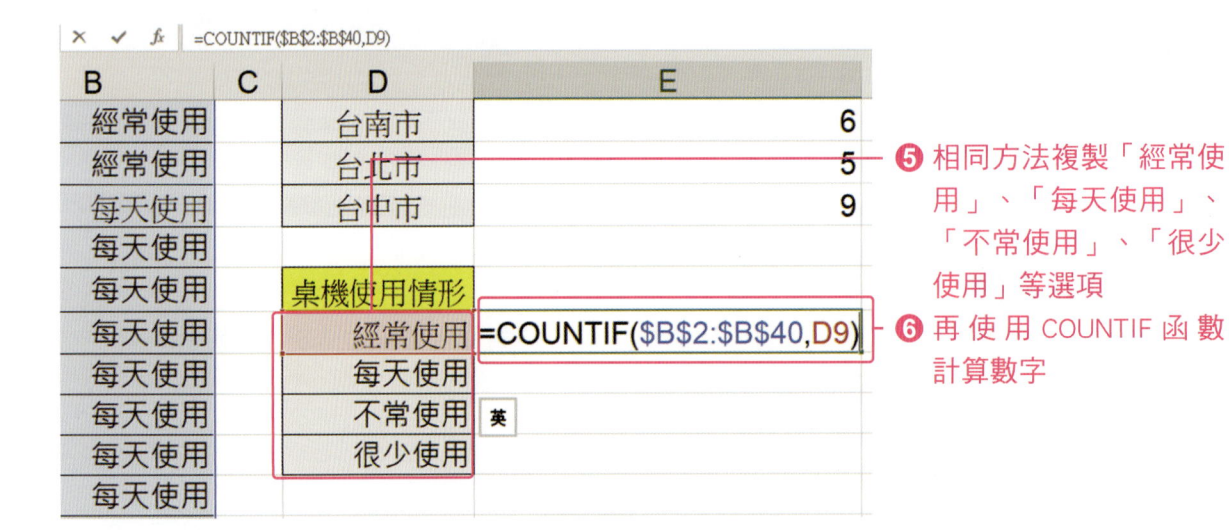

❺ 相同方法複製「經常使用」、「每天使用」、「不常使用」、「很少使用」等選項

❻ 再使用 COUNTIF 函數計算數字

❼ 完成縣市使用桌上型電腦的統計資料

7-3 統計圖表製作

7-3-1 建立直條圖

Google 表單會建立圓形圖，使用 Excel 就能建立各式不同類型的圖表。

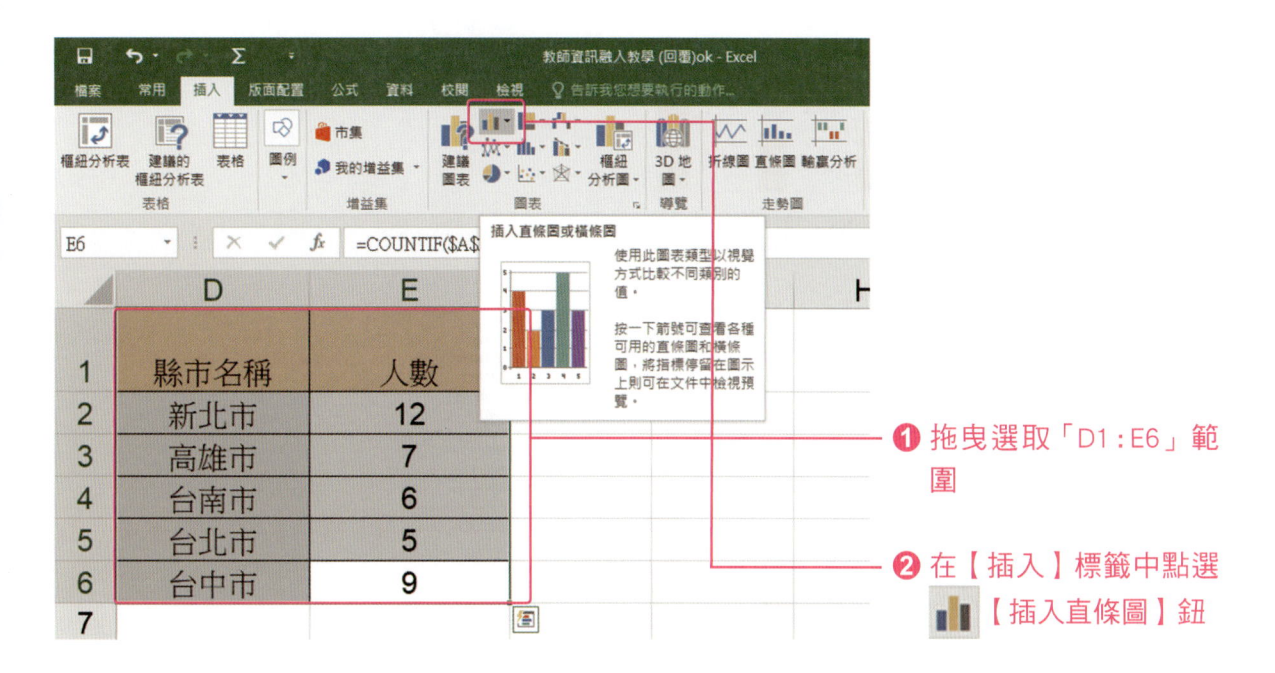

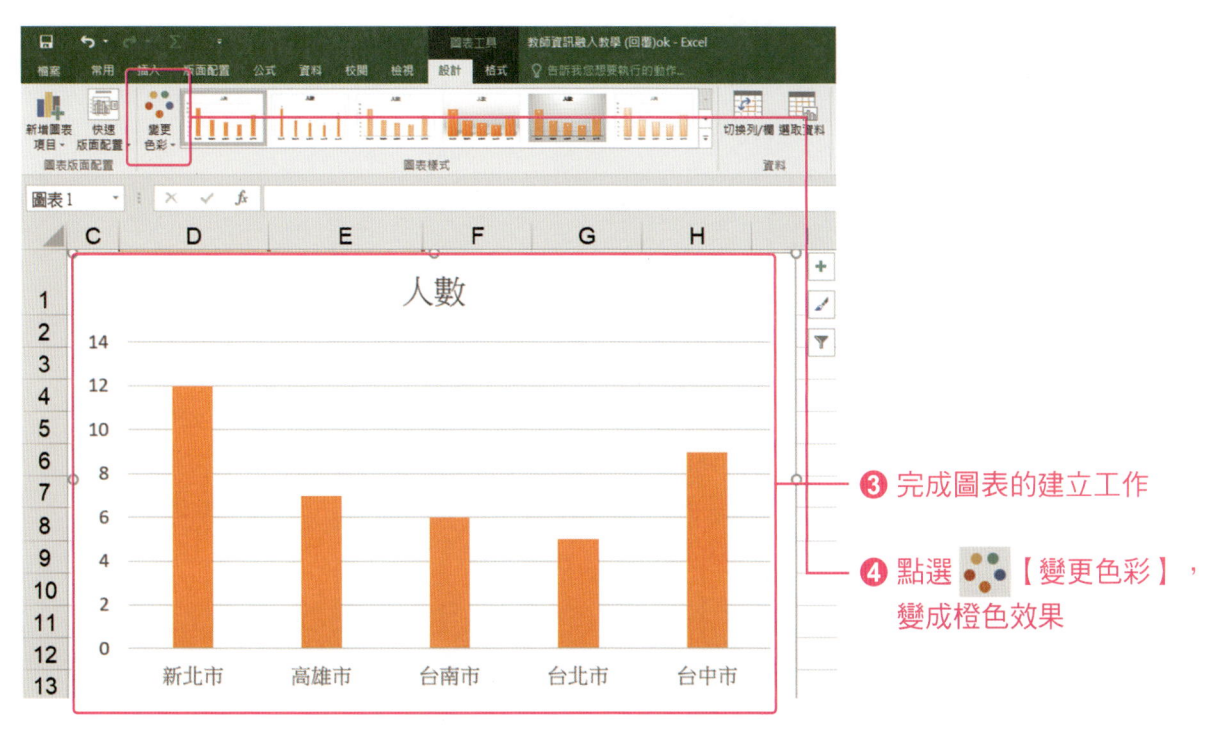

❶ 拖曳選取「D1:E6」範圍

❷ 在【插入】標籤中點選【插入直條圖】鈕

❸ 完成圖表的建立工作

❹ 點選【變更色彩】，變成橙色效果

專題實作 書面報告呈現技巧

7-3-2 資料標籤

資料標籤會顯示各數列的人數值，在圖表設計上是非常重要的效果。

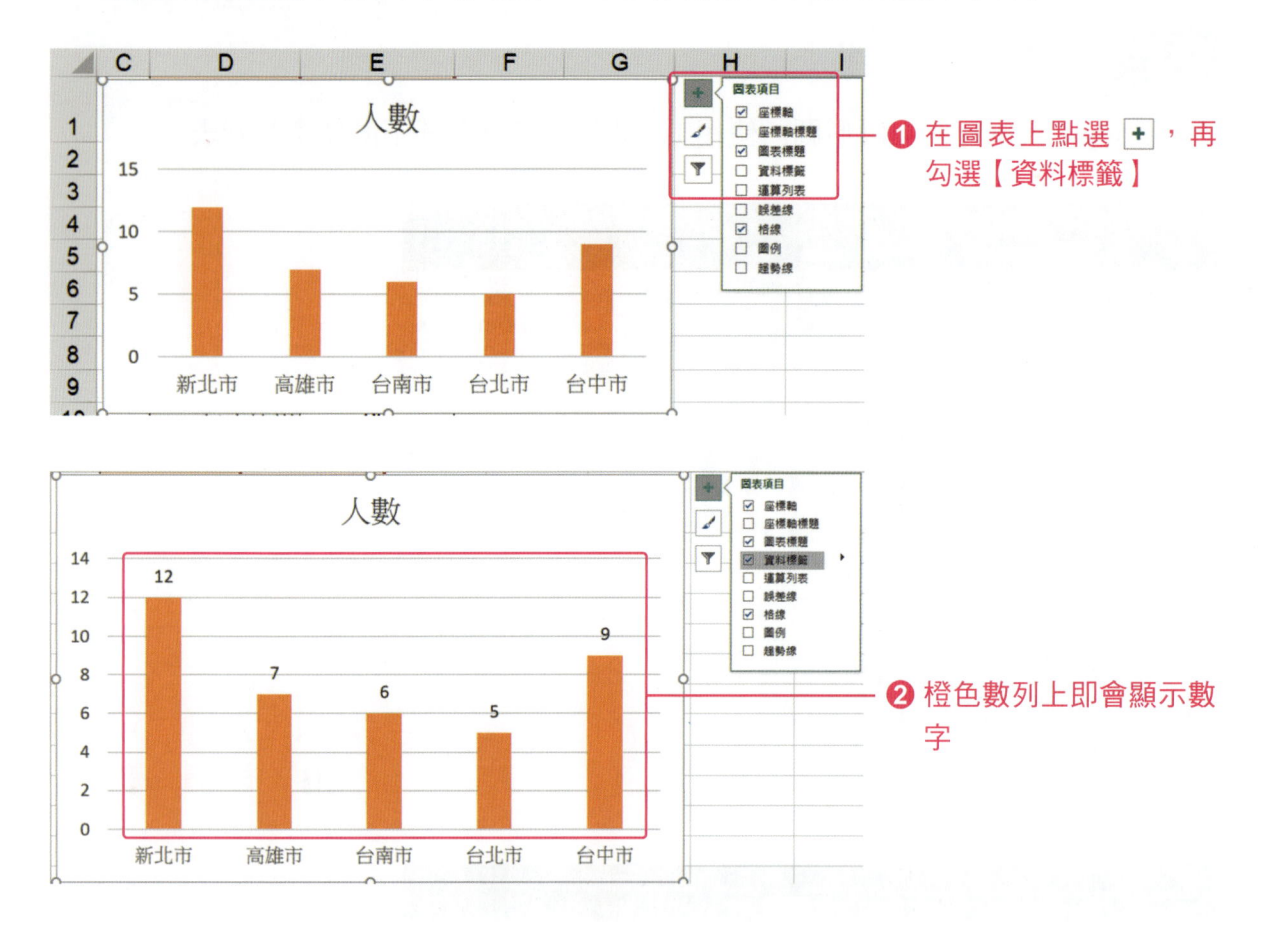

❶ 在圖表上點選 ➕，再勾選【資料標籤】

❷ 橙色數列上即會顯示數字

7-3-3 建立圓形圖

　　Google 表單建立的圖表都是圓形圖，並會顯示百分比資料，而 Excel 可以同時顯示數字和百分比。

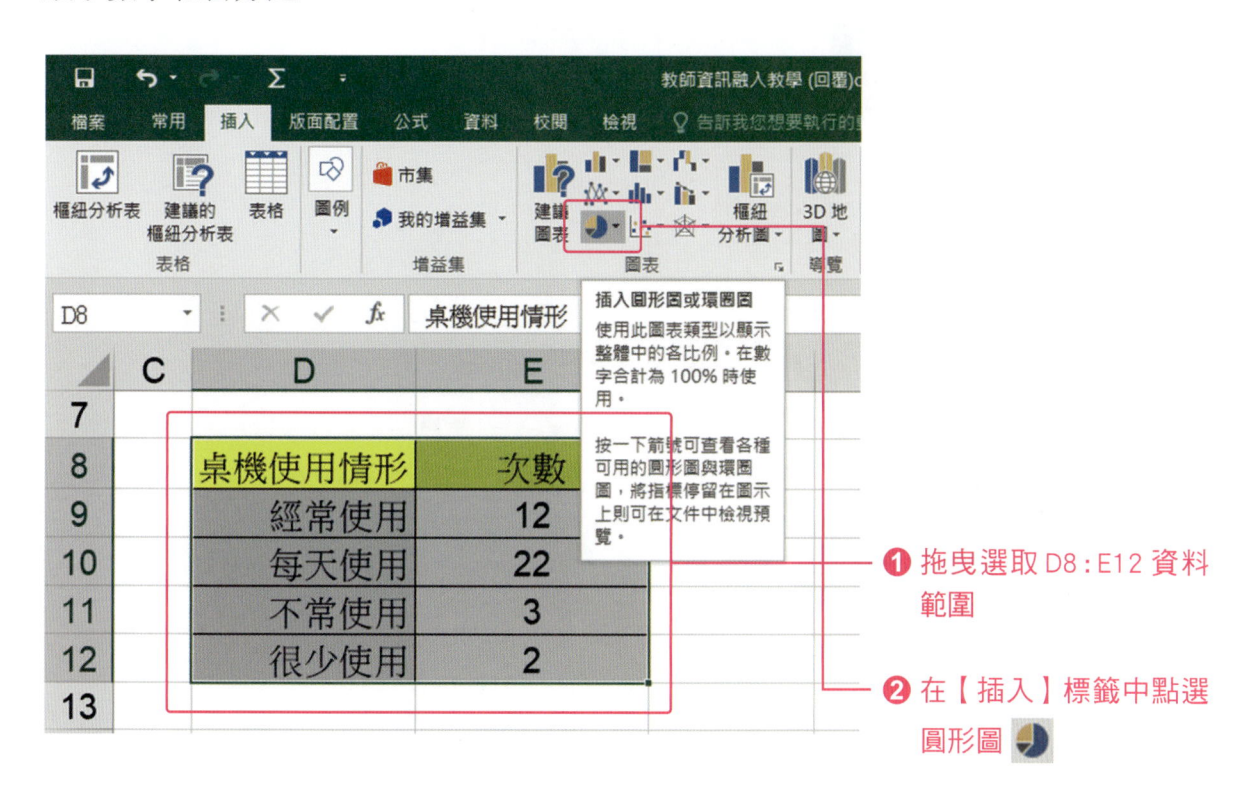

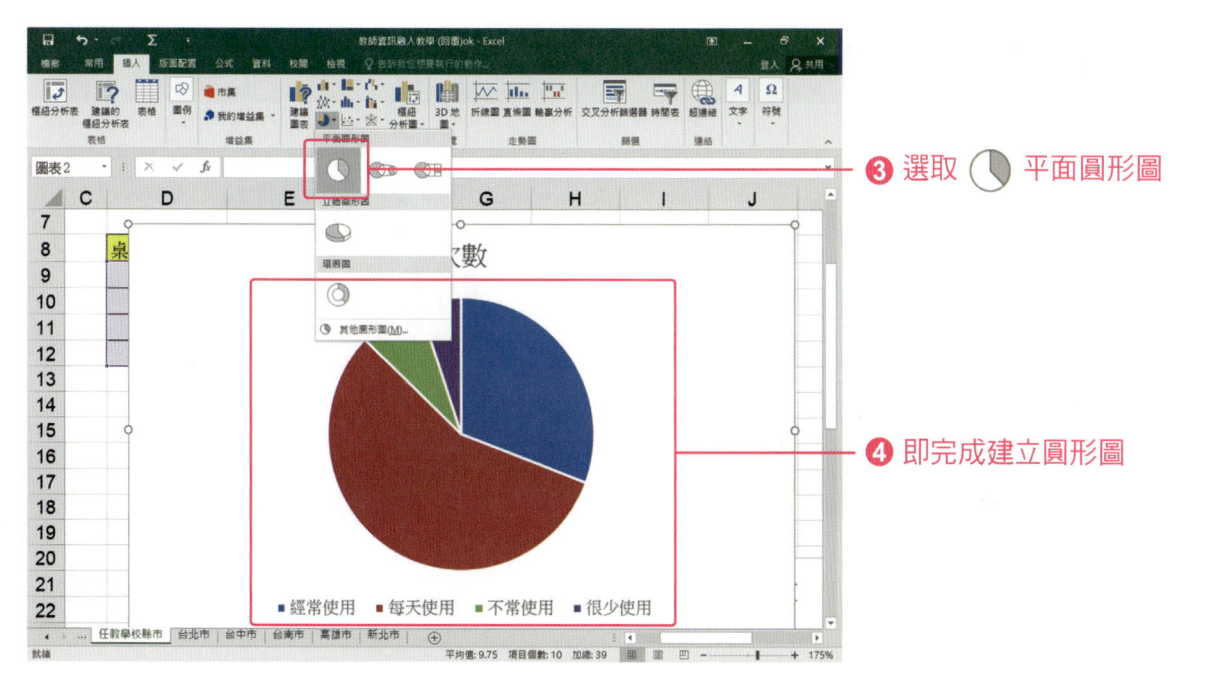

❶ 拖曳選取 D8：E12 資料範圍

❷ 在【插入】標籤中點選圓形圖

❸ 選取 平面圓形圖

❹ 即完成建立圓形圖

專題實作 書面報告呈現技巧

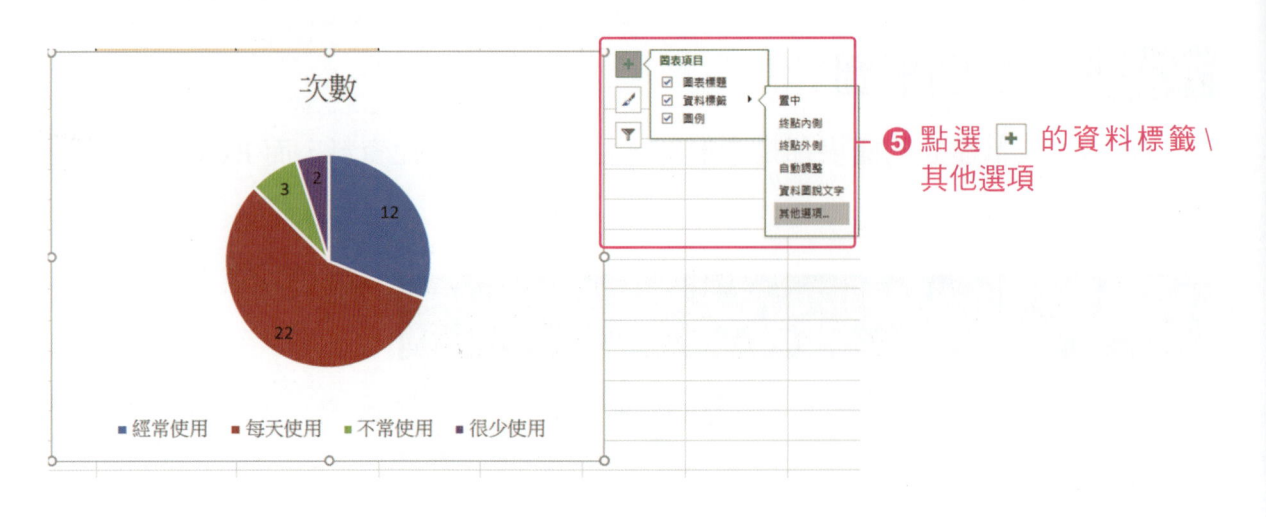

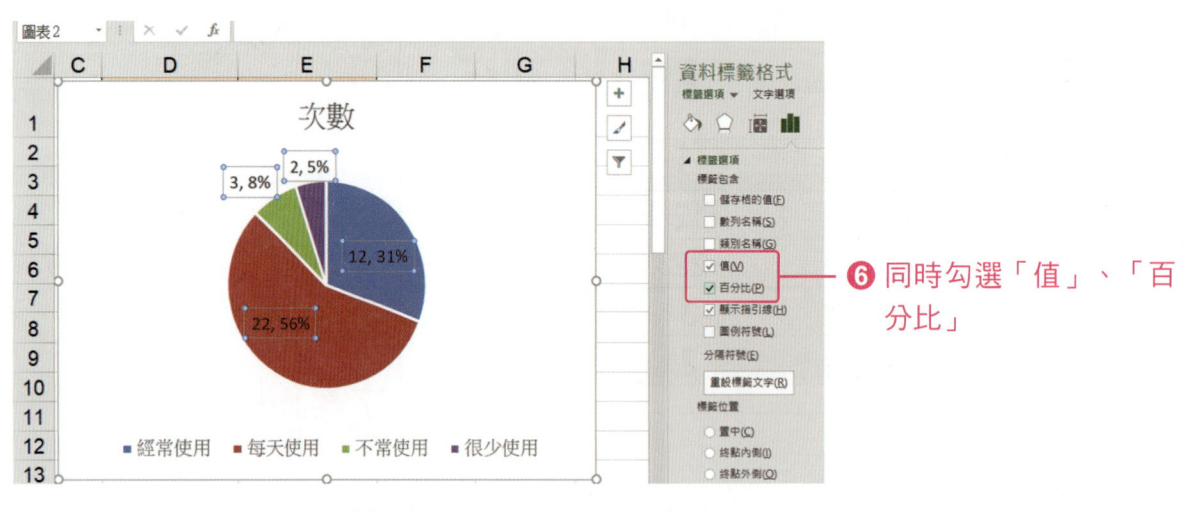

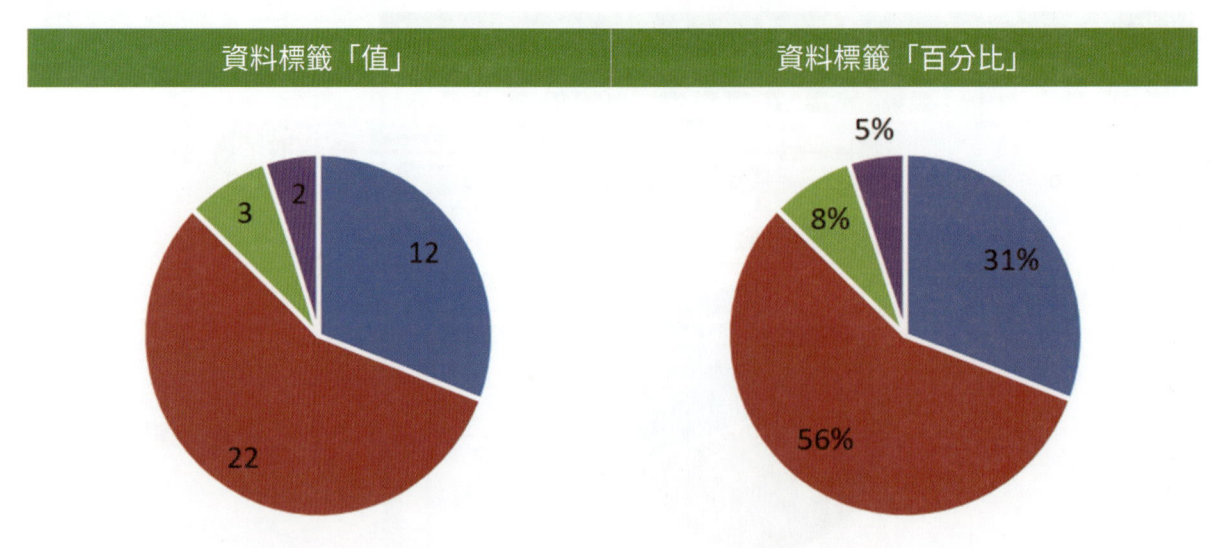

❺ 點選 ➕ 的資料標籤 \ 其他選項

❻ 同時勾選「值」、「百分比」

資料標籤「值」	資料標籤「百分比」

160

7-3-4 套用圖表樣式

圖表樣式有許多樣式可以直接套用。

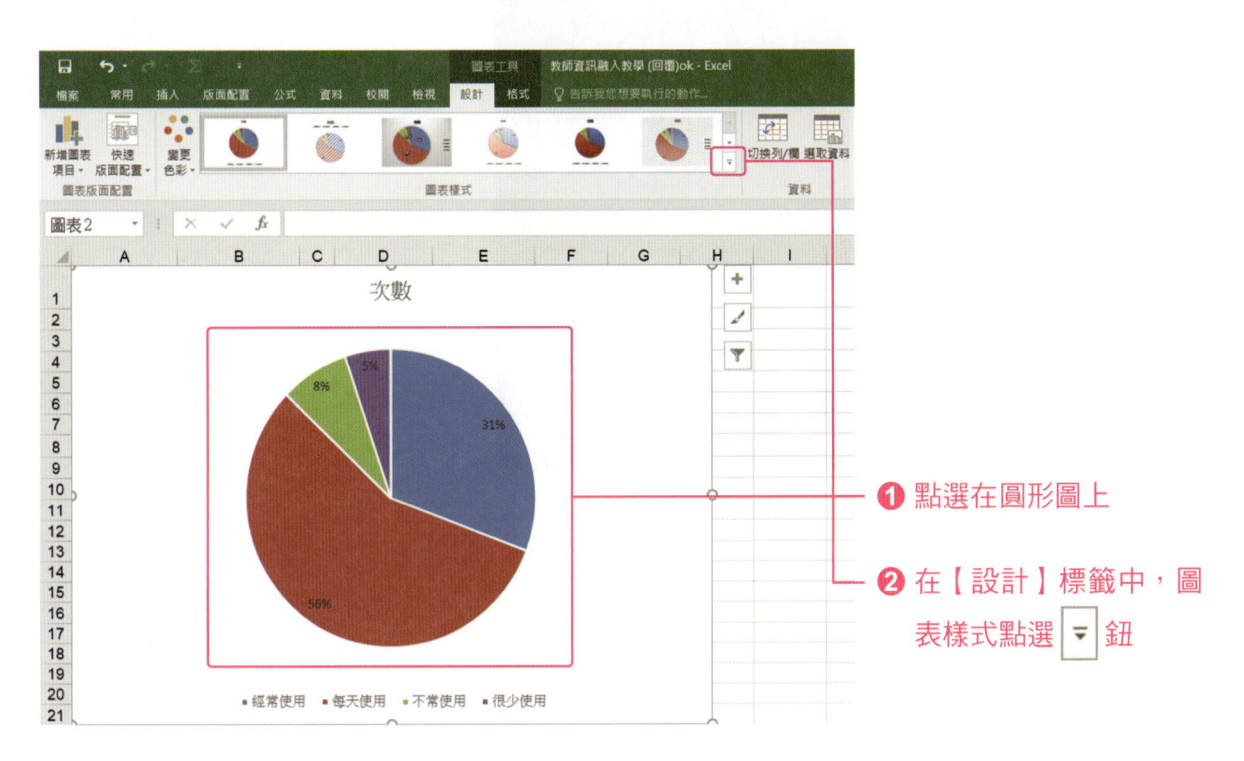

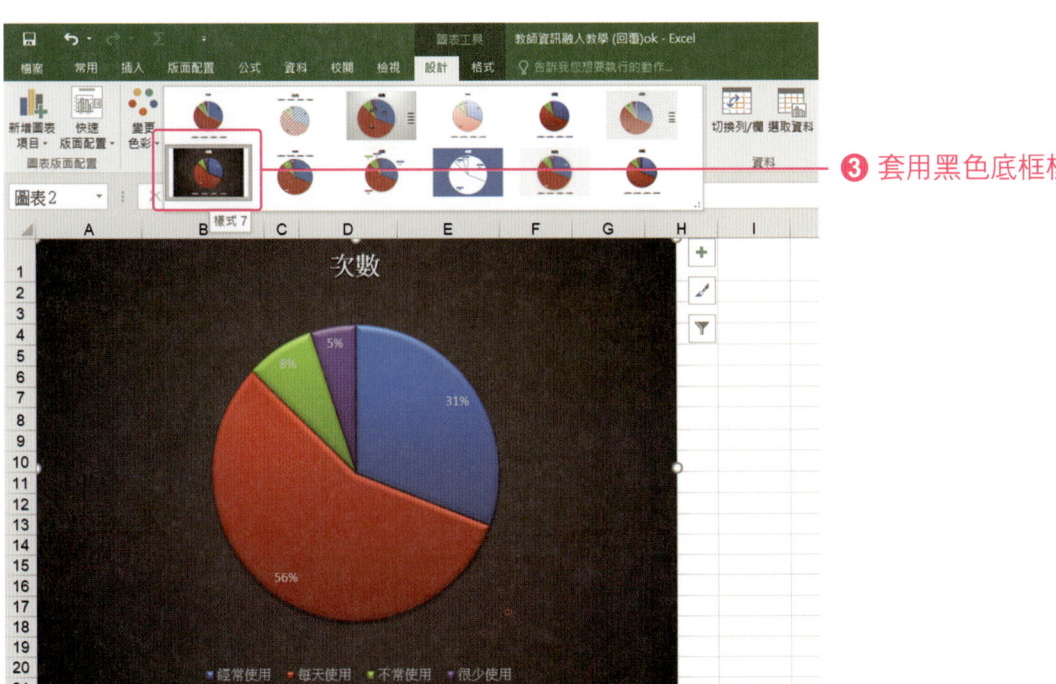

❶ 點選在圓形圖上

❷ 在【設計】標籤中，圖表樣式點選 ▼ 鈕

❸ 套用黑色底框樣式效果

專題實作 書面報告呈現技巧

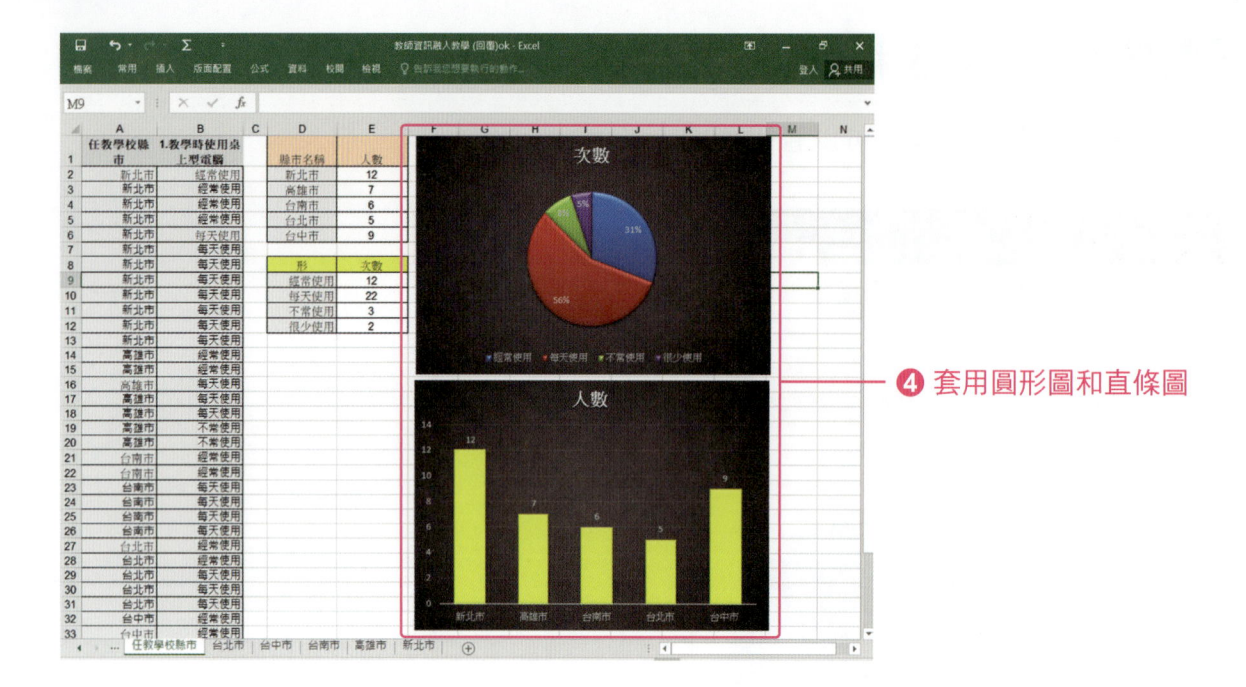

❹ 套用圓形圖和直條圖

7-4 樞紐分析表

7-4-1 建立樞紐分析表

樞紐分析表是 Excel 最強的功能。

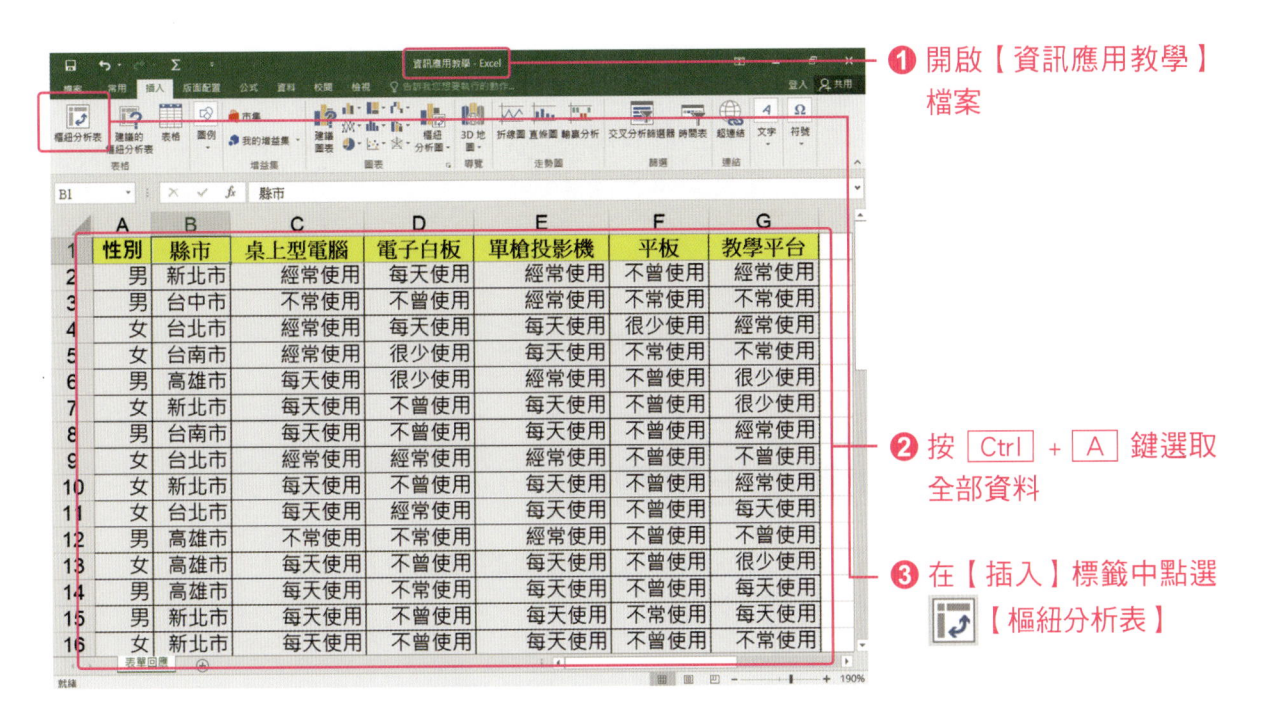

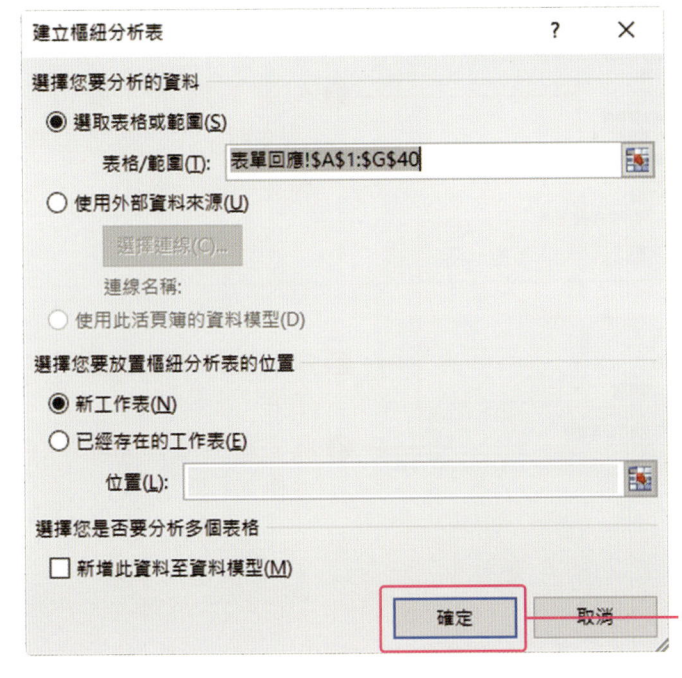

❶ 開啟【資訊應用教學】檔案

❷ 按 Ctrl + A 鍵選取全部資料

❸ 在【插入】標籤中點選【樞紐分析表】

❹ 預設會建立【新工作表】，接著按下【確定】

163

❺ 建立新工作表，並顯示樞紐分析表的功能面板

7-4-2 分析 - 性別與桌上型電腦

使用樞紐分析表，進行分析性別與桌上型電腦的統計資料。

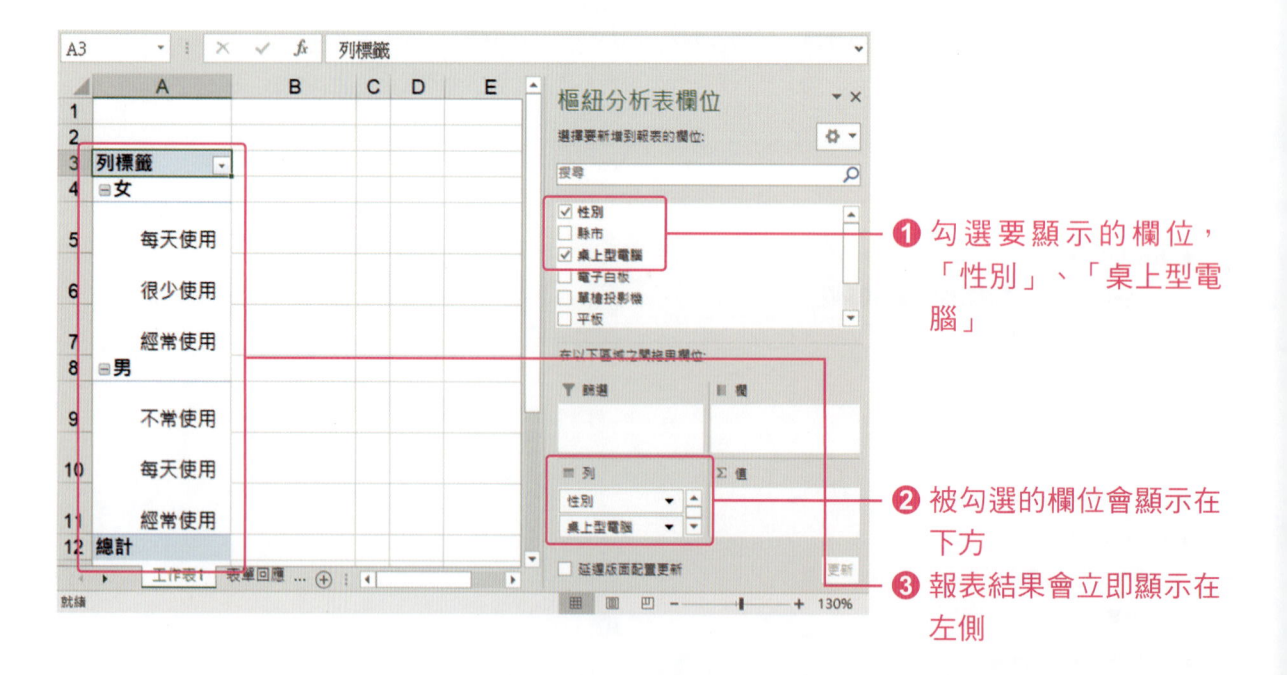

❶ 勾選要顯示的欄位，「性別」、「桌上型電腦」

❷ 被勾選的欄位會顯示在下方

❸ 報表結果會立即顯示在左側

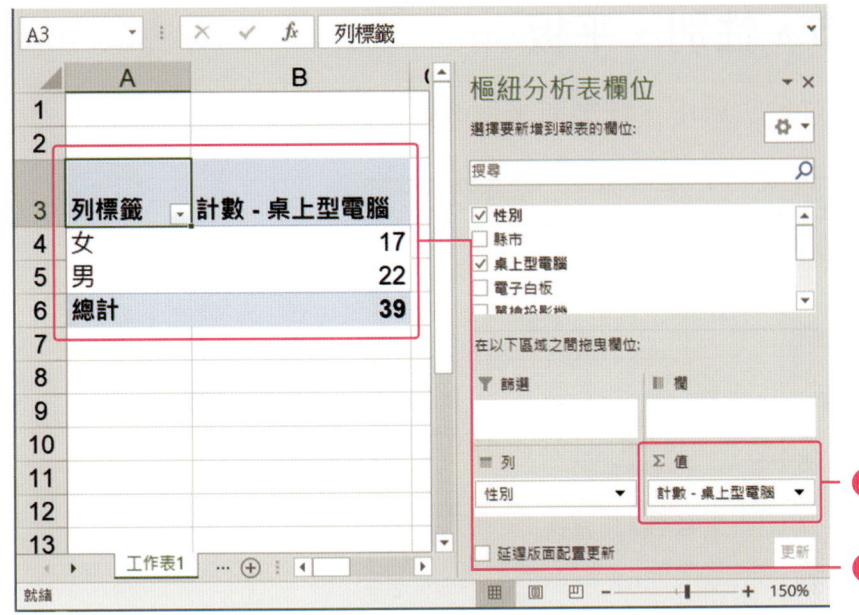

Chapter 7　問卷資料統計分析

❹ 拖曳「桌上型電腦」到「值」的區域

❺ 男女生使用桌上型電腦的統計資料立即完成

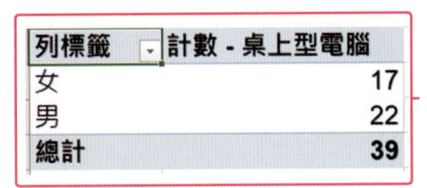

❻ 完成性別與桌上型電腦的統計資料

性別和桌上型電腦都在「列」

性別在「列」，桌上型電腦在「值」

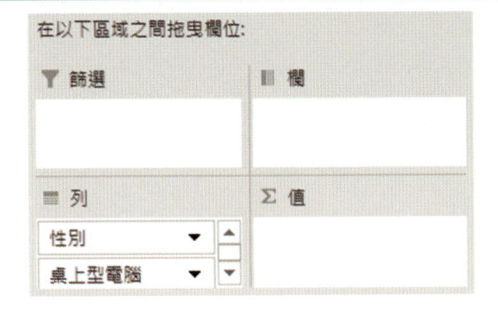

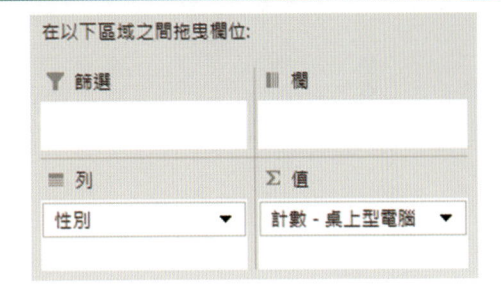

165

7-4-3 分析 - 縣市、性別、平板

使用樞紐分析表，進行分析縣市、性別與平板的統計資料。

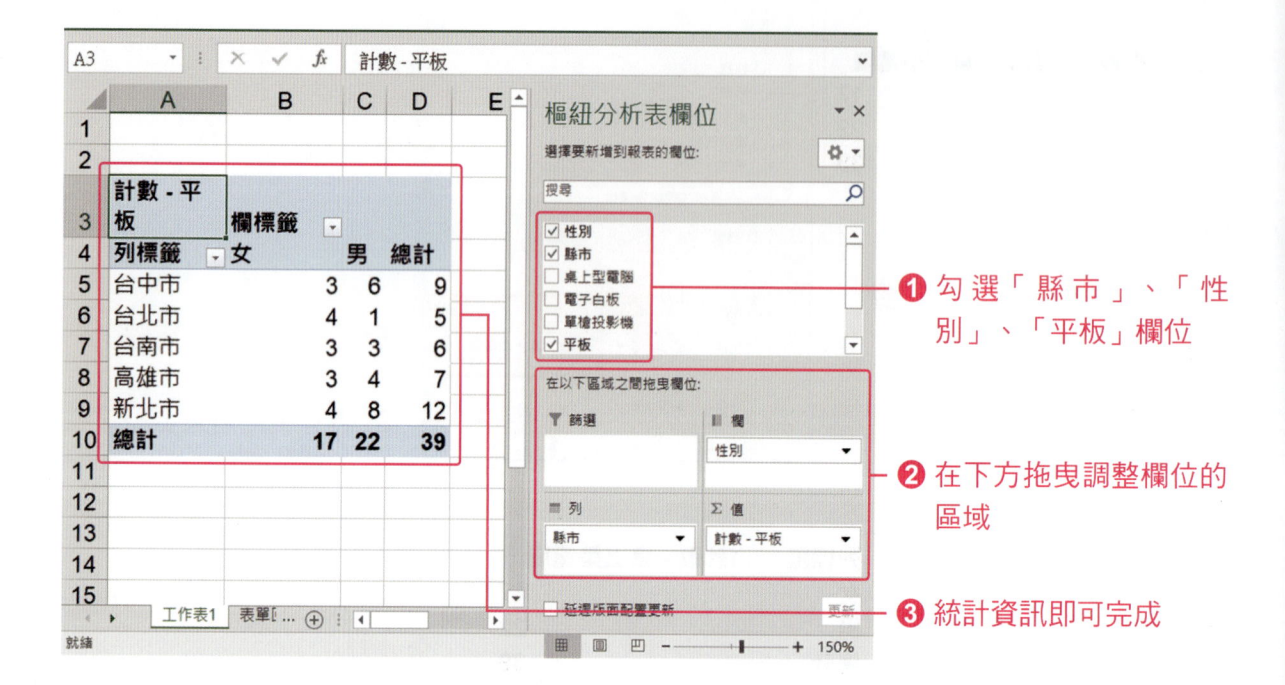

列標籤	女	男	總計
台中市	3	6	9
台北市	4	1	5
台南市	3	3	6
高雄市	3	4	7
新北市	4	8	12
總計	17	22	39

❶ 勾選「縣市」、「性別」、「平板」欄位

❷ 在下方拖曳調整欄位的區域

❸ 統計資訊即可完成

Chapter 7 課後習題

_____ 1. Google 表單填答的結果,可以建立試算表檔案,其檔名會加上?
(A) 回應 (B) 副本 (C) 編號 2 (D) 表單。

_____ 2. 下列何者為 Excel 新增工作表的功能按鈕?
(A) ▱ (B) ◆ (C) ⊕ (D) 🛍。

_____ 3. 下列何者為工作表名稱快速的修改方式?
(A) Ctrl 鍵 (B) 快點二下 (C) Shift 鍵 (D) Alt 鍵。

_____ 4. 下列何者為 Excel 資料標籤排序的功能按鈕?
(A) ▽ (B) A→Z (C) 表格? (D) 📈。

_____ 5. 下列何者為排序資料時,依筆劃由小到大的選項?
(A) A 到 Z (B) Z 到 A (C) 大到小 (D) 小到大。

_____ 6. 下列何者為 Excel 的條件式計數函數?
(A) SUM (B) COUNT (C) COUNTIF (D) COUNTBLANK。

_____ 7. 下列何者為 Excel 設定儲存格的絕對位址要加上的符號?
(A) % (B) $ (C) # (D) @。

_____ 8. 下列何者為切換絕對位址和相對位址的快速鍵?
(A) F1 鍵 (B) F2 鍵 (C) F3 鍵 (D) F4 鍵。

_____ 9. 下列何者為圖表加入資料標的功能按鈕?
(A) ▽ (B) 🖌 (C) ✛ (D) ▼。

_____ 10. 下列何者為圖表數列的數值顯示的功能?
(A) 座標軸 (B) 圖表標題 (C) 運算列表 (D) 資料標籤。

Chapter 8 專題報告簡報製作

學習重點

- 啟動簡報基本編輯
- 學習插入圖片和文字
- 學習圖片樣式的應用
- 學習儲存各種格式檔

本課作品

專題實作 書面報告呈現技巧

8-1 操作介面

8-1-1 操作環境說明

PowerPoint 是普遍使用的簡報製作軟體，功能強大且容易使用。

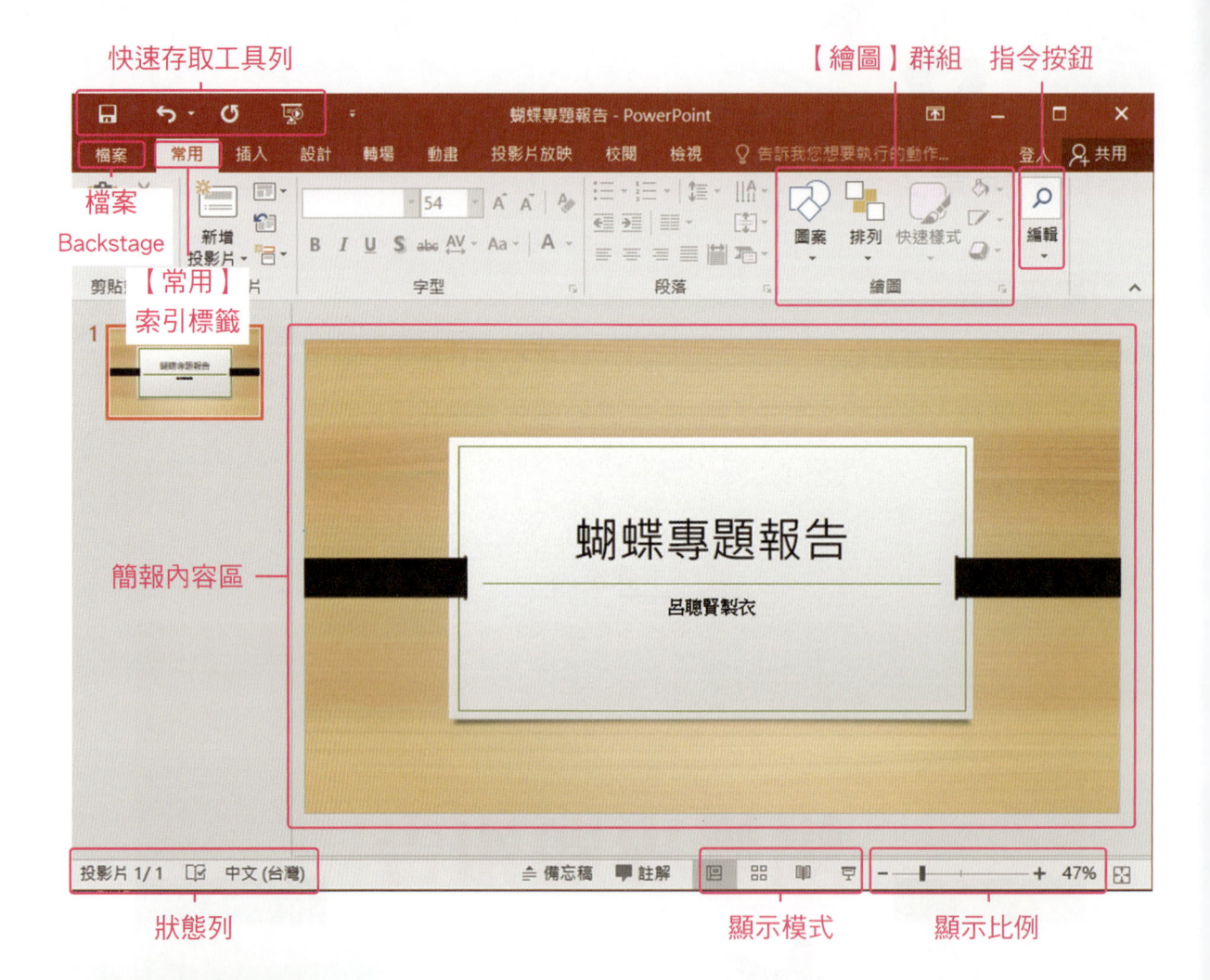

快速存取工具列　　　　　　　　　　　【繪圖】群組　指令按鈕

檔案
Backstage

【常用】
索引標籤

簡報內容區

狀態列　　　　　　　　　　　　顯示模式　　顯示比例

【快速存取工具列】	最常使用功能按鈕，預設包括【儲存檔案】、【復原樣式】、【重複鍵入】、【簡報播放】四種，也可以將常用的指令功能加入快速存取工具列中。
【標籤】	PowerPoint 功能分類有【常用】、【插入】、【設計】、【轉場】、【動畫】、【投影片放映】、【校閱】、【檢視】八個標籤。
【群組】子類別	常用標籤中又有【剪貼簿】、【投影片】、【字型】、【段落】、【繪圖】等功能群組，中間以直立分隔線做為區隔。

【指令】按鈕	指令就是要執行的命令,例如:字型顏色、尺寸、字體等。
【檔案】backstage	右上角最左側的【檔案】稱為 backstage,包括的新增檔案、開啟舊檔、列印檔案、共用、匯出、帳號、選項設定等。
【狀態列】	顯示目前的投影片編號、語系。
【顯示模式】	PowerPoint 有【標準】、【投影片瀏覽】、【閱讀檢視】、【投影片放映】四種顯示模式。
【顯示比例】	文件編輯區的顯示比例調整,例如:放大及縮小顯示。

8-1-2 佈景主題

PowerPoint 提供佈景主題,簡報有不同的設計樣式,讓使用者可以專注於簡報內容。

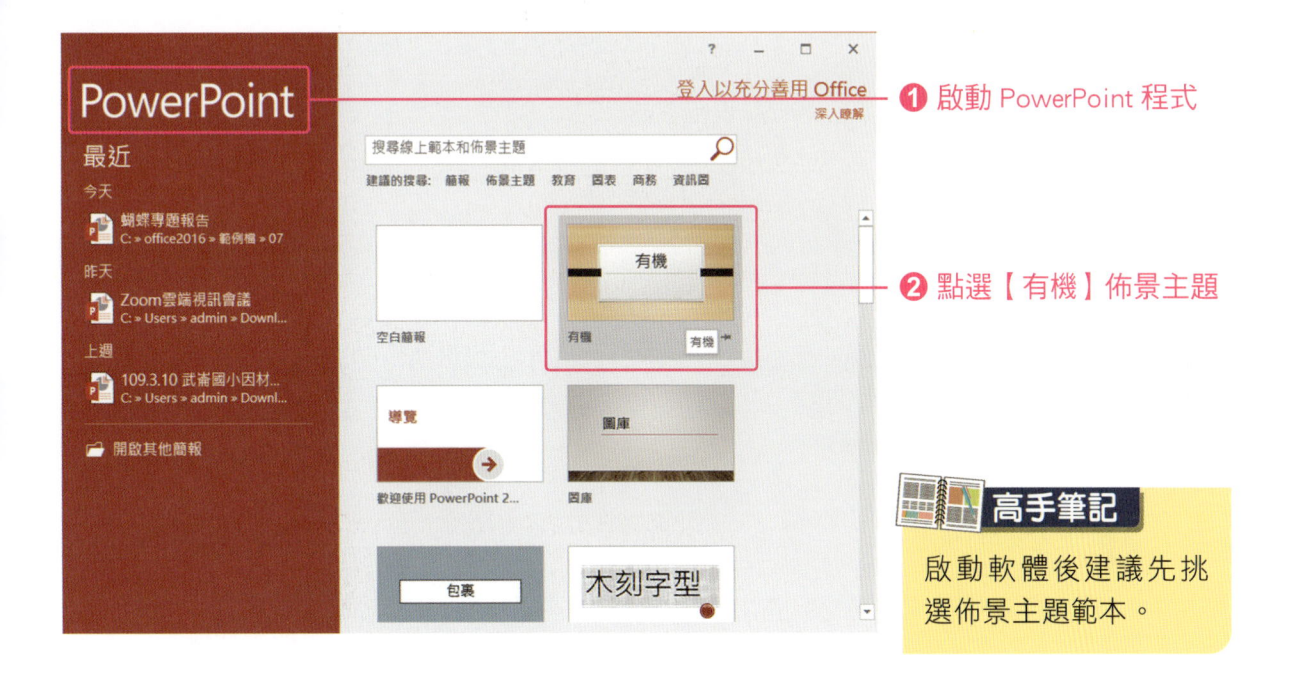

❶ 啟動 PowerPoint 程式

❷ 點選【有機】佈景主題

高手筆記
啟動軟體後建議先挑選佈景主題範本。

專題實作 書面報告呈現技巧

❸ 進入簡報編輯頁面

❹ 點選【設計】標籤可再變更不同的佈景主題

8-2 首頁簡報編輯

8-2-1 輸入簡報標題

接著進入簡報主題標題及副標題的編修,首先輸入「蝴蝶專題報告」主題文字。

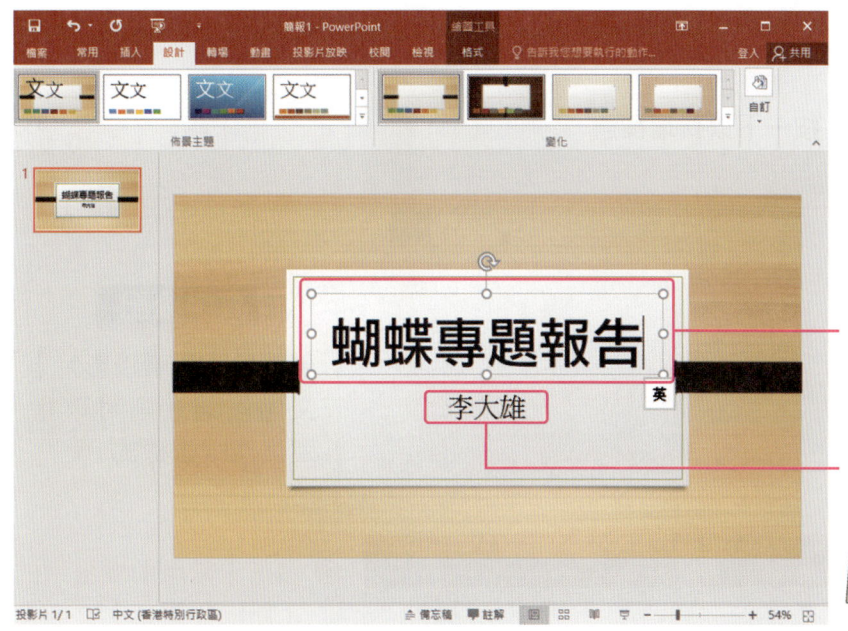

❶ 將主標題改為「蝴蝶專題報告」

❷ 將副標題改為自己的姓名

> **高手筆記**
>
> 一般簡報的首頁,主要呈現簡報的主題與主講人姓名。

❸ 拖曳選取「蝴蝶專題報告」標題後,或是點選框線

❹ 在【常用】標籤中修改文字字型、尺寸、顏色等

> **高手筆記**
>
> 電腦預設字型有新細明、標楷體、微軟正黑體等,也可安裝其它字型套用。

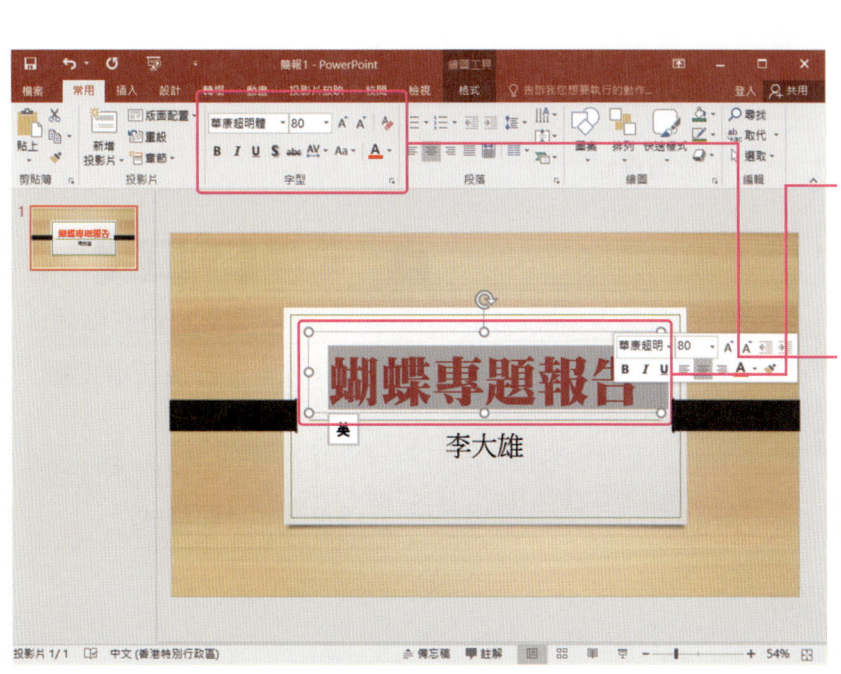

173

專題實作 書面報告呈現技巧

8-2-2 新增投影片

簡報製作通常是新增一頁完成後，再新增第二頁。

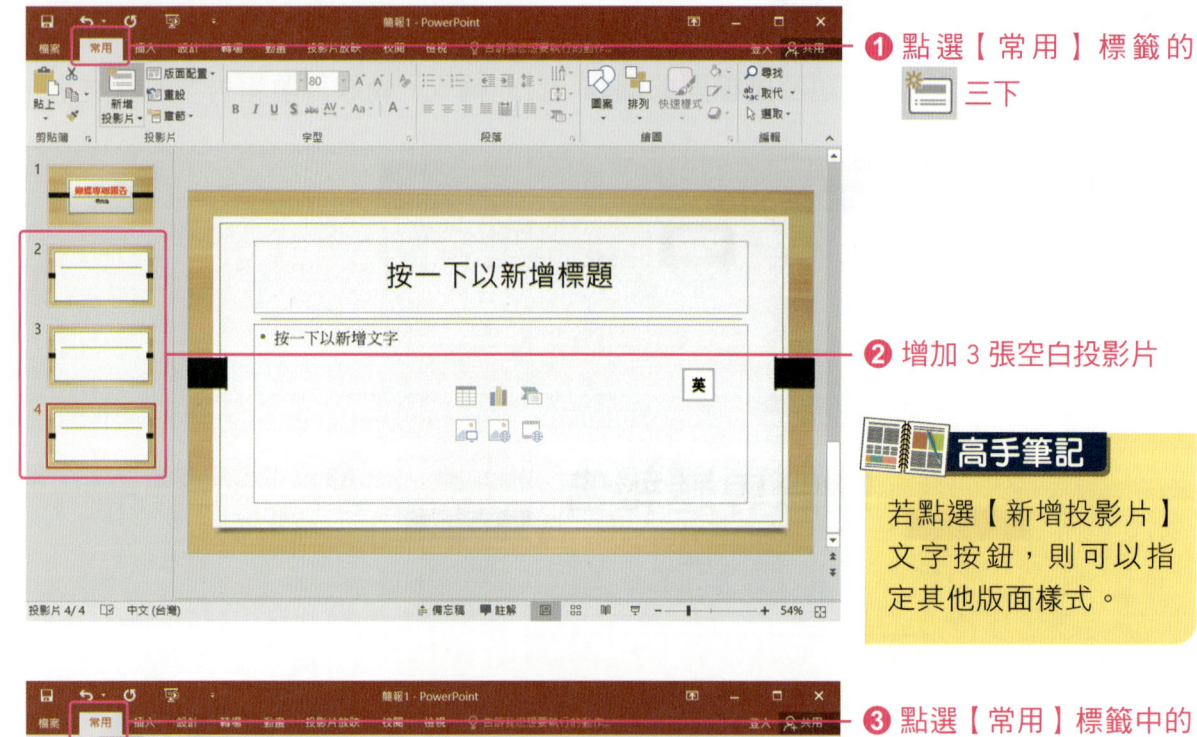

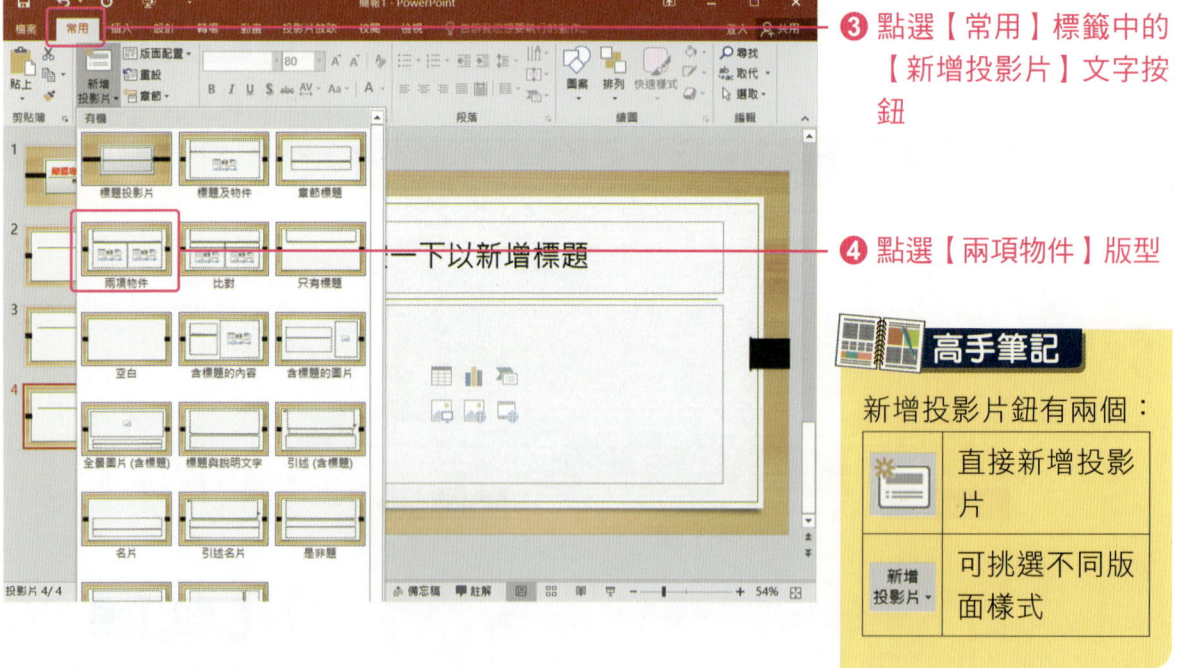

❶ 點選【常用】標籤的 🗔 三下

❷ 增加 3 張空白投影片

高手筆記
若點選【新增投影片】文字按鈕，則可以指定其他版面樣式。

❸ 點選【常用】標籤中的【新增投影片】文字按鈕

❹ 點選【兩項物件】版型

高手筆記
新增投影片鈕有兩個：

🗔	直接新增投影片
新增投影片	可挑選不同版面樣式

174

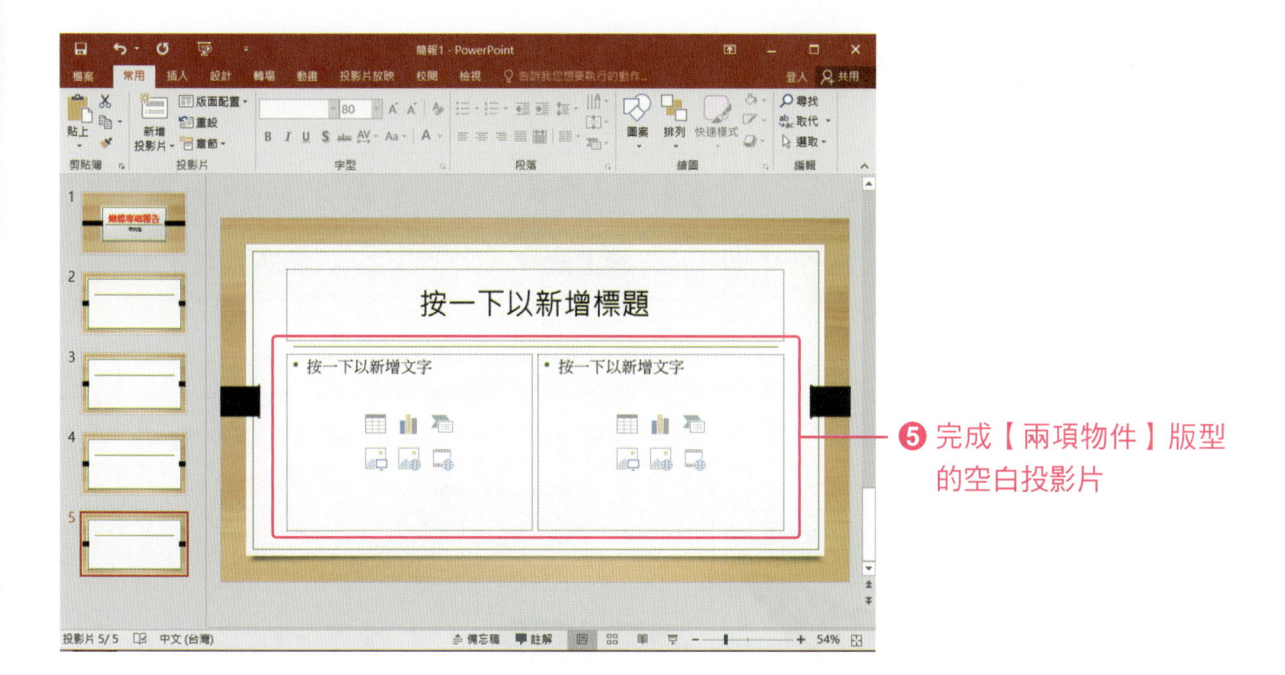

Chapter 8　專題報告簡報製作

❺ 完成【兩項物件】版型的空白投影片

8-2-3 加入圖片

若只有文字說明，還可加上圖片，使簡報內容更為生動。

❶ 點選第 2 張，即是切換到第 2 頁　❷ 點選 【從檔案插入圖片鈕】

175

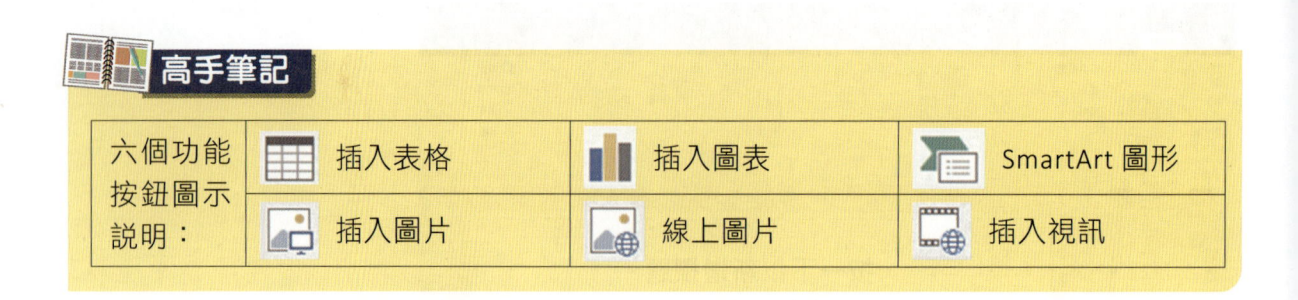

專題實作 書面報告呈現技巧

高手筆記

六個功能按鈕圖示說明：	插入表格	插入圖表	SmartArt 圖形
	插入圖片	線上圖片	插入視訊

❸ 轉場至範例檔 08 資料夾的蝴蝶圖片

❹ 挑選【butterfly_01】照片檔

❺ 點按【插入】

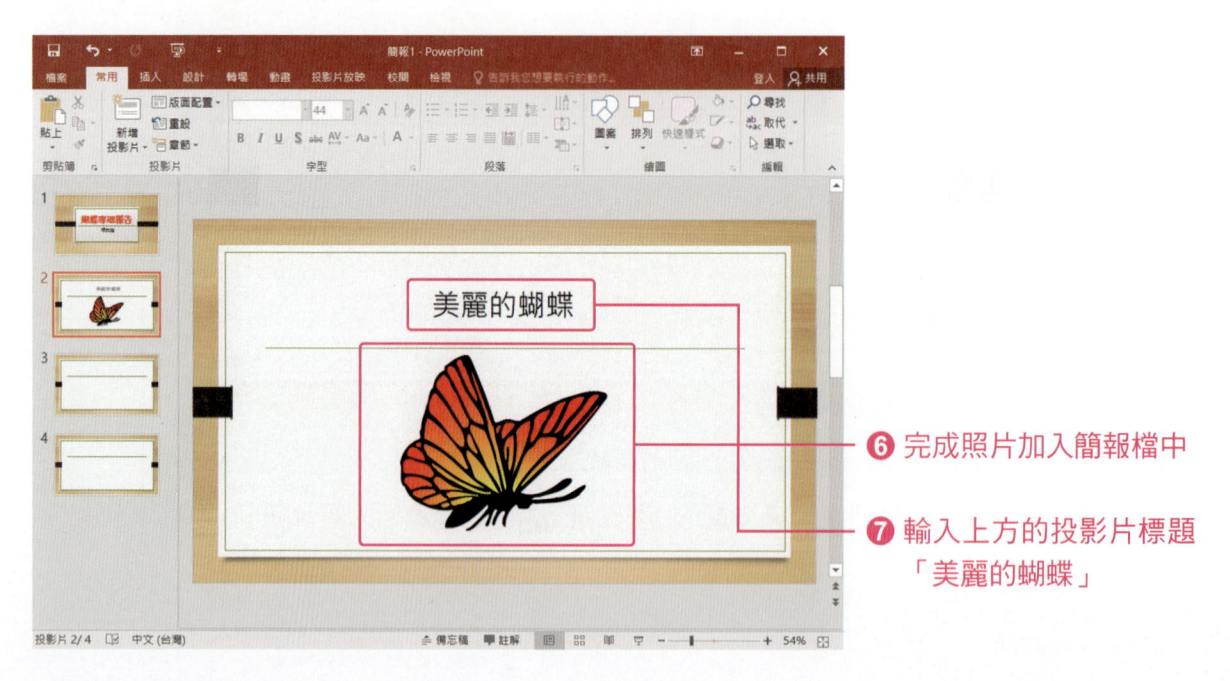

❻ 完成照片加入簡報檔中

❼ 輸入上方的投影片標題「美麗的蝴蝶」

176

8-2-4 圖片樣式

PowerPoint 提供 28 種圖片樣式，可以直接選用，讓圖片更有質感。

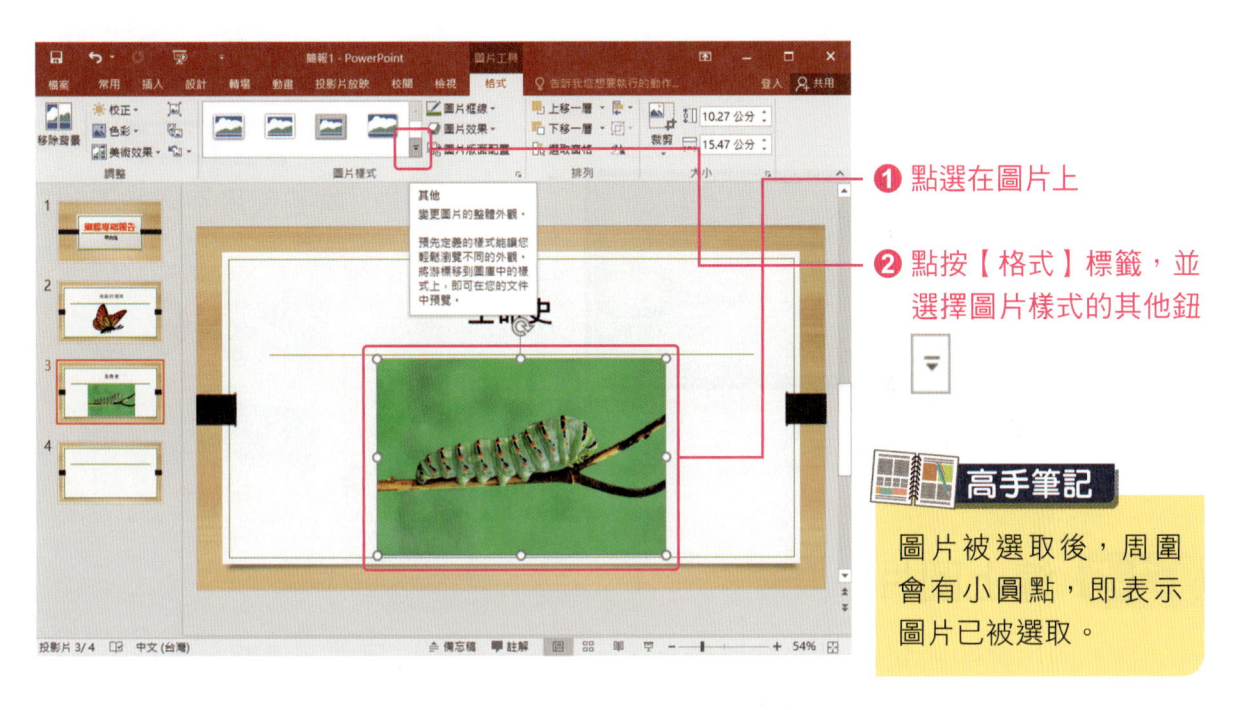

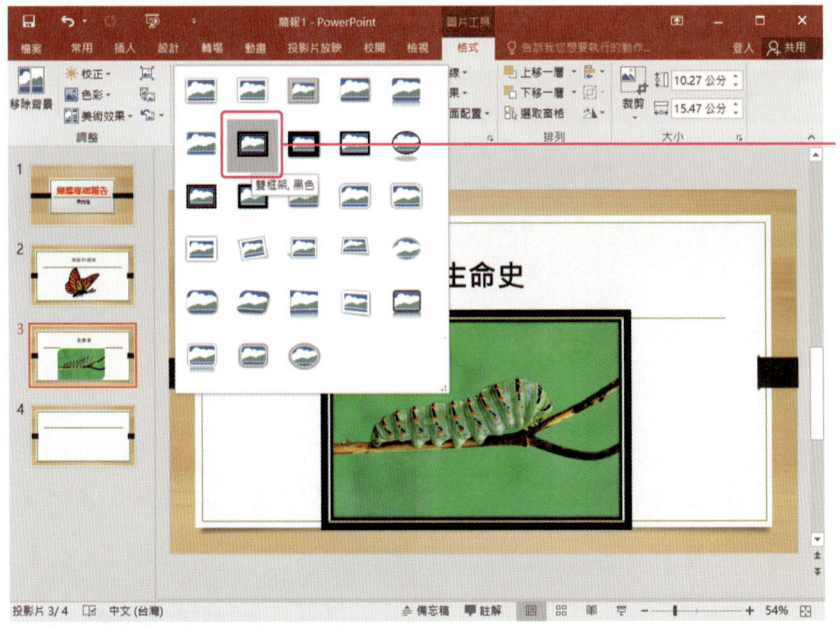

❶ 點選在圖片上

❷ 點按【格式】標籤，並選擇圖片樣式的其他鈕

高手筆記
圖片被選取後，周圍會有小圓點，即表示圖片已被選取。

❸ 選擇樣式【雙框架 - 黑色】

高手筆記
圖片樣式可加強圖片的影像處理效果。

專題實作 書面報告呈現技巧

❹ 完成圖片套用樣式效果

高手筆記

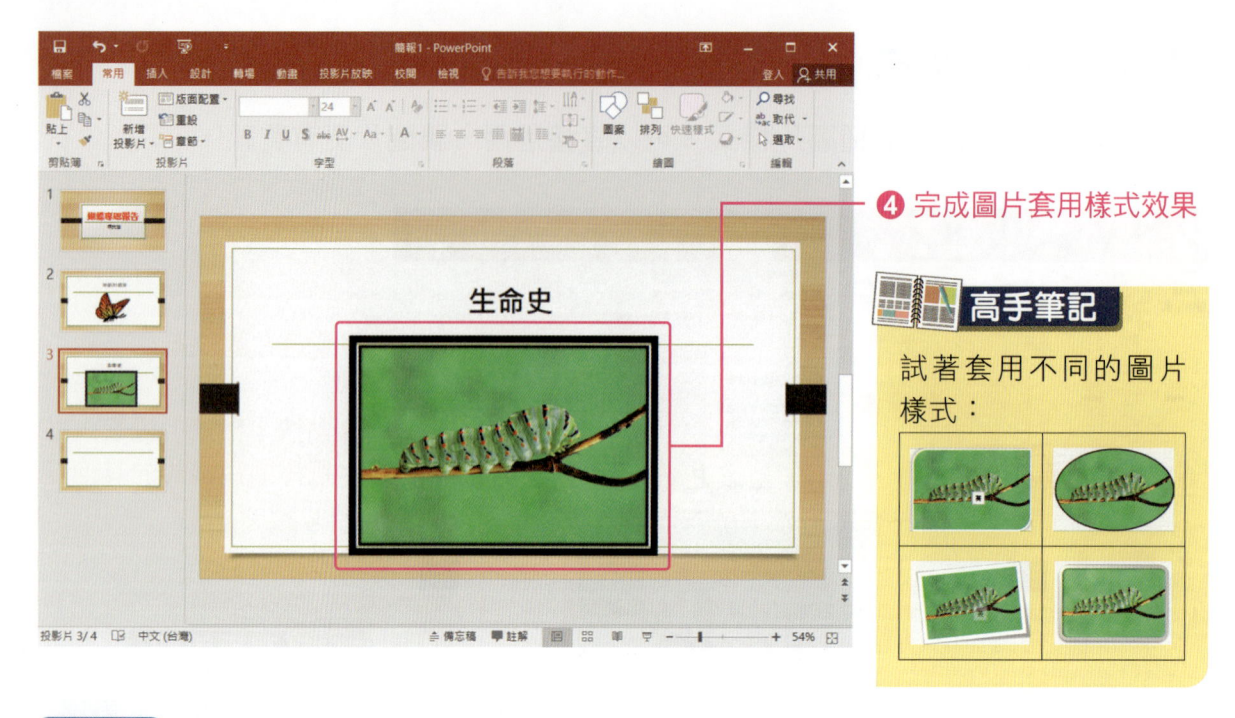

試著套用不同的圖片樣式：

8-2-5 線上圖片

線上圖片會開啟 bing 搜尋網路圖片，可分類、顏色、尺寸、日期、大小等進行搜尋。

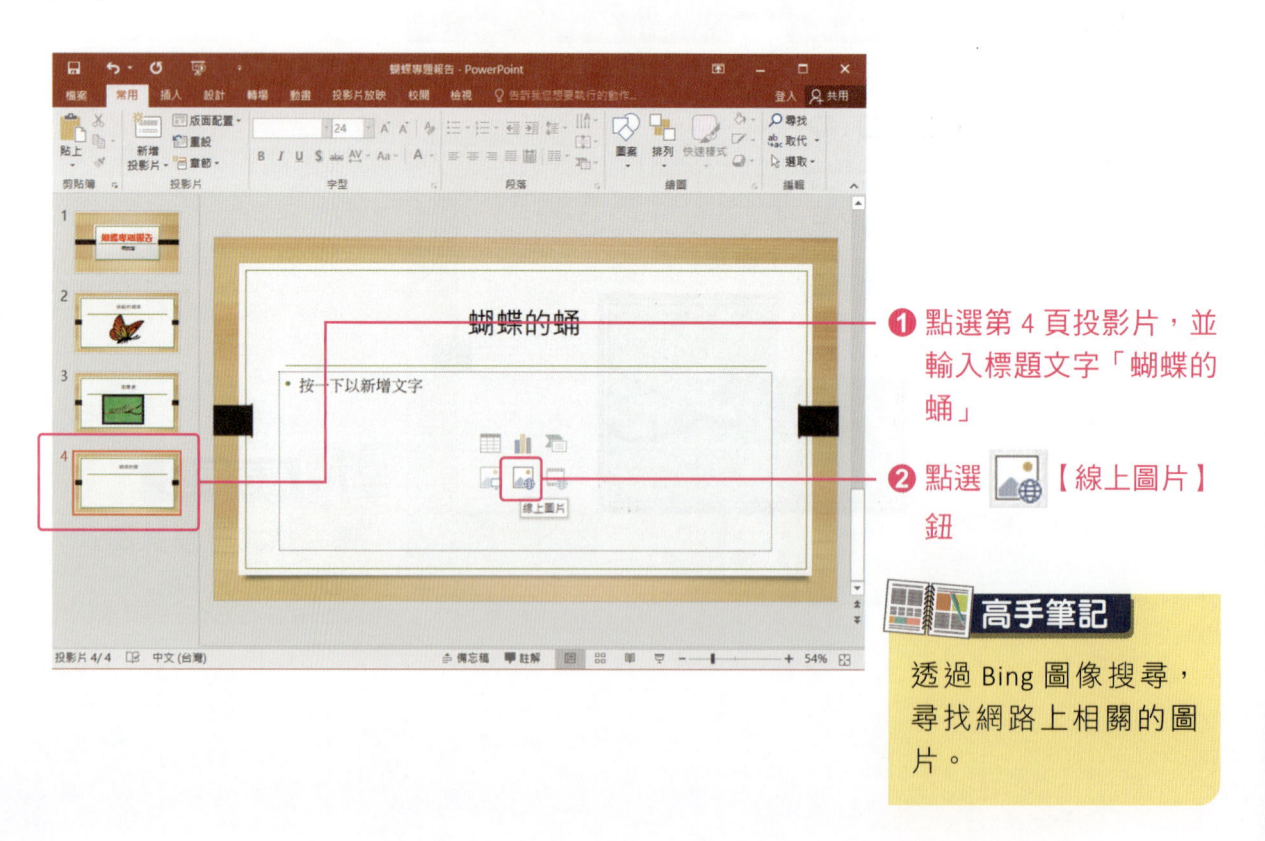

❶ 點選第 4 頁投影片，並輸入標題文字「蝴蝶的蛹」

❷ 點選 【線上圖片】鈕

高手筆記

透過 Bing 圖像搜尋，尋找網路上相關的圖片。

178

插入圖片

Bing 影像搜尋　　蝴蝶的蛹　　❸ 在搜尋欄位中輸入「蝴蝶的蛹」

OneDrive - 個人　　瀏覽 ▶

高手筆記

網路必須連線才能進行搜尋工作，輸入中文或英文皆可。

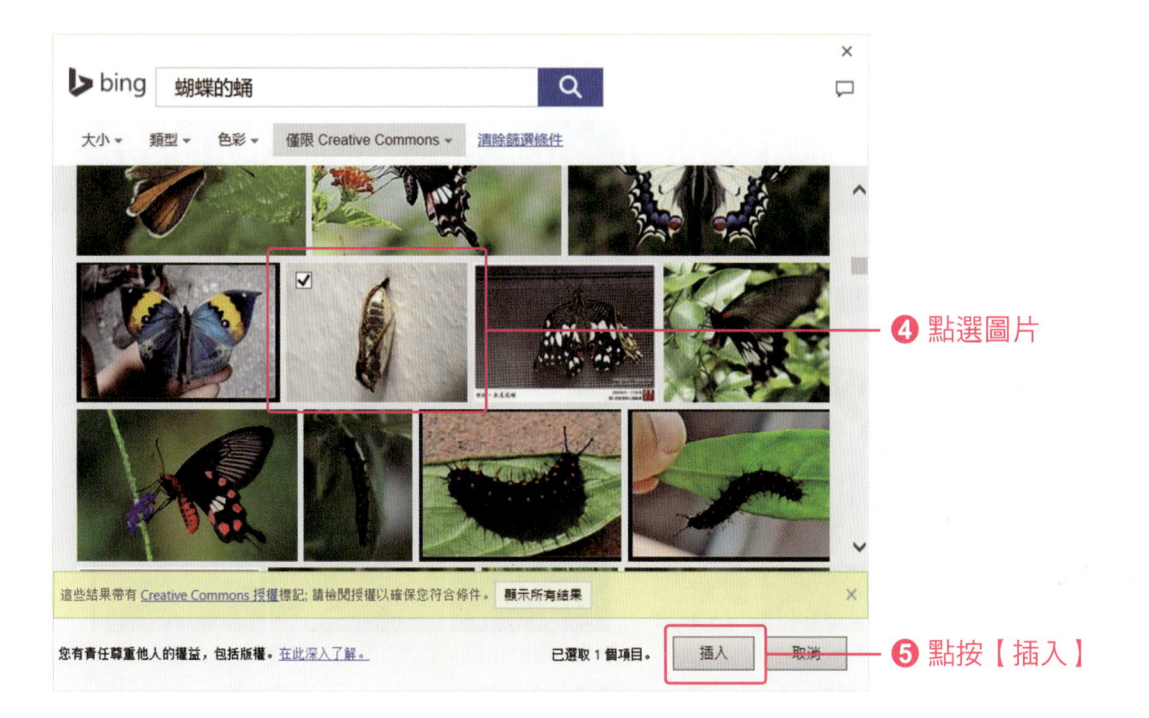

❹ 點選圖片

❺ 點按【插入】

專題實作 書面報告呈現技巧

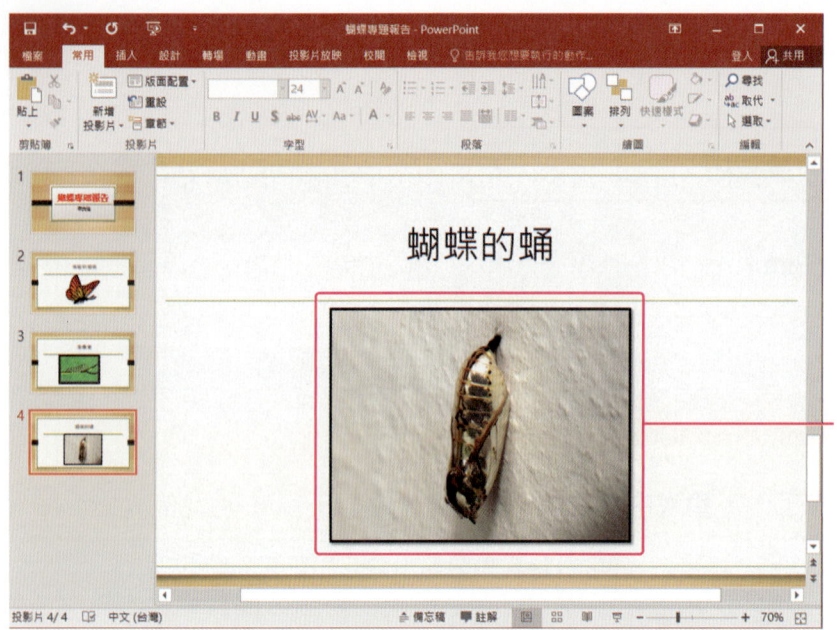

❻ 使用拖曳方式調整圖片位置

Bing 可以使用【大小】、【相片】、【色彩】、【創用 Creative Commons】四種分類搜尋圖片

轉換為【插圖】	轉換為【相片】

180

8-3 投影片轉場效果

8-3-1 投影片轉場

PowerPoint 投影片的轉場效果,使投影片有為動態、更具立體的視覺效果,讓簡報的展示更為精采。

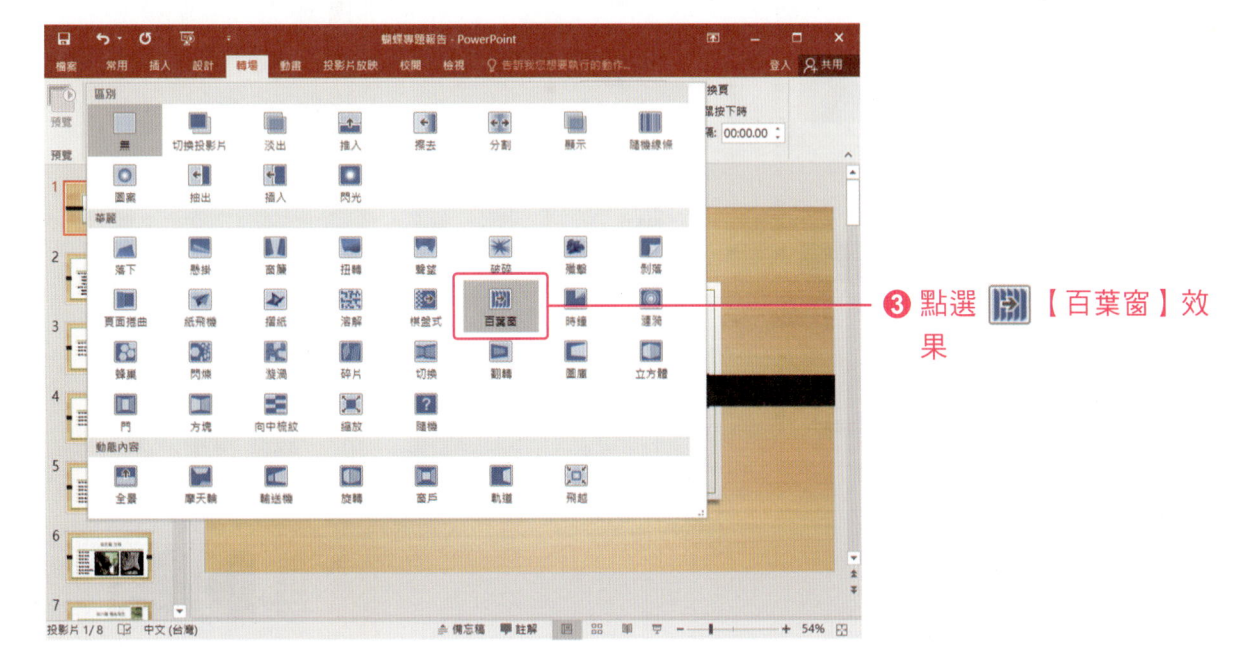

❶ 開啟資料夾 08 中的【蝴蝶專題報告】簡報檔

❷ 點選【轉場】標籤的 ▼ 其他鈕

❸ 點選 【百葉窗】效果

專題實作 書面報告呈現技巧

8-3-2 投影片瀏覽模式

投影片瀏覽模式方便設定轉場效果和拖曳調整順序。

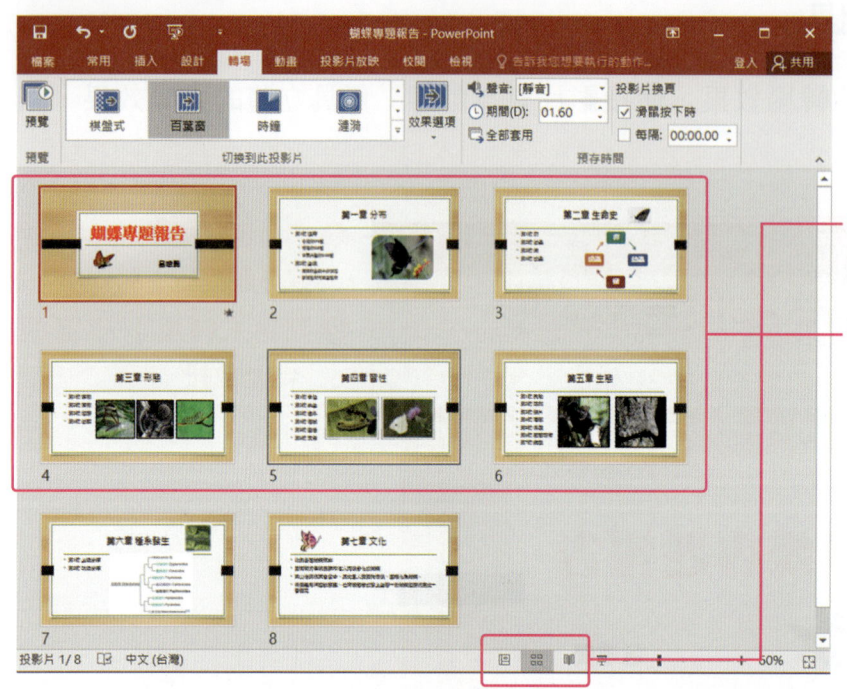

❶ 點選下方的 ■■【瀏覽模式】

❷ 投影片會並列顯示，右下角的縮放顯示可以調整投影片顯示尺寸

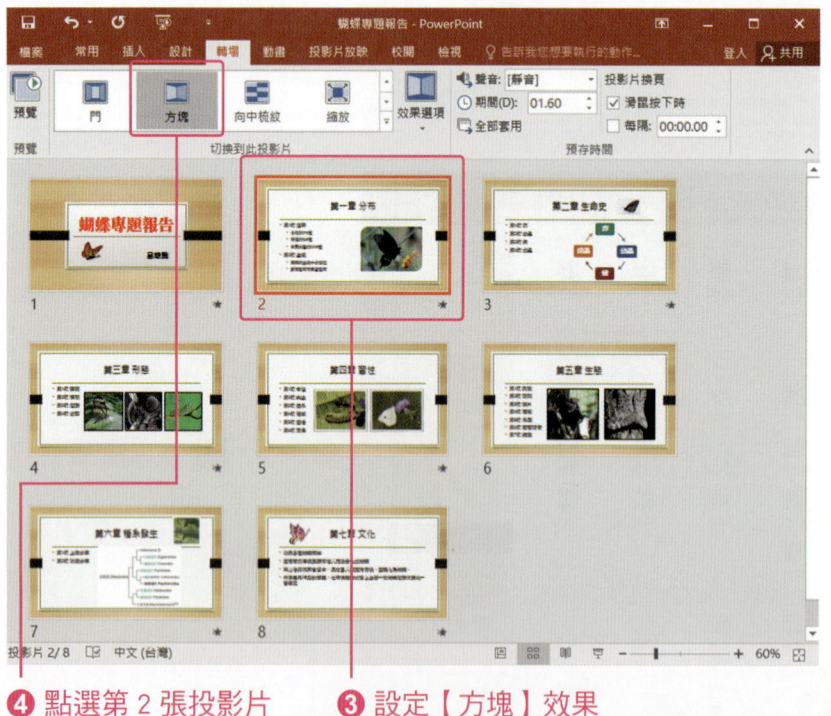

❹ 點選第 2 張投影片　　❸ 設定【方塊】效果

高手筆記

簡報設定轉場效果後，會有動態星星圖形顯示 ★：

未設定轉場效果

設定轉場效果

182

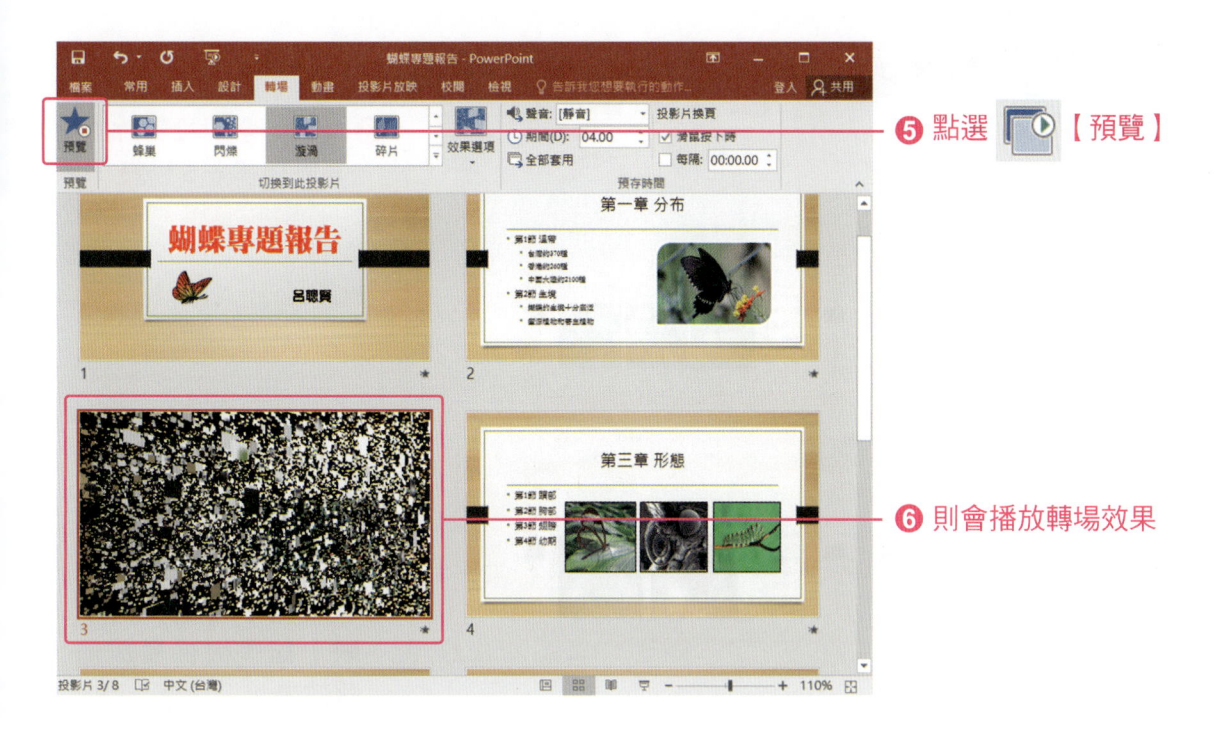

Chapter 8　專題報告簡報製作

❺ 點選【預覽】

❻ 則會播放轉場效果

8-3-3 投影片換頁設定

滑鼠點下投影片時可換頁，另外也可以改為設定【每隔 5 秒】自動換頁。

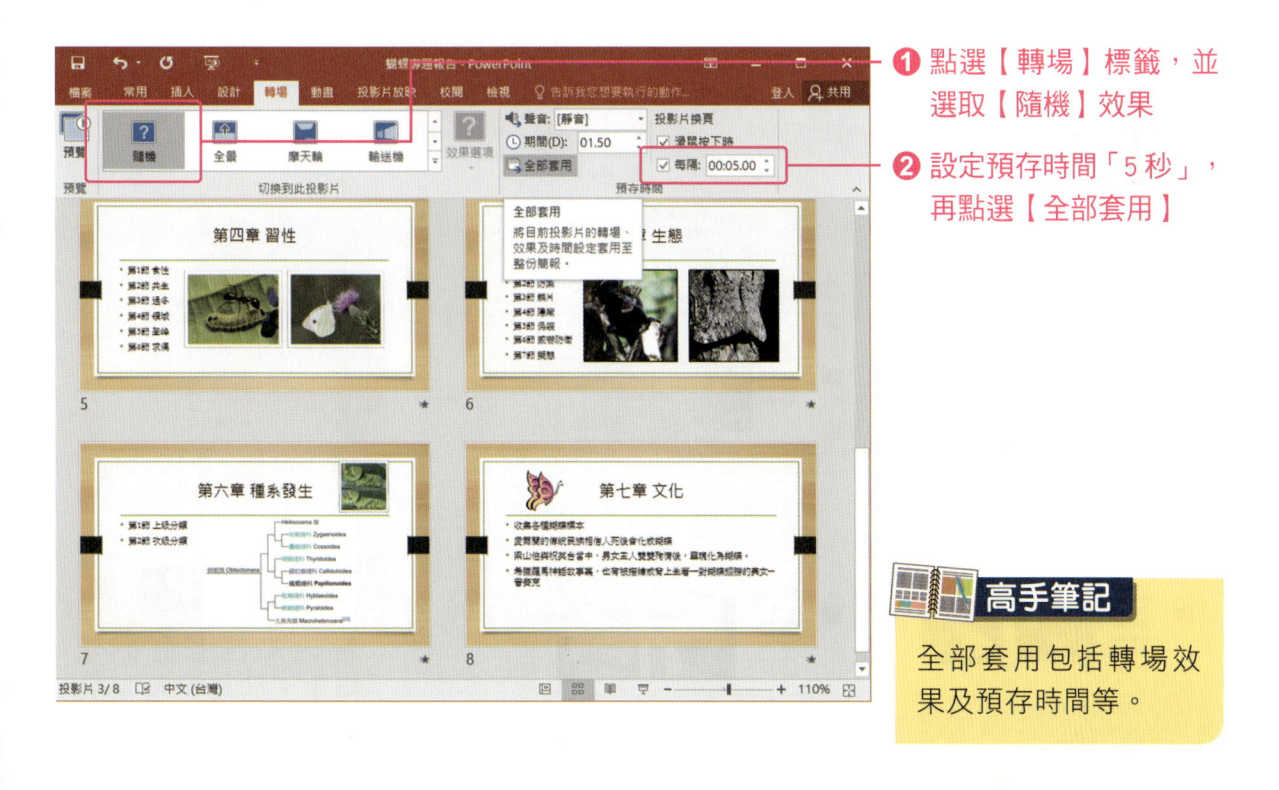

❶ 點選【轉場】標籤，並選取【隨機】效果

❷ 設定預存時間「5 秒」，再點選【全部套用】

高手筆記

全部套用包括轉場效果及預存時間等。

183

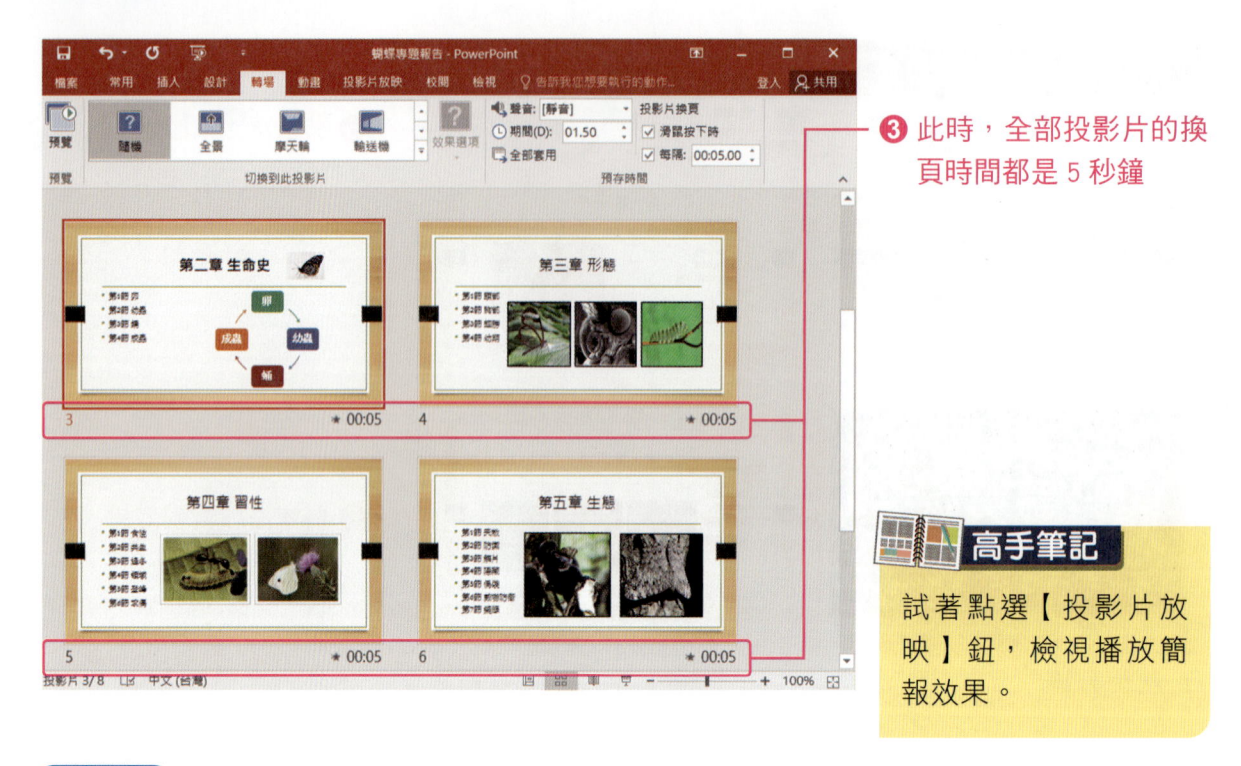

專題實作 書面報告呈現技巧

❸ 此時，全部投影片的換頁時間都是 5 秒鐘

高手筆記

試著點選【投影片放映】鈕，檢視播放簡報效果。

8-3-4 投影片換頁聲音

投影片換頁可以設定切換聲音，不過一般正式的提案簡報，則不建議使用聲音效果。

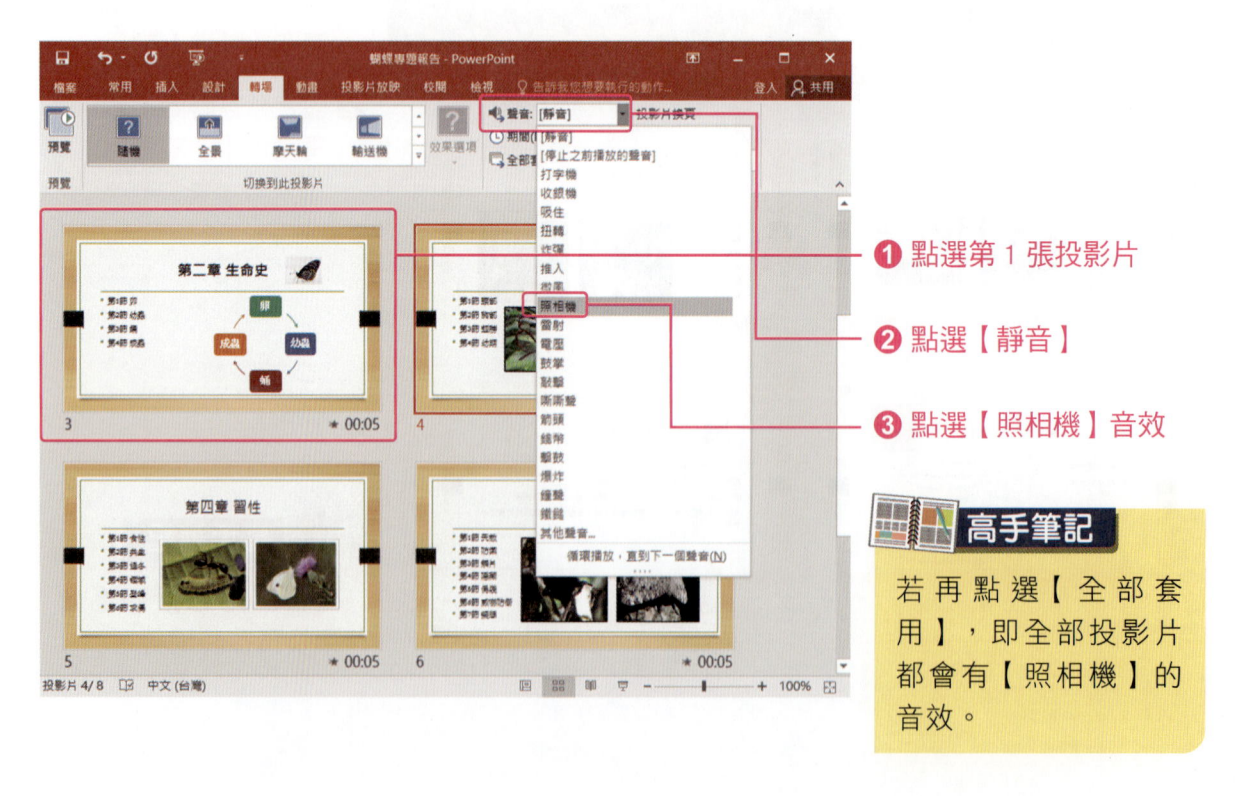

❶ 點選第 1 張投影片

❷ 點選【靜音】

❸ 點選【照相機】音效

高手筆記

若再點選【全部套用】，即全部投影片都會有【照相機】的音效。

184

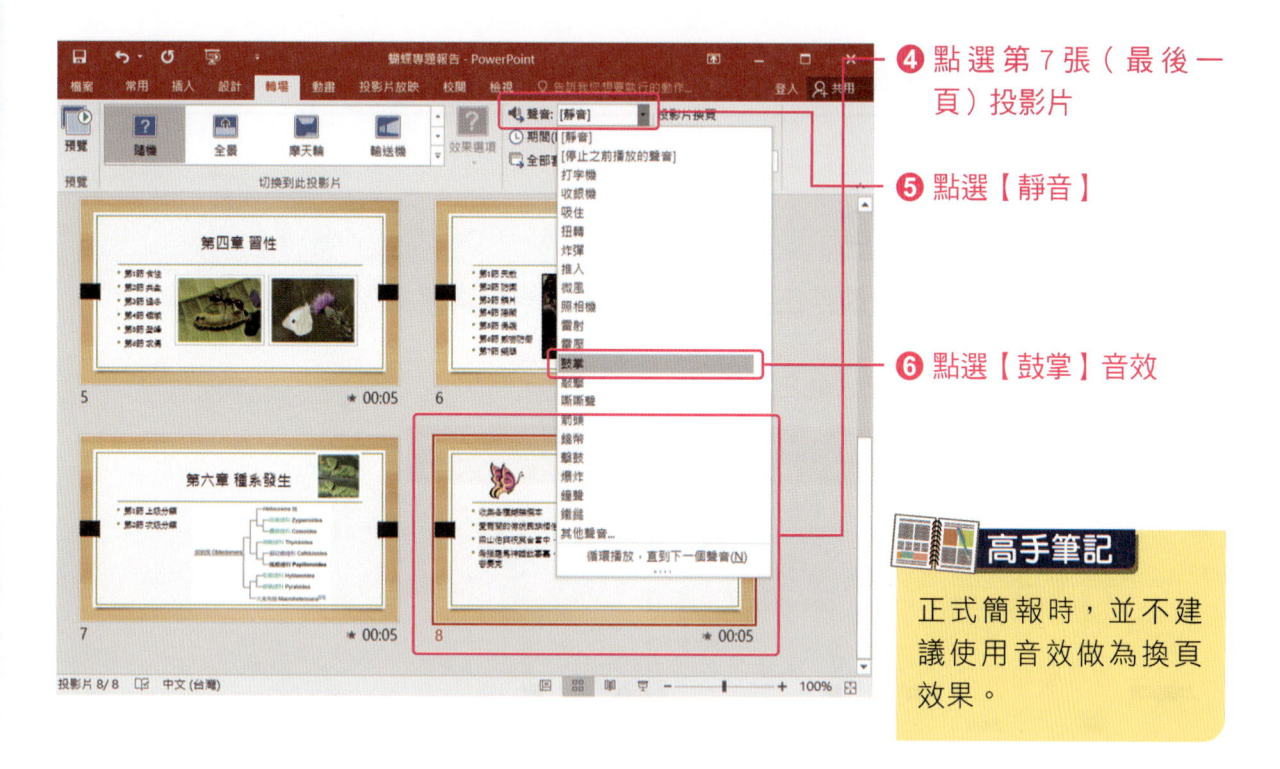

Chapter 8　專題報告簡報製作

❹ 點選第 7 張（最後一頁）投影片

❺ 點選【靜音】

❻ 點選【鼓掌】音效

高手筆記

正式簡報時，並不建議使用音效做為換頁效果。

8-4 儲存檔案

8-4-1 儲存簡報檔

完成的簡報必須進行儲存工作，PowerPoint 的檔案格式為「.pptx」。

❶ 點選【檔案】，也可以點選最左上角的【儲存】鈕。

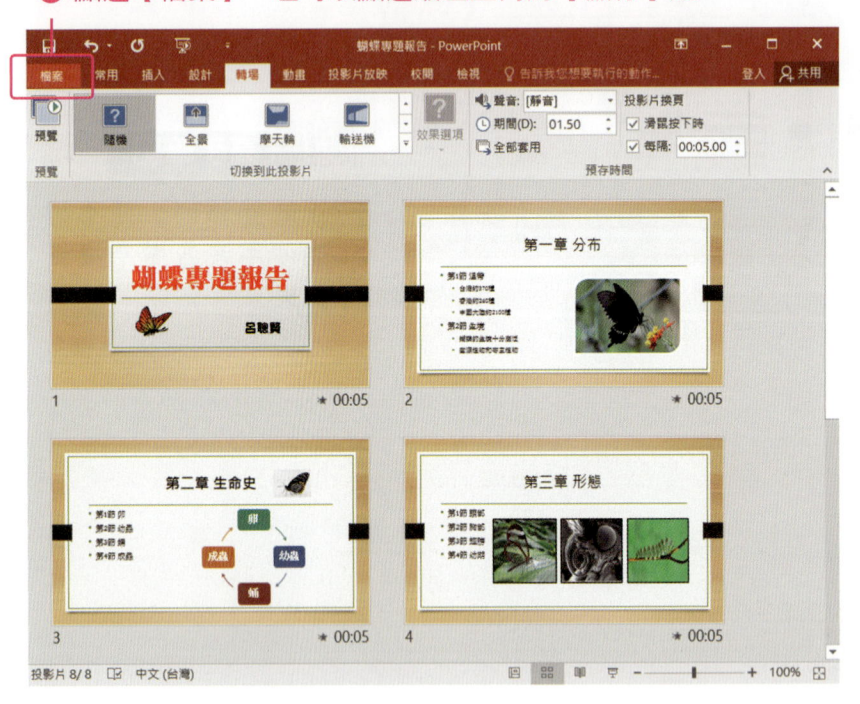

❷ 點選【儲存檔案】

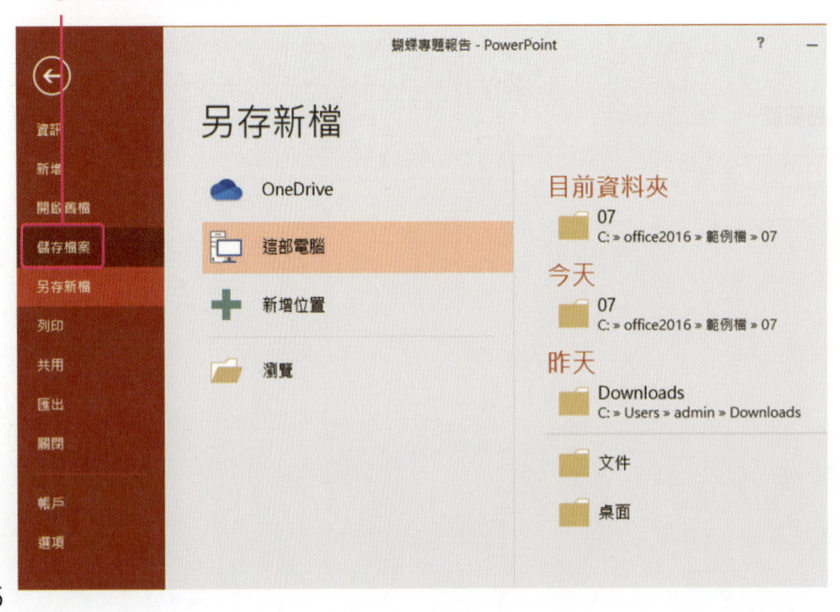

高手筆記

【OneDrive】是微軟公司的雲端硬碟，免費申請帳號後，即可將檔案儲存在自己的雲端硬碟，在有網路的地方亦可使用。

8-4-2 儲存播放檔

播放檔是當簡報開啟時,會自動播放簡報。

高手筆記

播放檔開啟時,會自動播放簡報,並不會開啟 PowerPoint 的功能畫面。

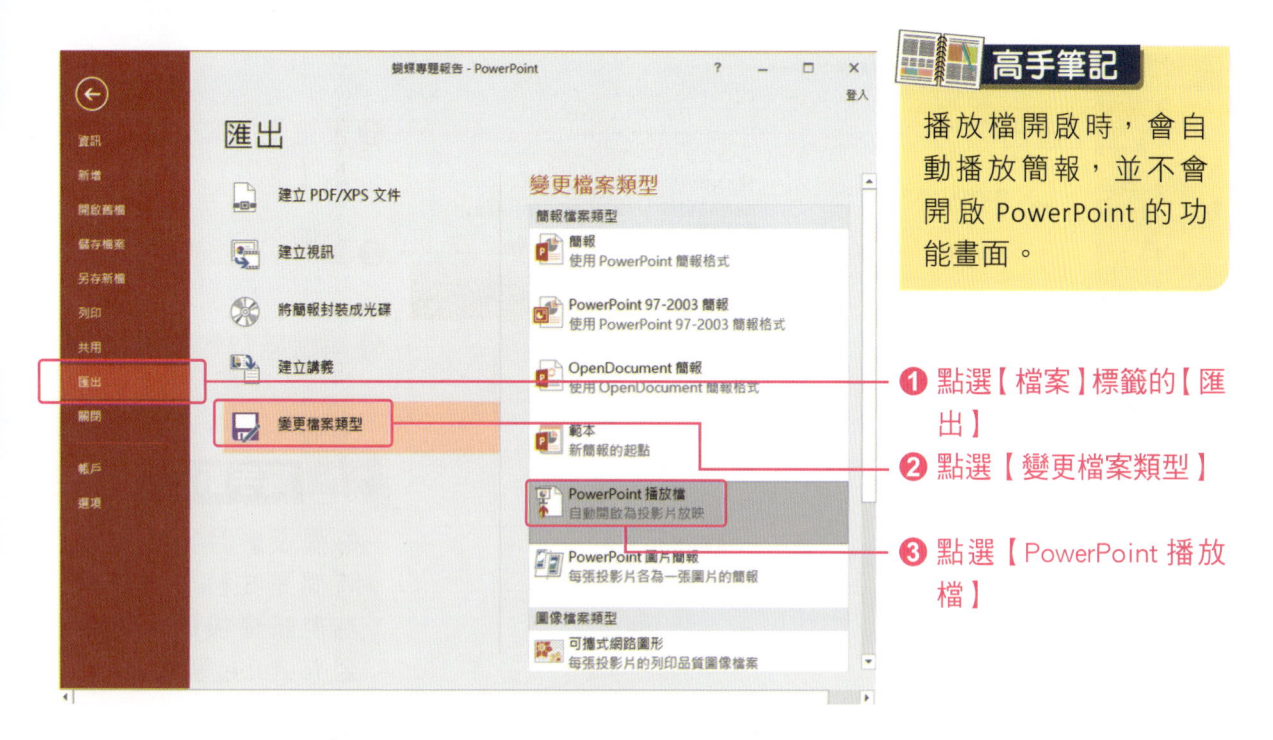

❶ 點選【檔案】標籤的【匯出】
❷ 點選【變更檔案類型】
❸ 點選【PowerPoint 播放檔】

開啟播放檔:直接播放簡報內容	開啟簡報檔:會開啟 PowerPoint 軟體

高手筆記

試著使用檔案總管開啟播放檔、簡報檔看看不同的效果。

專題實作 書面報告呈現技巧

8-4-3 儲存視訊檔

儲存為視訊就能上傳到 YouTube 網站喔！

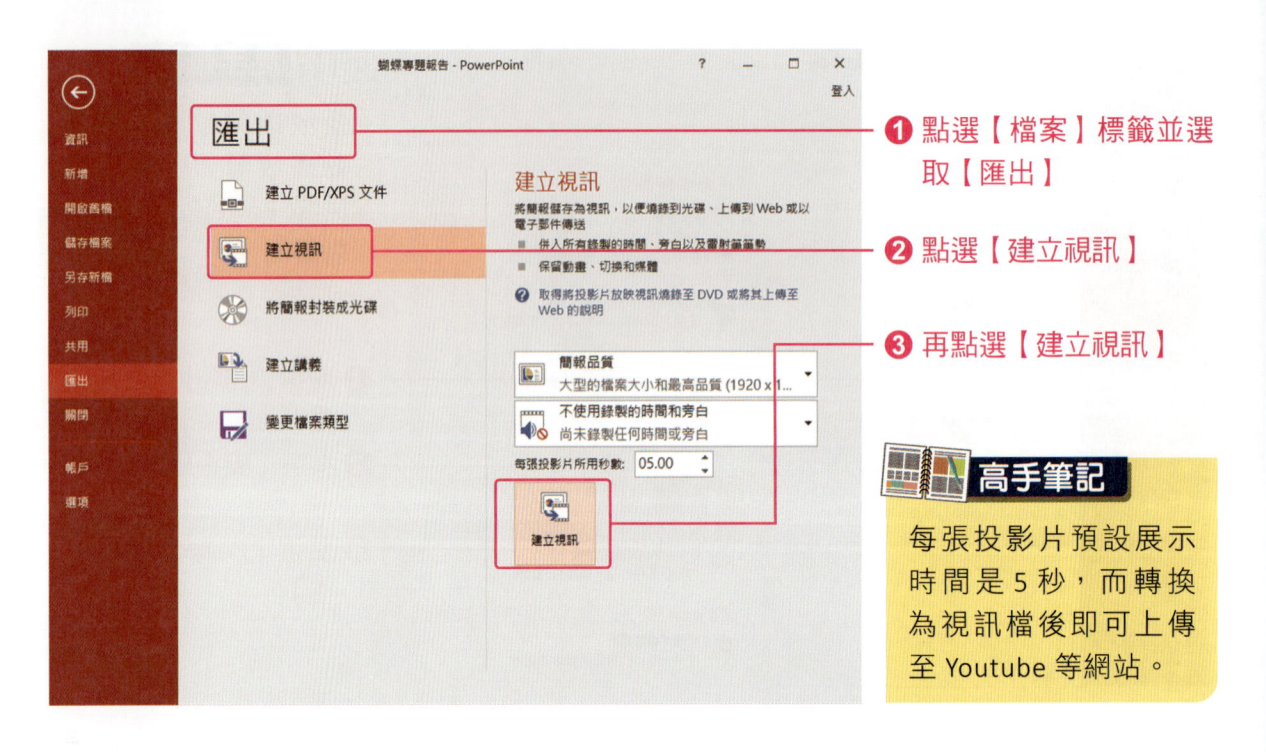

❶ 點選【檔案】標籤並選取【匯出】

❷ 點選【建立視訊】

❸ 再點選【建立視訊】

高手筆記
每張投影片預設展示時間是 5 秒，而轉換為視訊檔後即可上傳至 Youtube 等網站。

❹ 接著儲存資料夾

❺ 輸入檔案名稱「蝴蝶專題報告」

❻ 點選【儲存】

高手筆記
轉換視訊影片檔的時間較久，可觀看畫面下方的轉換進度。

188

8-4-4 儲存 PDF 檔

PDF 檔具有跨平台的功能，在現今多數的裝置都能觀看。

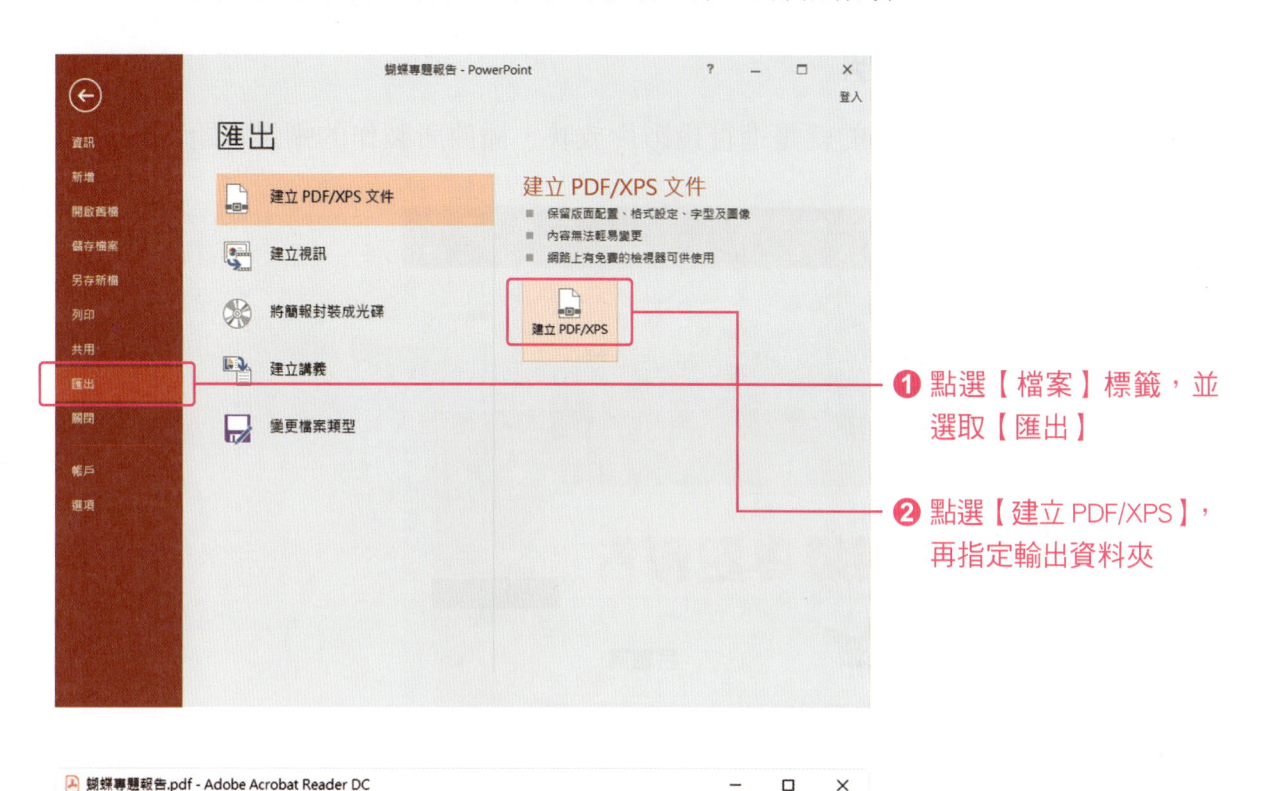

❶ 點選【檔案】標籤，並選取【匯出】

❷ 點選【建立 PDF/XPS】，再指定輸出資料夾

❸ 建立完成會自動開啟 PDF 文件檔

> **高手筆記**
>
> PDF 的閱讀程式建議至 Adobe 官網免費下載安裝。

8-5 播放投影片

8-5-1 投影片放映

簡報完成後，最重要的就是進行投影片放映，播放所製作的蝴蝶專題報告。

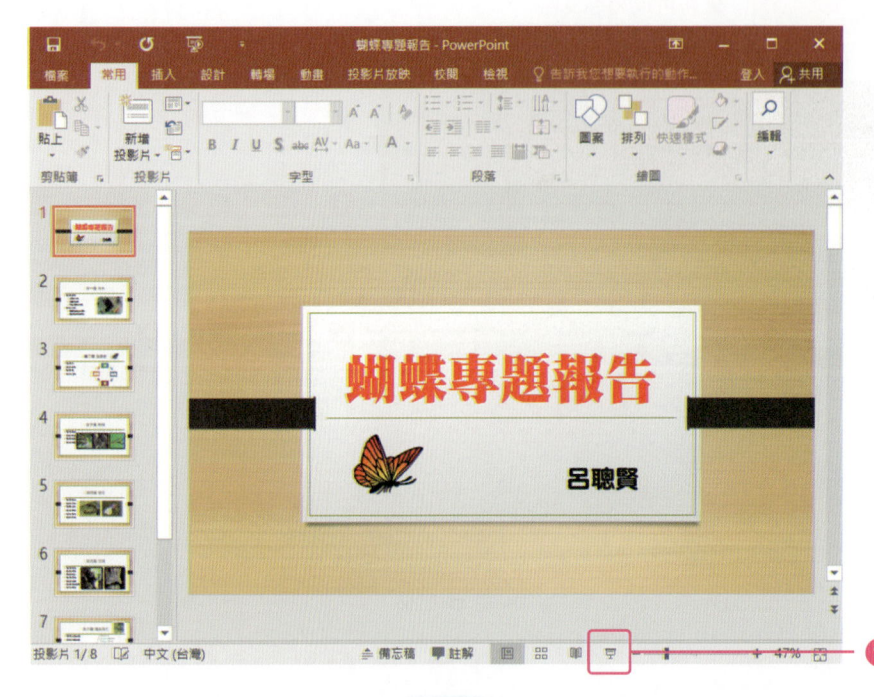

❶ 點選下方的 🖥 【投影片放映】鈕

❷ 進行簡報播放模式，會以全螢幕方式進行，點選滑鼠左鍵時，會跳至下一張簡報

高手筆記

按【Esc】鍵可以結束簡報。

Chapter 8　專題報告簡報製作

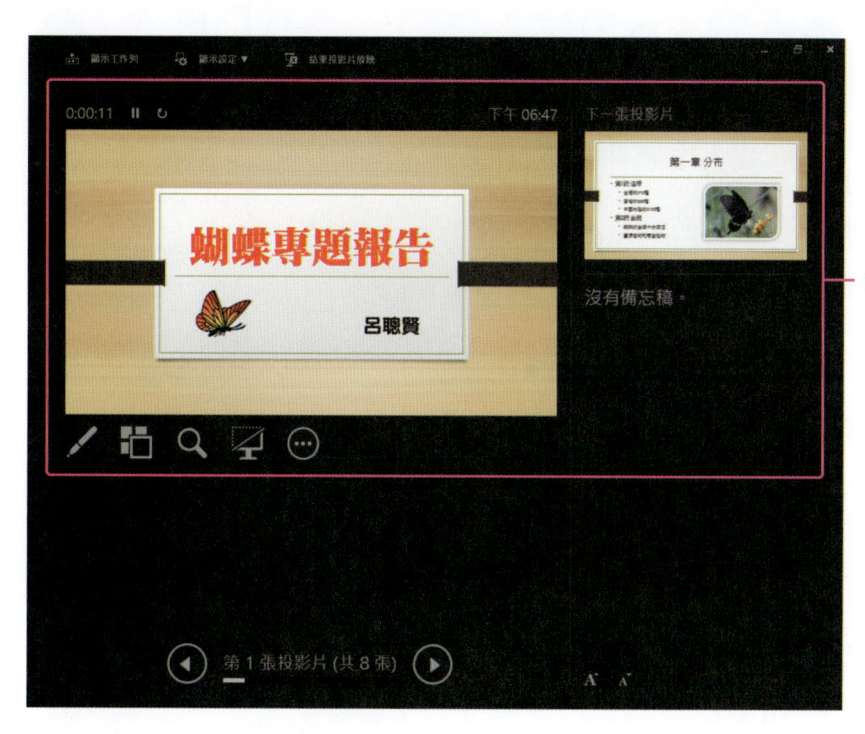

❸ 若是雙螢幕時，或是使用筆記型電腦接上投影機，那麼筆電上的畫面就會顯示現在投影片，和下一張投影片的預覽畫面。

8-5-2 快速鍵應用

播放簡報時，部分常見的快速鍵建議記起來，在播放簡報時會更加流暢。

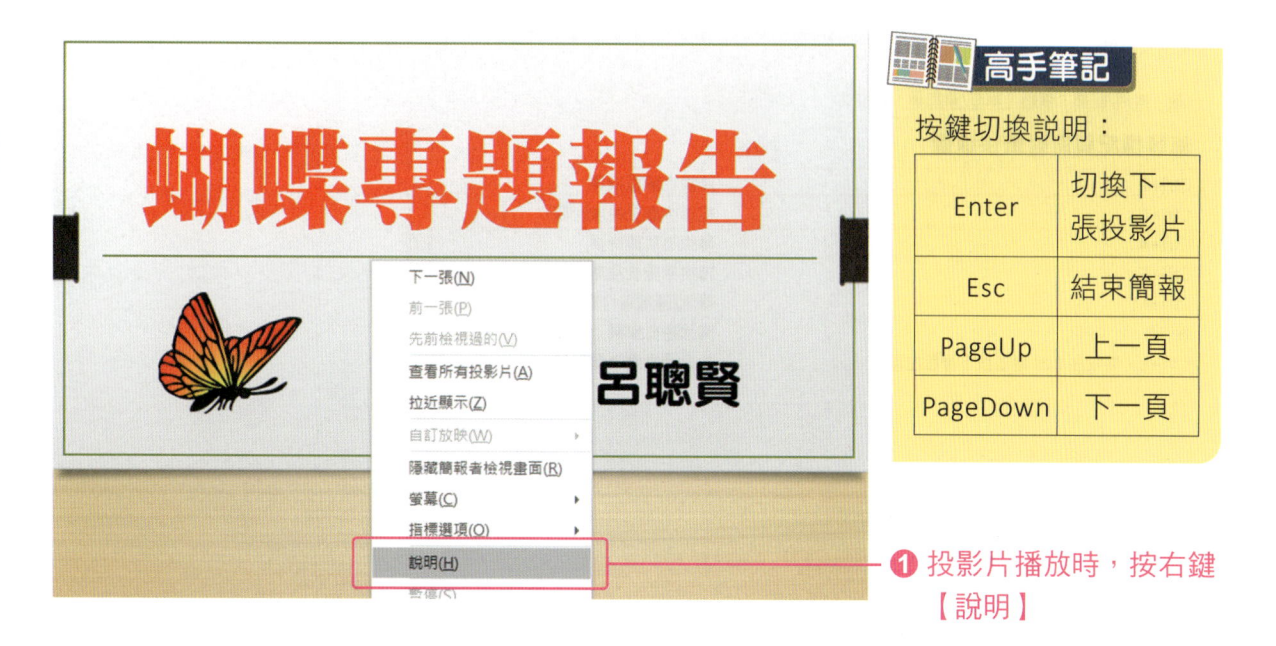

高手筆記

按鍵切換說明：

Enter	切換下一張投影片
Esc	結束簡報
PageUp	上一頁
PageDown	下一頁

❶ 投影片播放時，按右鍵【說明】

191

❷ 在【一般】標籤中，較重要的快速鍵有：
　　【到一頁投影片】：$\boxed{\text{Enter}}$ 鍵
　　【回上頁投影片】：$\boxed{\text{PageUP}}$ 鍵
　　【結束投影片放映】：$\boxed{\text{Esc}}$ 鍵

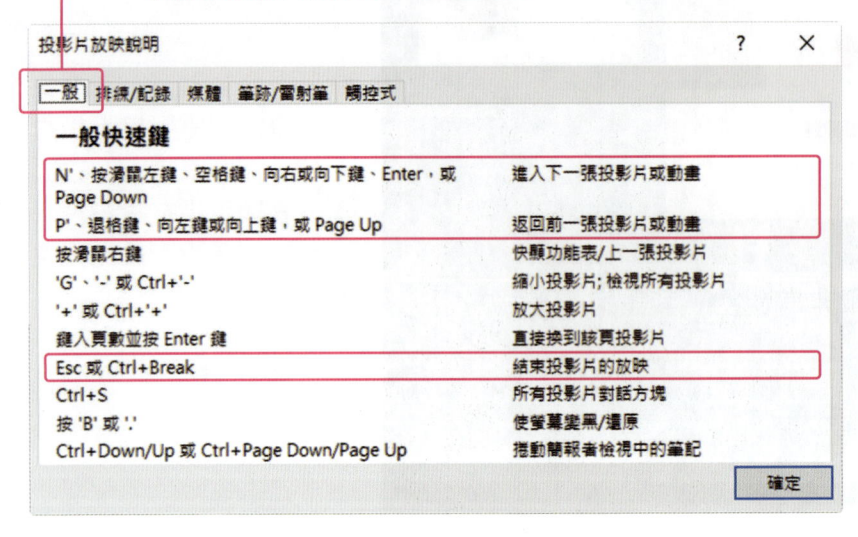

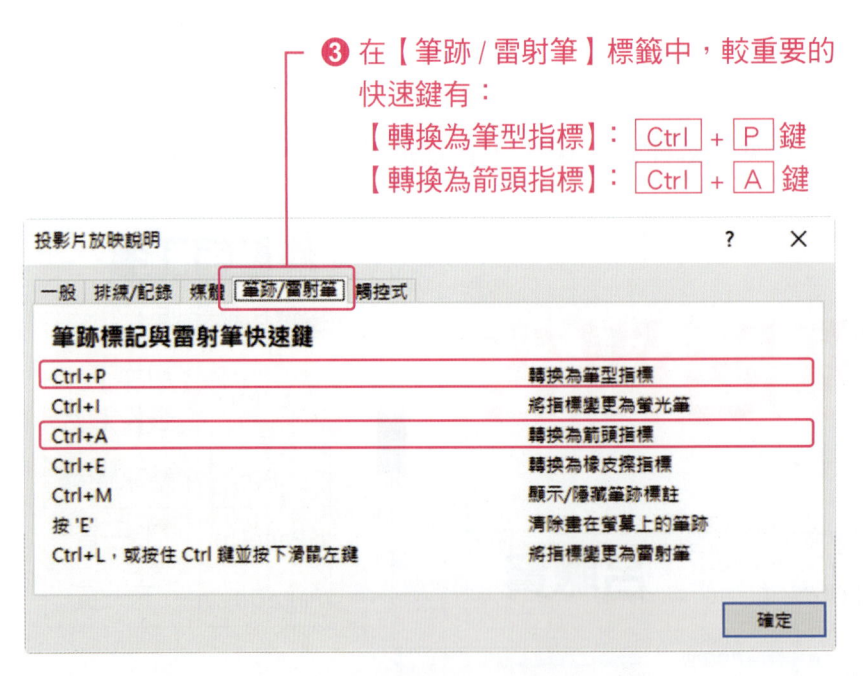

一般快速鍵	
N'、按滑鼠左鍵、空格鍵、向右或向下鍵、Enter，或 Page Down	進入下一張投影片或動畫
P'、退格鍵、向左鍵或向上鍵，或 Page Up	返回前一張投影片或動畫
按滑鼠右鍵	快顯功能表/上一張投影片
'G'、'-' 或 Ctrl+'-'	縮小投影片; 檢視所有投影片
'+' 或 Ctrl+'+'	放大投影片
鍵入頁數並按 Enter 鍵	直接換到該頁投影片
Esc 或 Ctrl+Break	結束投影片的放映
Ctrl+S	所有投影片對話方塊
按 'B' 或 '.'	使螢幕變黑/還原
Ctrl+Down/Up 或 Ctrl+Page Down/Page Up	捲動簡報者檢視中的筆記

❸ 在【筆跡/雷射筆】標籤中，較重要的快速鍵有：
　　【轉換為筆型指標】：$\boxed{\text{Ctrl}}$ + $\boxed{\text{P}}$ 鍵
　　【轉換為箭頭指標】：$\boxed{\text{Ctrl}}$ + $\boxed{\text{A}}$ 鍵

筆跡標記與雷射筆快速鍵	
Ctrl+P	轉換為筆型指標
Ctrl+I	將指標變更為螢光筆
Ctrl+A	轉換為箭頭指標
Ctrl+E	轉換為橡皮擦指標
Ctrl+M	顯示/隱藏筆跡標註
按 'E'	清除畫在螢幕上的筆跡
Ctrl+L，或按住 Ctrl 鍵並按下滑鼠左鍵	將指標變更為雷射筆

Chapter 8 課後習題

_____ 1. 下列何者為 PowerPoint 新增投影片的按鈕是哪一個？

(A) ▧　(B) ➕　(C) 🎞　(D) 🔊。

_____ 2. 新增的投影片，若要加入圖片時，應該點選？

(A) ▧　(B) ▧　(C) ▮▮　(D) ▧。

_____ 3. 線上圖片的圖庫非常豐富，其設定的按鈕為下列何者？

(A) ▧　(B) ▧　(C) ▮▮　(D) ▧。

_____ 4. 簡報製作完成，要進行播放測試的放映鈕為下列何者？

(A) 📖　(B) ▦　(C) 📽　(D) ▭。

_____ 5. 下列何者為投影片切換到下一頁的快速鍵？

(A) Enter　(B) Ctrl　(C) Alt　(D) Tab。

_____ 6. 下列何者為結束投影片播放的快速鍵？

(A) Shift　(B) End　(C) Home　(D) Esc。

_____ 7. 圖片若要設定黑色框線的效果是使用下列哪一標籤功能？

(A) 常用　(B) 格式　(C) 插入　(D) 轉場。

_____ 8. 設定投影片每隔 5 秒自動換頁功能是是使用下列哪一標籤？

(A) 設計　(B) 轉場　(C) 檢視　(D) 雲端硬碟。

_____ 9. 下列何者是將游標變成畫筆功能的快速鍵？

(A) Ctrl + A　(B) Ctrl + E　(C) Ctrl + P　(D) 雲端硬碟。

_____ 10. 下列何者是回到上一頁投影片的快速鍵？

(A) PageUp　(B) End　(C) Home　(D) PageDown。

Chapter **9** 簡報重要設計技巧

學習重點

- 學習母片的各種使用技巧
- 學習動畫設定方法
- 學習頁首及頁尾的編輯
- 學習簡報播放的說明

本課作品

專題實作 書面報告呈現技巧

9-1 專題簡報製作

9-1-1 專題製作流程

以下先來看看專題製作流程的架構圖。

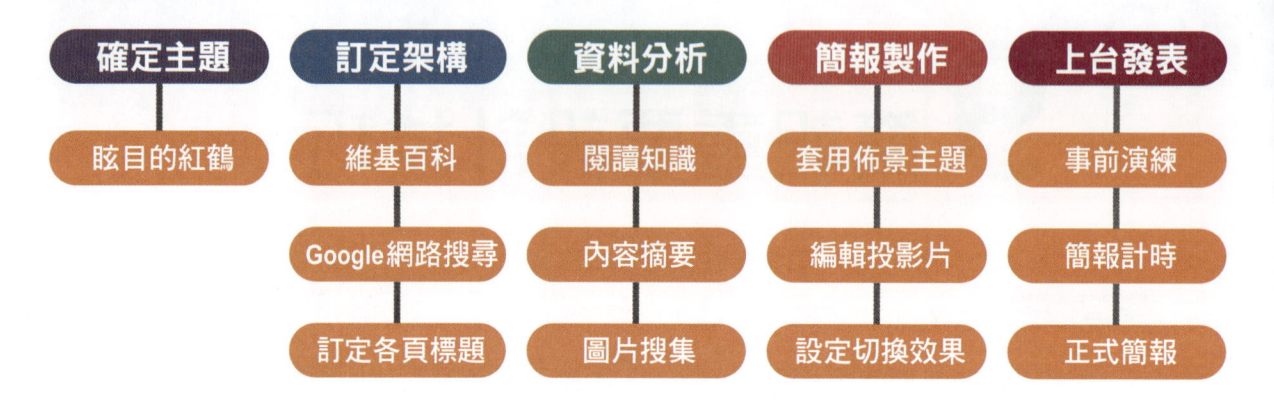

確定主題	訂定架構	資料分析	簡報製作	上台發表
眩目的紅鶴	維基百科	閱讀知識	套用佈景主題	事前演練
	Google網路搜尋	內容摘要	編輯投影片	簡報計時
	訂定各頁標題	圖片搜集	設定切換效果	正式簡報

9-1-2 維基百科

維基百科是免費的自由百科全書，內容資料都可以應用在讀書報告喔！

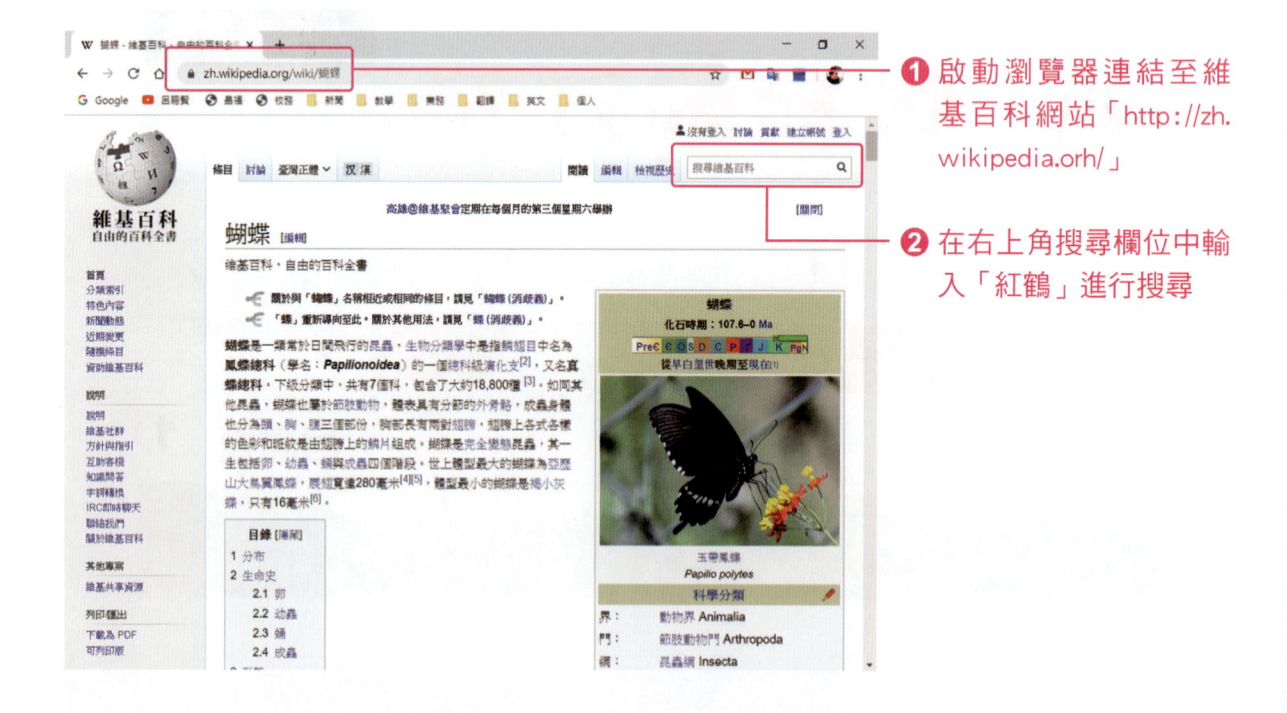

❶ 啟動瀏覽器連結至維基百科網站「http://zh.wikipedia.orh/」

❷ 在右上角搜尋欄位中輸入「紅鶴」進行搜尋

196

9-2 超好用的母片

9-2-1 投影片母片

當想一次修改全部投影片的設定時，只要使用母片功能，即可一次完成。

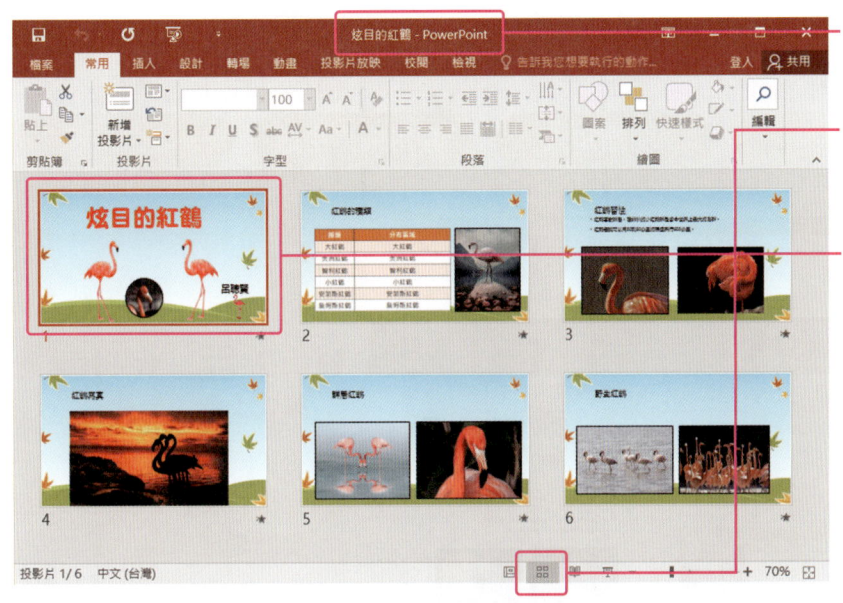

❶ 開啟範例檔 09 資料夾的【炫目的紅鶴】簡報

❷ 點選 投影片瀏覽模式

❸ 除了首頁，其他投影片標題文都太小

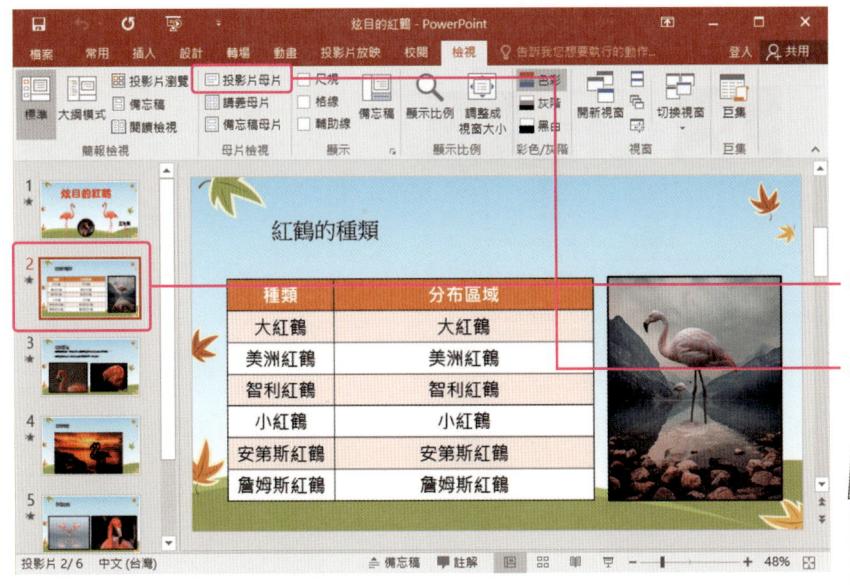

❹ 點選第 2 頁投影片

❺ 在【檢視】標籤，點選【投影片母片】

高手筆記

投影片母片會套用在相同版面配置，因此，應點選第 2 頁投影片上，相同版面就會同時變更。

197

專題實作 書面報告呈現技巧

❻ 接著，點選左側的最上方的大母片版面

❼ 點選母片標題樣式的框線上

❽ 在【常用】標籤修改字型、尺寸、黑色文字效果等

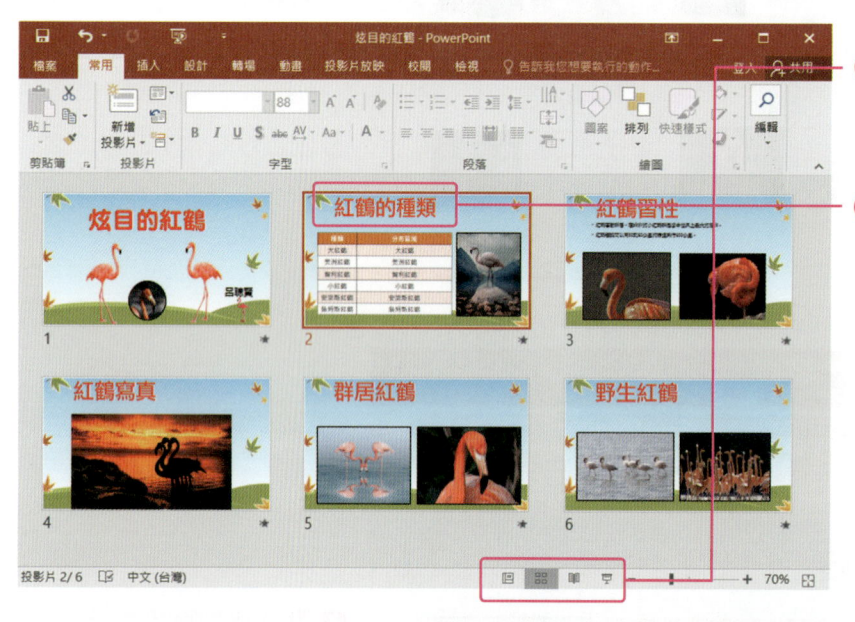

❾ 點選 【投影片瀏覽模式】離開母片

❿ 全部投影片的標題文字全部變成黑色

高手筆記

修改母片標題文字色彩時，則相同版面的標題文字會全部更改，即一次可處理完成全部投影片效果。

198

9-2-2 標題全部置中

接下來，練習將標題文字全部置中。

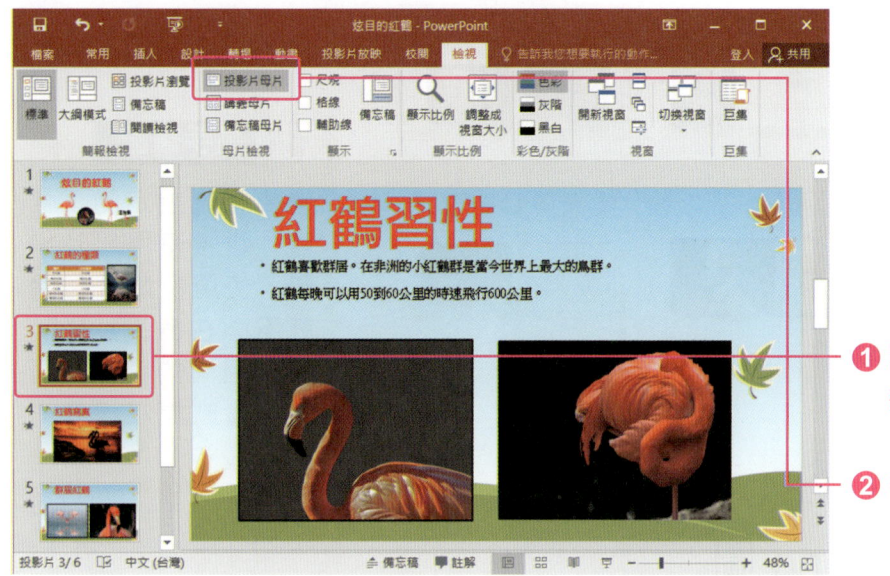

① 點選第 3 頁投影片【紅鶴習性】

② 在【檢視】標籤，點選【投影片母片】

> **高手筆記**
>
> 點選第 2 頁到第 6 頁的任何一張投影片皆可切換至投影片母片中。

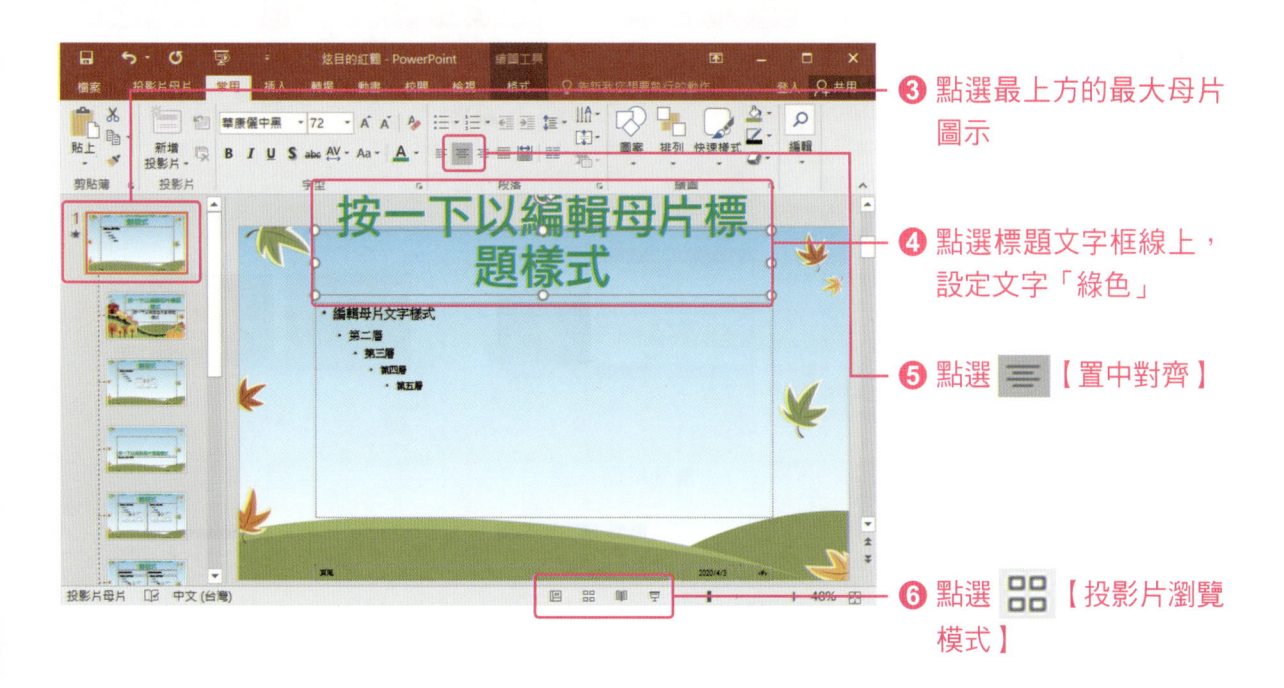

③ 點選最上方的最大母片圖示

④ 點選標題文字框線上，設定文字「綠色」

⑤ 點選 【置中對齊】

⑥ 點選 【投影片瀏覽模式】

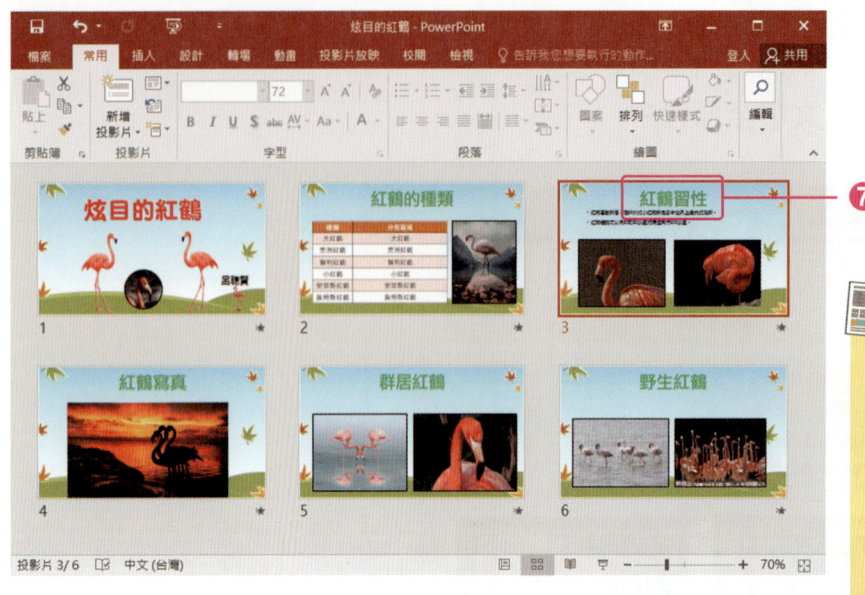

專題實作 書面報告呈現技巧

❼ 全部投影片的標題文字全部變成綠色置中

高手筆記

需要整體設定的工作時，建議使用母片編輯，使用投影片母片就不必在多張投影片輸入相同的資訊，可以節省時間和提升作業效率。

9-2-3 全部加 Logo 圖

讓所有的投影片加上 Logo 圖案。

❶ 在【檢視】標籤，點選【投影片母片】

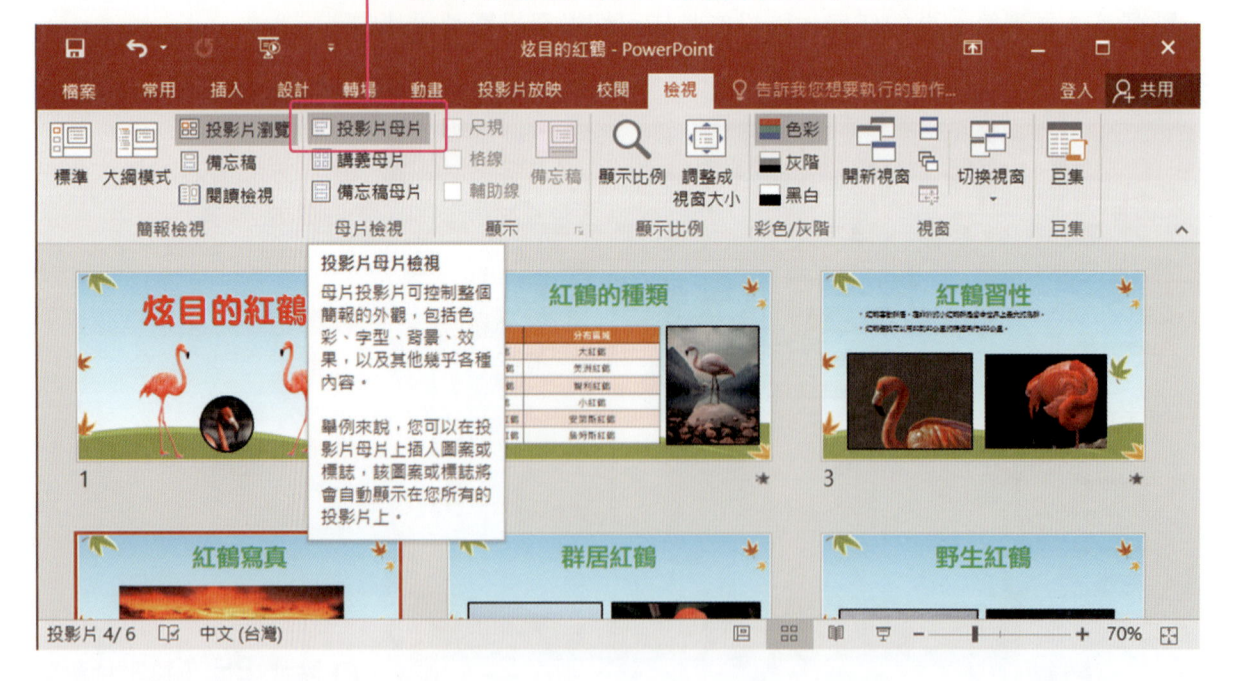

Chapter 9　簡報重要設計技巧

❷ 點選最上方的大母片　　　　❸ 在【插入】標籤，點選【圖片】鈕

❹ 點選範例檔 09 資料夾

❺ 點選企鵝 Logo 圖片

❻ 點按【插入】

201

專題實作 書面報告呈現技巧

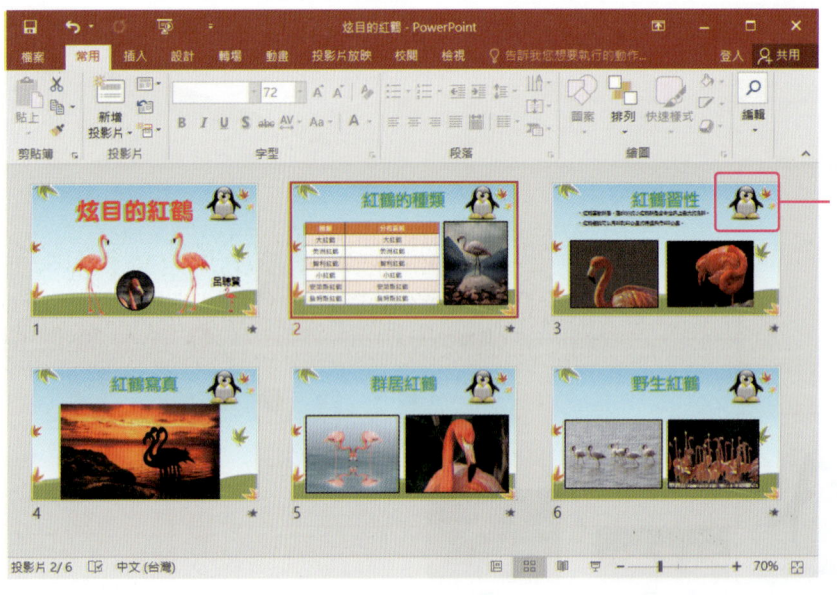

❼ 拖曳調整企鵝 Logo 圖案位置及尺寸

❽ 點選 ▦ 【投影片瀏覽模式】

❾ 全部投影片皆顯示企鵝 Logo 圖案

202

9-2-4 全部加姓名

母片編輯加上自訂文字，使用文字方塊功能。

❶ 在【檢視】標籤，點選【投影片母片】

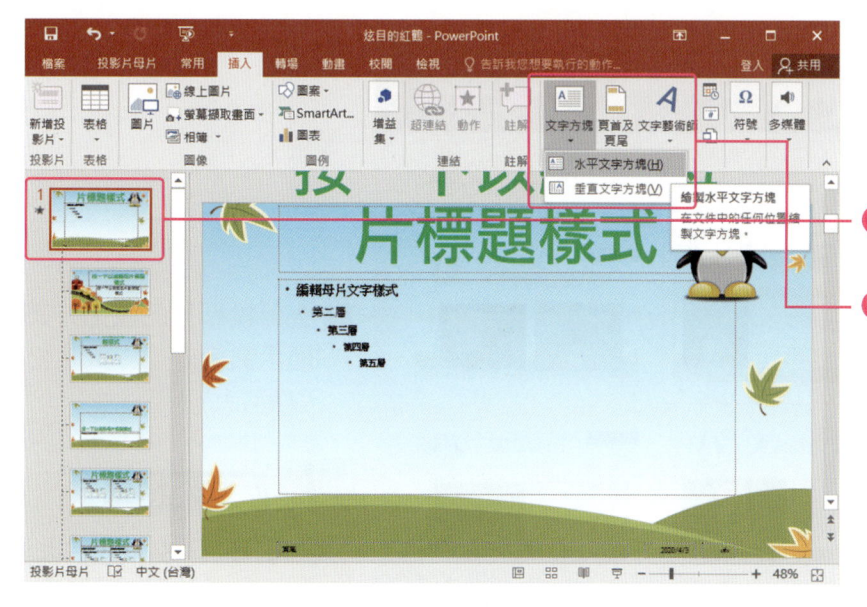

❷ 點選最上方的大母片

❸ 在【插入】標籤中的【文字方塊】，點選【水平文字方塊】

專題實作 書面報告呈現技巧

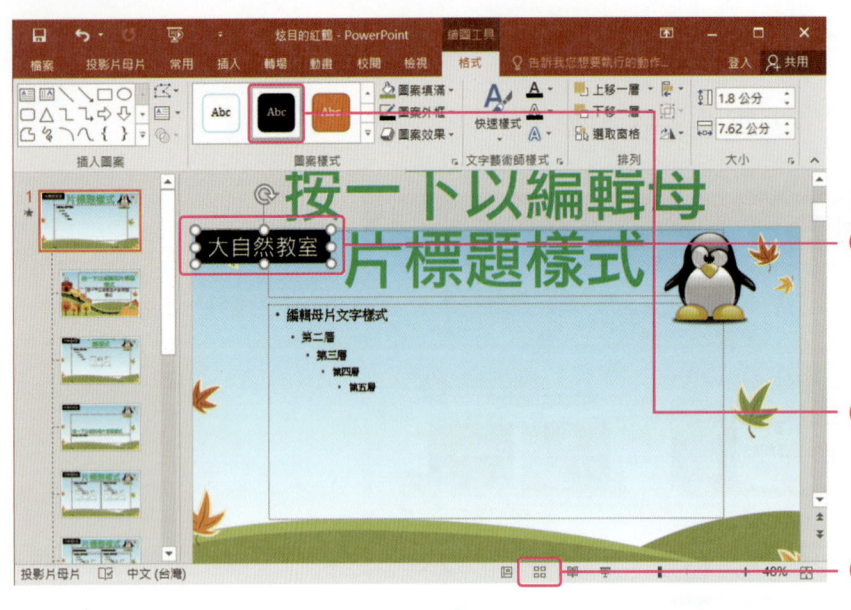

❹ 拖曳繪製長方形的文字方塊，點選後輸入文字「大自然教室」

❺ 在【格式】標籤，設定黑底白字樣式

❻ 點選 ▦ 【投影片瀏覽模式】

📒 高手筆記

文字方塊繪製後，可以拖曳到任何位置，以拖曳框線為主。

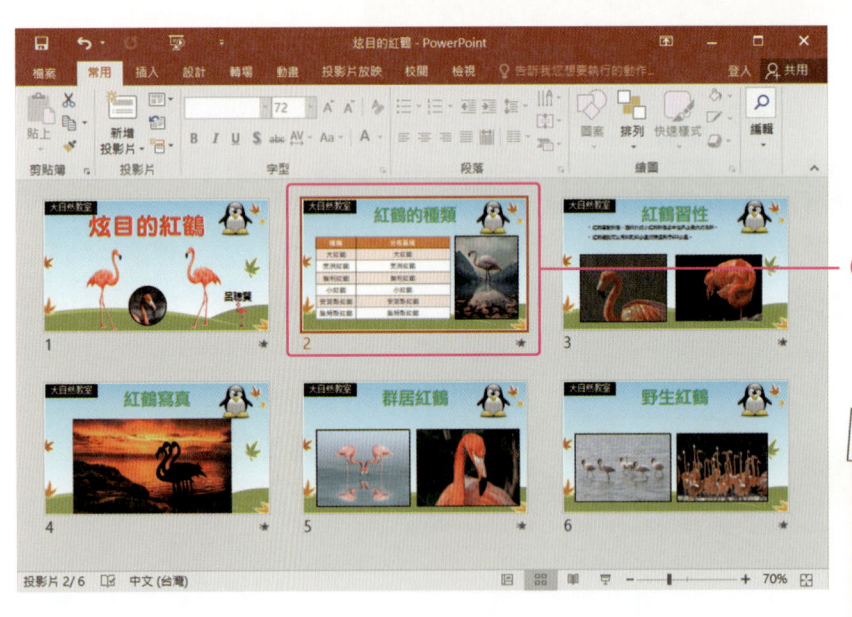

❼ 全部投影片的左上方都顯示文字方塊「大自然教室」

📒 高手筆記

在母片所設定的功能，若要修改時，必須再切換至母片編輯模式下才能進行修改。

9-3 圖表動畫設定

9-3-1 設定動畫

簡報中的文字、圖片、相片都能設定動畫。

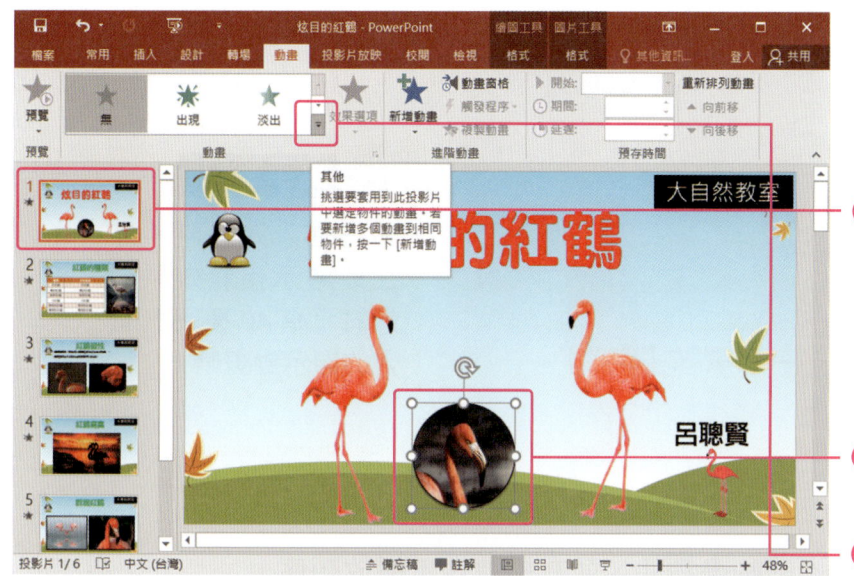

❶ 點選第一頁投影片

❷ 點選在圖片上

❸ 點選【動畫】標籤的【其他】鈕

高手筆記

動畫顏色功能說明：
綠色：進入動畫
黃色：強調動畫
紅色：結束動畫
其他移動路徑：自訂移動路徑動畫

❹ 點選【其他進入效果】會顯示全部 40 種的動畫效果

專題實作 書面報告呈現技巧

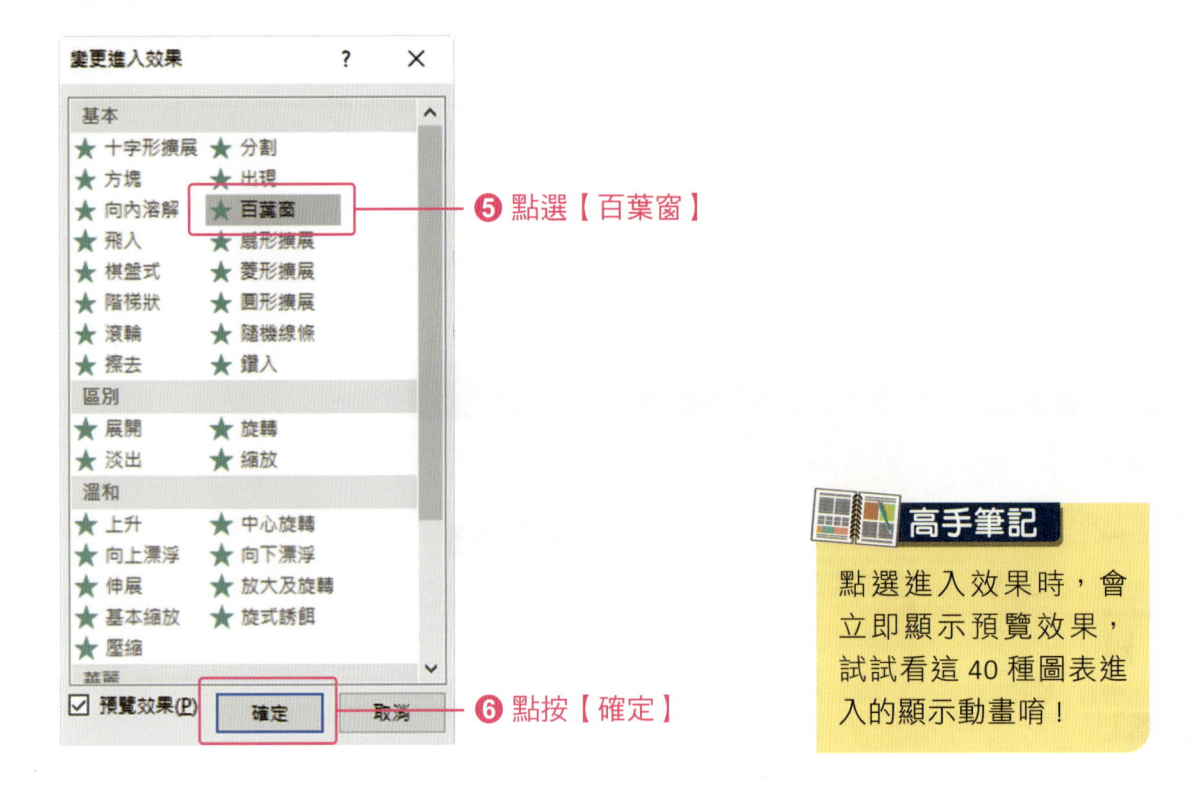

❺ 點選【百葉窗】

❻ 點按【確定】

> **高手筆記**
>
> 點選進入效果時，會立即顯示預覽效果，試試看這 40 種圖表進入的顯示動畫唷！

9-3-2 動畫窗格

動畫窗格會顯示設定過的動畫物件，並有編號表示播放順序。

❶ 點選【動畫窗格】

❷ 右側開啟【動畫窗格】面板，顯示有 3 個圖片設定動畫，可以調整播放順序

❸ 點選【播放來源】，會由上而下逐一播放動畫

9-3-3 移除動畫

動畫效果若要移除時，首先開啟動畫窗格，才會有移除的選項。

❶ 在【動畫窗格】視窗，點選黑色箭頭，選取【移除】

高手筆記

第 1 個動畫是背景，建議移除，背景直接出現即可，讓數列展示動畫。

9-4 頁首及頁尾

若要在投影片上新增投影片編號、頁碼或日期及時間，就可以運用頁首及頁尾的功能。

9-4-1 投影片編號

投影片編號顯示目前簡報的總頁數，在簡報播放時，更容易掌握進度。

❶ 在【插入】標籤，點選[文字]群組中的【頁首及頁尾】

高手筆記

頁首及頁尾的細部設定和母片有關聯。

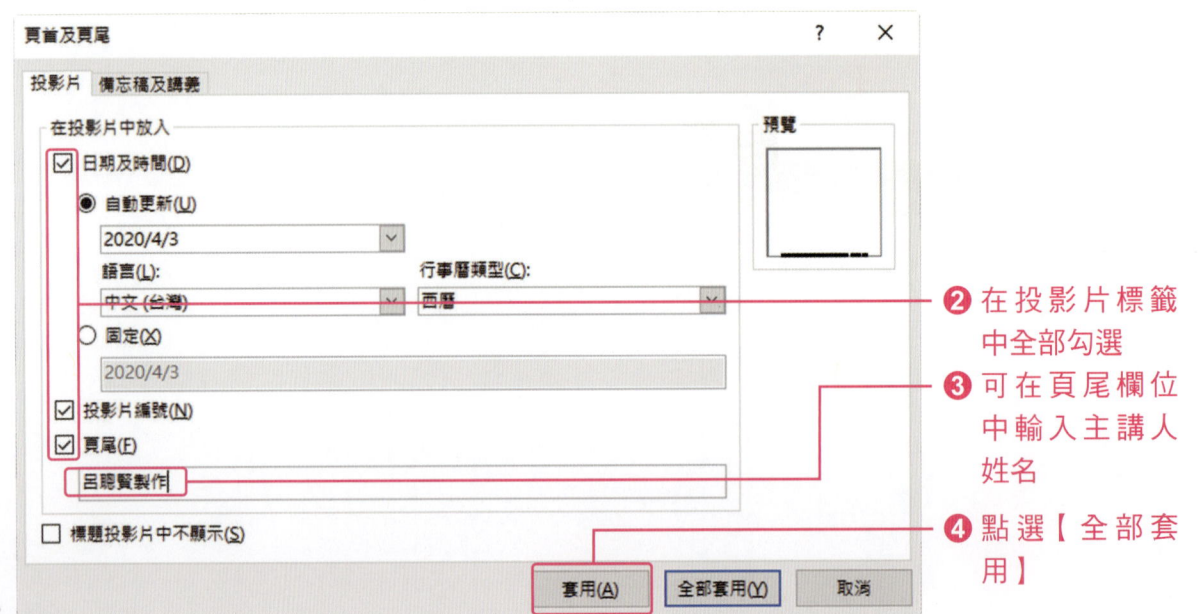

❷ 在投影片標籤中全部勾選

❸ 可在頁尾欄位中輸入主講人姓名

❹ 點選【全部套用】

❺ 頁尾顯示三項資訊「呂聰賢製作」、「日期」、「投影片編號」

高手筆記

試著切換至不同投影片，觀察編號的變化。

9-4-2 修改編號字型

預設投影片編號字型非常小，故建議進入母片模式中修改。

❶ 在【檢視】標籤，點選【投影片母片】

209

專題實作 書面報告呈現技巧

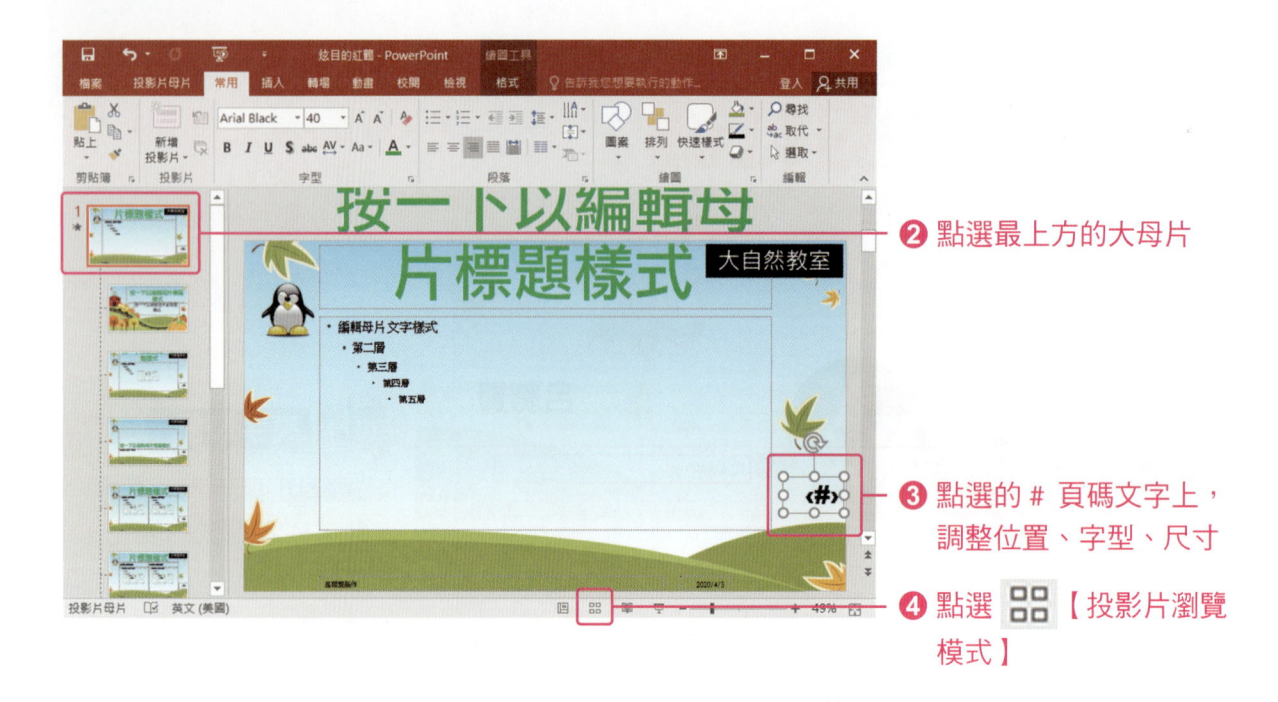

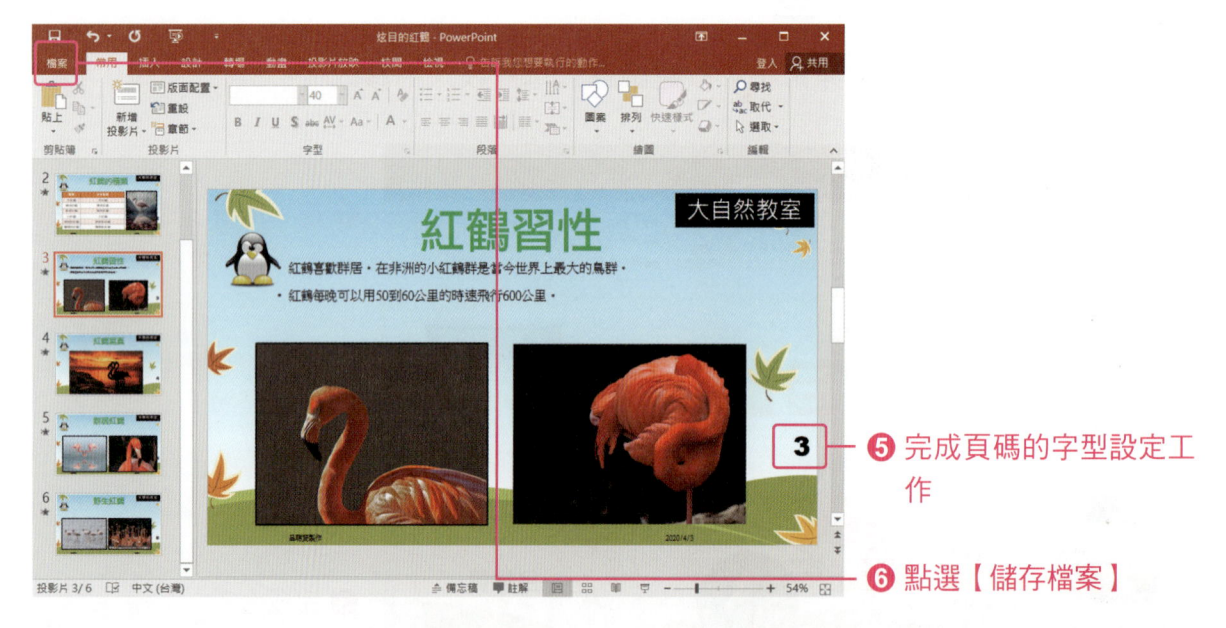

❷ 點選最上方的大母片

❸ 點選的 # 頁碼文字上，調整位置、字型、尺寸

❹ 點選 ▦【投影片瀏覽模式】

❺ 完成頁碼的字型設定工作

❻ 點選【儲存檔案】

高手筆記

【插入】標籤中的頁首及頁尾加入後，若要修改字型、顏色等，必須再切換至母片編輯模式下才能進行修改。

9-5 簡報使用技巧

9-5-1 簡報循環播放

在展覽會場上，若要簡報檔不斷的重複播放，就可以設定循環播放效果。

❶ 在【轉場】標籤中，選取 【隨機】效果

❷ 將投影片換頁設定為「每隔 00：05：00」表示 5 秒換頁，再點選【全部套用】

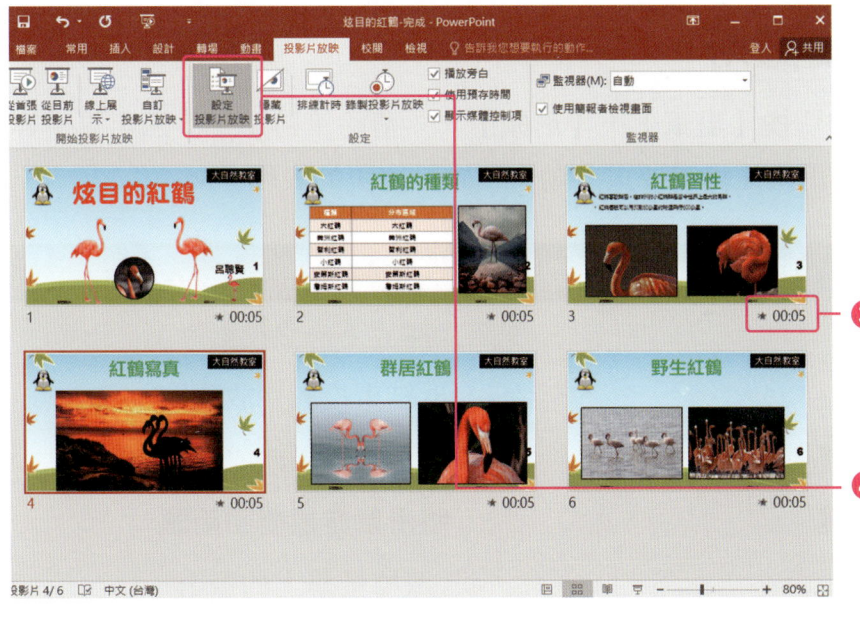

❸ 完成全部投影片每隔 5 秒自動換頁功能，以及隨機的切換效果

❹ 在【投影片放映】標籤點選【設定投影片放映】

211

專題實作 書面報告呈現技巧

[設定放映方式對話方塊圖示]

❺ 勾選【連續放映到按下 ESC 為止】

❻ 點按【確定】

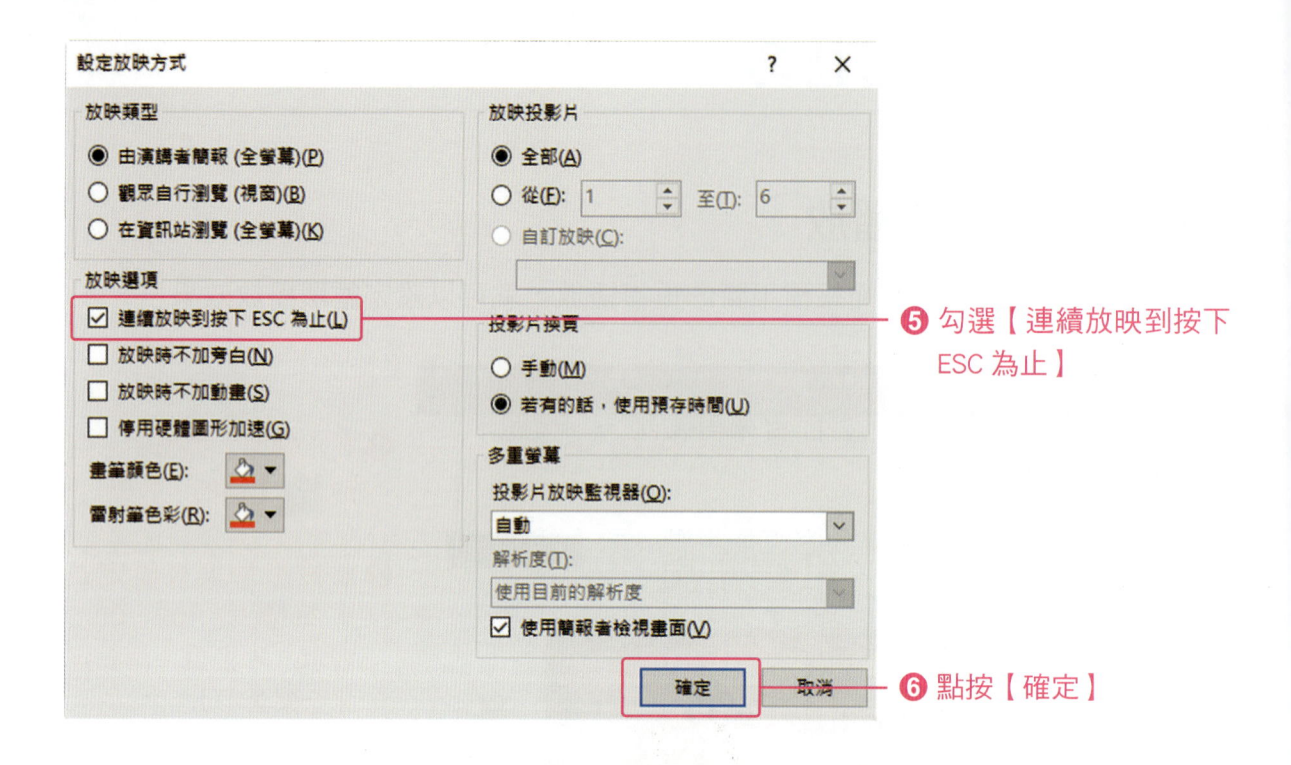

高手筆記

簡報會每隔 5 秒自動換頁，自動循環播放，直到按 ESC 才會結束簡報。

9-5-2 簡報快速鍵應用

簡報播放時，按右鍵切換【畫筆】、【箭頭】、「清除筆跡」、「回上頁」等功能很重要，此時應該使用快速鍵完成這些動作，才是完美的表現。

簡報播放的五個重要快速鍵說明	
Enter 鍵	播放下一張投影片
Esc 鍵	結束投影片放映
Ctrl + P 鍵	將滑鼠游標改成畫筆
Ctrl + A 鍵	將滑鼠游標變回箭頭
E 鍵	擦掉螢幕上的畫筆

9-5-3 簡報設計要點

製作專業簡報的 8 項要點請務必了解，使簡報時更能展現專業。

簡報設計要點
1. 避免使用太小或太細的字型 (32 以上)，適當的字型大小並運用縮排功能。
2. 通常簡報時間有限，建議勿使用太多的無意義動畫。
3. 不要使用太多種字型，畫面會顯得雜亂，「標題」及「項目文字」建議使用二種字型就好。
4. 加入與內容相關圖片使內容更加生動，如介紹蝴蝶簡報，應蒐集各種蝴蝶的圖形加入簡報中。
5. 最好以條列式顯示，段落文字簡短扼要，尤其避免將一段文章放入簡報中。
6. 表格化的資料，建議使用各式圖表呈現，既生動又清楚。
7. 色彩以對比色加強效果，例如淺色背景時，使用深色文字等。
8. 每頁不超過七行文字為原則，太多的訊息會使聽眾無法接收。

Chapter 9 課後習題

_____ 1. 下列何者為目前屬於免費的百科全書網站？
　　(A) 維基百科　(B) 牛頓百科　(C) 大英百科　(D) 自然百科。

_____ 2. 母片效果是屬於下列哪個功能標籤？
　　(A) 插入　(B) 常用　(C) 檢視　(D) 校閱。

_____ 3. 母片有分不同版型，大母片能套用最多版型，其位置在？
　　(A) 最上方　(B) 中間　(C) 最下方　(D) 右側。

_____ 4. 下列何者為簡報播放時，切換到下一張的按鍵？
　　(A) Ctrl 鍵　(B) Esc 鍵　(C) Enter 鍵　(D) 轉場。

_____ 5. 若全部的投影片都要加上主講者姓名時，應該使用下列哪一功能？
　　(A) 投影片母片　(B) 標準模式　(C) 瀏覽模式　(D) 轉場。

_____ 6. 若母片編輯要加上自訂文字，必須使用下列哪一物件？
　　(A) 字型　(B) 細明體　(C) SmartArt　(D) 文字方塊。

_____ 7. 簡報的四種動畫效果，表示進入動畫的是下列哪一顏色？
　　(A) 綠色　(B) 紅色　(C) 黃色　(D) 藍色。

_____ 8. 調整物件動畫順序，必須開啟下列哪一面板？
　　(A) 文字面板　(B) 動畫窗格　(C) 轉場面板　(D) 智慧面板。

_____ 9. 頁首及頁尾中可以加上頁碼編號，其字型可使用下列哪一功能修改？
　　(A) 直接修改　(B) 投影片母片　(C) 右鍵修改　(D) 插入面板。

_____ 10. 若要簡報檔不斷的重複播放，可使用下列哪一功能設定？
　　(A) 設定投影片放映　(B) 自訂投影片放映　(C) 播放旁白　(D) 隱藏投影片。

附錄 課後習題解答

課後習題解答

Chapter 1

1	2	3	4	5	6	7	8	9	10
B	C	B	B	D	D	A	C	C	D

Chapter 2

1	2	3	4	5	6	7	8	9	10
B	A	C	A	D	A	C	A	A	B

Chapter 3

1	2	3	4	5	6	7	8	9	10
C	A	A	C	B	D	A	D	C	A

Chapter 4

1	2	3	4	5	6	7	8	9	10
A	C	B	C	C	C	D	A	D	A

Chapter 5

1	2	3	4	5	6	7	8	9	10
B	B	A	C	C	A	C	C	B	A

Chapter 6

1	2	3	4	5	6	7	8	9	10
A	B	C	D	A	A	C	B	B	D

Chapter 7

1	2	3	4	5	6	7	8	9	10
A	C	B	C	A	C	B	D	C	D

Chapter 8

1	2	3	4	5	6	7	8	9	10
A	A	B	C	A	D	B	B	C	A

Chapter 9

1	2	3	4	5	6	7	8	9	10
A	C	A	C	A	D	A	B	B	A

書　　　名	專題實作 書面報告呈現技巧 Office 2016：文書、統計、簡報	
書　　　號	PB01401	
版　　　次	2020年9月初版 2025年8月二版	
編　著　者	呂聰賢	
責任編輯	郭瀞文	
校對次數	8次	
版面構成	楊蕙慈	
封面設計	楊蕙慈	

國家圖書館出版品預行編目資料

專題實作書面報告呈現技巧(Office 2016：文書、統計、簡報)
／呂聰賢
-- 二版. -- 新北市：台科大圖書, 2025. 8
　　面；　公分
ISBN 978-626-391-608-1（平裝）
1. CST：OFFICE 2016（電腦程式）　2. CST：論文寫作法
312.4904　　　　　　　　　　　　　　114011142

出版者	台科大圖書股份有限公司
門市地址	24257新北市新莊區中正路649-8號8樓
電　　話	02-2908-0313
傳　　真	02-2908-0112
網　　址	tkdbook.jyic.net
電子郵件	service@jyic.net
版權宣告	**有著作權　侵害必究**

本書受著作權法保護。未經本公司事前書面授權，不得以任何方式（包括儲存於資料庫或任何存取系統內）作全部或局部之翻印、仿製或轉載。

書內圖片、資料的來源已盡查明之責，若有疏漏致著作權遭侵犯，我們在此致歉，並請有關人士致函本公司，我們將作出適當的修訂和安排。

郵購帳號	19133960
戶　　名	台科大圖書股份有限公司

※郵撥訂購未滿1500元者，請付郵資，本島地區100元／外島地區200元

客服專線	0800-000-599
網路購書	勁園科教旗艦店　博客來網路書店　勁園商城 蝦皮商城　　　　台科大圖書專區
各服務中心	總　公　司　02-2908-5945　　台中服務中心　04-2263-5882 台北服務中心　02-2908-5945　　高雄服務中心　07-555-7947

線上讀者回函
歡迎給予鼓勵及建議
tkdbook.jyic.net/PB01401